ALLE · ZEIT · WACH
1842

Achim Heinecke   Ekhard Hultsch   Rudolf Repges

Medizinische Biometrie

Biomathematik und Statistik

Mit 41 Abbildungen und 63 Tabellen

Springer-Verlag

Berlin Heidelberg New York
London Paris Tokyo
Hong Kong Barcelona
Budapest

Dr. Achim Heinecke
Priv.-Doz. Dr. Ekhard Hultsch

Institut für Medizinische Informatik und Biomathematik
Medizinische Fakultät der WWU Münster
Domagkstraße 9
W-4400 Münster

Univ.-Prof. Dr. Rudolf Repges

Institut für Medizinische Statistik und Dokumentation
Medizinische Fakultät der RWTH Aachen
Pauwelstraße 30
W-5100 Aachen

Die Deutsche Bibliothek – CIP-Einheitsaufnahme
Heinecke, Achim
Medizinische Biometrie Biomathematik und Statistik mit 63 Tabellen / Achim Heinecke Ekhard
Hultsch Rudolf Repges – Berlin, Heidelberg, New York, London, Paris, Tokyo, Hong Kong, Barcelona, Budapest Springer, 1992 (Springer-Lehrbuch)
ISBN-13: 978-3-540-52010-8   e-ISBN-13: 978-3-642-75305-3
DOI: 10.1007/978-3-642-75305-3
NE Hultsch, Ekhard , Repges, Rudolf

Vorwort*

Das Erkennen von Krankheiten, die Beurteilung des Erfolgs therapeutischer oder präventiver Maßnahmen ist empirisches Wissen, das sich nur schrittweise dem Verständnis erschließt. Verfahren zur Gewinnung verläßlicher Daten und Methoden zu deren richtiger Interpretation sind unabdingbare Voraussetzungen für jedes richtige Verständnis von Zusammenhängen.

Der Erfolg einer Therapie beim einzelnen Patienten ist nicht vollständig vorhersagbar, und es gibt gute Gründe für die Annahme, daß eine exakte Prognose prinzipiell unerreichbar ist. Der Arzt kann bei dem einzelnen Patienten nur Wahrscheinlichkeitsaussagen treffen. Der Arzt ist durch den Gesetzgeber verplichtet, solche Aussagen so zu treffen, daß sie präzise und nachprüfbar sind.

Die im Gesundheitswesen gebräuchlichen Maßzahlen sind ebenfalls aus Beobachtungen an Patienten abgeleitet. Einige Beispiele für solche Maßzahlen sind Daten zum Krankheitsstand der Bevölkerung, zur Inzidenz und Prävalenz von Krankheiten, zur nosopoetischen Potenz von Umweltrisiken, zu Nutzen und Risiko neu zuzulassender Medikamente oder zur Verbesserung der Qualität der medizinischen Versorgung.

Alle diese Maßzahlen haben eine empirische Basis, und alle hieraus gezogenen Schlußfolgerungen sind Wahrscheinlichkeitsaussagen wie etwa Aussagen über die wahrscheinliche Reaktion zukünftiger Patienten auf beabsichtigte Maßnahmen. Wahrscheinlichkeitsaussagen haben immer eine gewisse Ungenauigkeit zu eigen: Mit einer gewissen Wahrscheinlichkeit führt eine geplante Therapie oder eine gesundheitspolitische Maßnahme nicht zu dem prognostizierten Erfolg. In allen diesen Fällen fordert man mit Recht, daß das Risiko einer falschen Entscheidung berechnet oder zumindest richtig geschätzt werden kann.*

Die Methoden des Faches Biometrie sind nicht nur für die medizinische Wissenschaft unentbehrlich geworden. Sie sind auch wichtig für den praktisch tätigen Arzt. Wir waren daher bemüht, mit diesem Buch beim angehenden Arzt Verständnis für die Bedeutung von Wahrscheinlichkeitsaussagen in der ärztlichen Praxis zu erwecken, und wollen ihm für deren Interpretation Hilfen anbieten. Im vorliegenden Buch werden die wichtigsten Verfahren dargestellt, wie Risiken abgeschätzt werden können und wie der Arzt auf Grund systematisch erhobener Daten und sorgfältig geplanter Beobachtungen zu Entscheidungen mit definierter Sicherheit gelangen kann.

Wir haben versucht, die Möglichkeiten der Anwendung von mathematischen Methoden in der Medizin aufzuzeigen und in die Probleme ihrer Anwendung bei der Planung und Auswertung von Versuchen einzuführen. Bei der Auswahl der Methoden haben wir uns am Gegenstandskatalog für den ersten Abschnitt der ärztlichen Prüfung orientiert.

Darüber hinaus wurden weitere Methoden, die bei der statistischen Beratung von Doktoranden häufig auftreten, kurz dargestellt. Diese Abschnitte, die über die Anforderungen des Gegenstandskatalogs hinausgehen, sind durch * gekennzeichnet.

Wir haben uns bemüht, bei den Beispielen auf „echte" Daten zurückzugreifen. Wir danken der deutschen AML-Studiengruppe (Studienkoordinator Prof. Dr. med. Th. Büchner, Münster) für die Genehmigung, Daten aus ihrer 85-er Studie für Beispielzwecke benutzen zu dürfen.

Wir danken Frau E. Boldt für das Schreiben des Manuskripts, Frau Dipl. Math. M. C. Sauerland für das Anfertigen der Zeichnungen und Frau Dr. R. Nienhaus für viele hilfreiche Hinweise.

Ganz besonders danken wir Frau Anne C. Repnow, Springer-Verlag, für ihr Verständnis und ihre große Geduld bei der Fertigstellung des Manuskripts.

A. Heinecke
E. Hultsch
R. Repges

Münster und Aachen, im April 1992

Inhaltsverzeichnis

Die mit * gekennzeichneten Abschnitte gehen über die Anforderungen
des Gegenstandskatalogs für das Fach Medizinische Biometrie hinaus

Abbildungsverzeichnis

Tabellenverzeichnis

1 Grundlagen

Die Medizin ist eine Erfahrungswissenschaft. Von Daten ausgehend, die an Patienten beobachtet worden sind, werden Zusammenhänge oder Gesetzmäßigkeiten abgeleitet. Solche Daten können z. B. anamnestische Daten, klinische Befunde, Laborbefunde oder Therapieergebnisse sein. Dieser Schluß vom Einzelnen auf das Allgemeine heißt *Methode der Induktion*:

- Aus der sorgfältigen Prüfung einer Reihe von Einzelfällen schließt man unter der Voraussetzung, daß die beobachteten Phänomene ihren gemeinsamen Grund haben, auf Zusammenhänge und gelangt so zu einem (Natur-) Gesetz.

Der Schluß vom Allgemeinen auf das Einzelne heißt *Methode der Deduktion*:

- Aus einem (Natur-) Gesetz, dessen Gültigkeitsbereich bekannt ist, wird auf das Verhalten aller diesem Bereich zugehörigen Einzelfälle geschlossen.

Die Methode der klinischen Forschung ist die induktive Methode. Aus den Erfahrungen mit Patienten werden Schlüsse gezogen, die bei der Therapie anderer Patienten, für die vergleichbare anamnestische Daten und Befunde erhoben wurden, angewandt werden. Dieses Vorgehen kann grundsätzlich nur dann richtige Resultate erbringen, wenn alle Erfahrungen, aus denen geschlossen werden soll, vollständig und objektiv sind und die Methode des Schließens korrekt ist. Dies gelingt nur bei

- sorgfältiger, standardisierter und vollständiger Aufzeichnung von Befunden, Therapien, Erfolgen und Mißerfolgen und
- der richtigen Beurteilung dieser Aufzeichnungen.

Beide Forderungen sind notwendige Grundlage jeder induktiv arbeitenden Wissenschaft und schon im 3. Epidemienbuch des „corpus hippocraticum" zu finden. Dies bedeutet, daß sowohl die Untersuchung als auch alle Folgerungen aus ihren Ergebnissen nachvollziehbar und gegebenenfalls reproduzierbar sein müssen. Die Untersuchung muß sach- und fragegerecht durchgeführt, die Methoden und die Ergebnisse müssen klar dargestellt und die Ergebnisse kritisch diskutiert werden.

Wie in den anderen Naturwissenschaften nennt man auch in Medizin und Biologie solche wissenschaftlichen Untersuchungen Versuche. Medizin und Biologie unterscheiden sich nur darin von den anderen Naturwissenschaften, daß in diesen Fächern Versuche auch an Menschen oder Tieren durchgeführt werden.

Aus besonderen Urteilen (Erfahrungen) lassen sich allgemeine Urteile (Gesetze) nur dann mit Sicherheit ableiten, wenn alle Einzelfälle gegeben sind. Bei medizinischen Fragestellungen ist dieses nicht der Fall, da es einerseits eine Vielzahl von psychischen und physischen Einflußgrößen gibt und es andererseits in der Medizin das Ziel ist, Urteile (Therapien) auf einzelne Patienten anzuwenden, deren Reaktion auf die Therapie noch nicht bekannt ist. Jedes solche Urteil kann daher nur mit einer bestimmten Wahrscheinlichkeit richtig sein.

1.1 Mengen

Die Grundlagen der Mengenlehre werden sowohl für eine klare Definition der Grundbegriffe der Biometrie als auch für das Verständnis der Wahrscheinlichkeitsrechnung benötigt. In der Mengenlehre bezeichnet man

- die Gesamtheit der unterscheidbaren Objekte als Grundmenge S,
- jede Teilgesamtheit der Objekte als Teil- oder Untermenge und
- die Objekte selbst als Elemente.

Die Elemente müssen dabei nicht unbedingt Objekte der Realität, sondern können auch Objekte unseres Denkens sein. In beiden Fällen ist es wichtig, daß die Menge S der Elemente genau definiert ist und die Elemente unterschieden werden können. Gut veranschaulichen kann man sich die Definitionen und Sätze der Mengenlehre durch Venn–Diagramme wie in Abb 1.1, in denen die Mengen als Flächen und ihre Elemente als Punkte der Zeichenebene dargestellt werden.

Mengen werden üblicherweise mit großen lateinischen Buchstaben und Elemente mit kleinen lateinischen Buchstaben bezeichnet. So be-

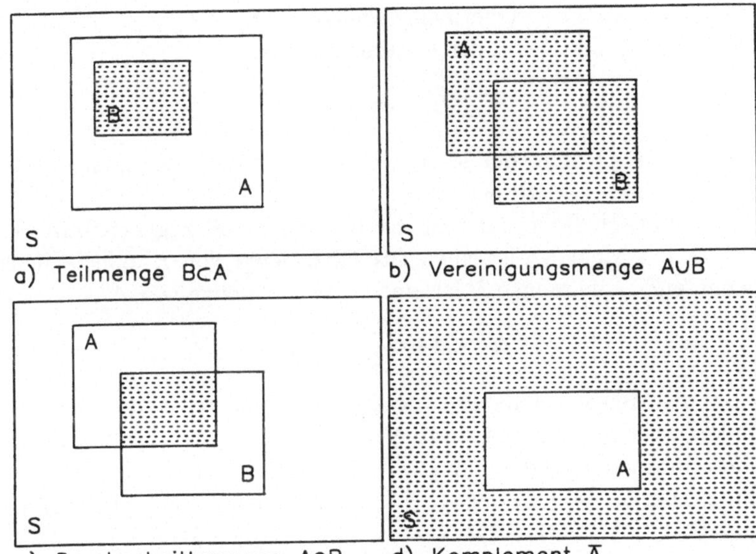

Abb. 1.1: Venn–Diagramme der wichtigsten Mengenrelationen und –operationen

deutet

$$A = \{x_1, x_2, \ldots, x_n\} = \{x_i \mid i = 1, 2, \ldots, n\},$$

daß die Menge A aus den n Elementen $x_1, x_2, \ldots, x_n$ besteht,

$$x_j \in A,$$

daß x_j ein Element von A ist, und

$$x_j \notin A,$$

daß x_j kein Element von A ist. Die Menge, die kein Element enthält, heißt leere Menge und wird mit $\emptyset$ bezeichnet (s. Abbildung 1.4). Zwei Mengen A und B sind gleich:

$$A = B,$$

wenn sie genau die gleichen Elemente enthalten: Für jedes $x_i \in A$ folgt $x_i \in B$, und für jedes $x_i \in B$ folgt $x_i \in A$.

Die Menge A ist eine Obermenge von B, oder – gleichbedeutend – die Menge B ist eine Teil- oder Untermenge von A,

$$A \supseteq B \text{ bzw. } B \subseteq A,$$

wenn jedes Element der Menge B auch Element der Menge A ist, d. h. für jedes $x_i \in B$ folgt $x_i \in A$.
Wenn A gleich B ist, dann ist A Obermenge und zugleich Teilmenge von B. Die Menge A ist eine echte Obermenge von B, oder – gleichbedeutend – die Menge B ist eine echte Teilmenge von A,

$$A \supset B \text{ bzw. } B \subset A,$$

wenn die Menge A eine Obermenge der Menge B ist, die Mengen A und B aber nicht gleich sind (Abb. 1.1a). Die wichtigsten Mengenoperationen sind Vereinigungs-, Durchschnitts- und Komplementbildung. Die Vereinigungsmenge „A vereinigt mit B" zweier Mengen A und B,

$$A \cup B = \{x_i \mid x_i \in A \text{ oder } x_i \in B\},$$

besteht aus allen Elementen, die entweder in A oder in B oder in beiden Mengen enthalten sind (Abb. 1.1b). Die Durchschnittsmenge „A geschnitten mit B" zweier Mengen A und B,

$$A \cap B = \{x_i \mid x_i \in A \text{ und } x_i \in B\},$$

besteht aus allen Elementen, die sowohl in A als auch in B enthalten sind (Abb. 1.1c). Das Komplement der Menge A,

$$\overline{A} = \{x_i \notin A\},$$

besteht aus allen Elementen der Grundmenge S, die nicht in A enthalten sind (Abb. 1.1d). Zwei Mengen A und B heißen disjunkt oder elementfremd, wenn ihr Durchschnitt die leere Menge ist:

$$A \cap B = \emptyset.$$

Die Mengen $A_1, A_2, \ldots, A_k$ bilden eine Zerlegung der Grundmenge S, wenn sie paarweise disjunkt sind, d. h.

$$A_i \cap A_j = \emptyset \text{ für alle } i \neq j \tag{1.1}$$

und

$$A_1 \cup A_2 \cup \ldots \cup A_k = S \qquad (1.2)$$

gilt. Eine Menge A und ihr Komplement $\overline{A}$ bilden stets eine Zerlegung der Grundmenge S.

1.1.1 Sätze der Mengenlehre

Aus den Definitionen ergeben sich die folgenden Beziehungen, die man sich leicht an entsprechenden Venn–Diagrammen veranschaulichen kann:

$$\overline{\overline{A}} = A, \ \overline{S} = \emptyset \ \text{ und } \ \overline{\emptyset} = S.$$

Ist A Obermenge von B $(A \supseteq B)$, dann gilt:

$$\overline{A} \subseteq \overline{B}, \ A \cup B = A \ \text{und} \ A \cap B = B.$$

Insbesondere folgt für jede Teilmenge A der Grundmenge S:

$$S \cup A = S, \ S \cap A = A,$$

$$A \cup \emptyset = A, \ A \cap \emptyset = \emptyset.$$

Beim Rechnen mit Mengen gelten die folgenden Assoziativ– und Distributivgesetze und die Regeln von De Morgan.

Assoziativgesetze:

$$\begin{aligned}
(A \cup B) \cup C &= A \cup (B \cup C), \\
(A \cap B) \cap C &= A \cap (B \cap C).
\end{aligned} \qquad (1.3)$$

Distributivgesetze:

$$\begin{aligned}
A \cap (B \cup C) &= (A \cap B) \cup (A \cap C), \\
A \cup (B \cap C) &= (A \cup B) \cap (A \cup C).
\end{aligned} \qquad (1.4)$$

Regeln von De Morgan:

$$\begin{aligned}
\overline{A \cup B} &= \overline{A} \cap \overline{B}, \\
\overline{A \cap B} &= \overline{A} \cup \overline{B}.
\end{aligned} \qquad (1.5)$$

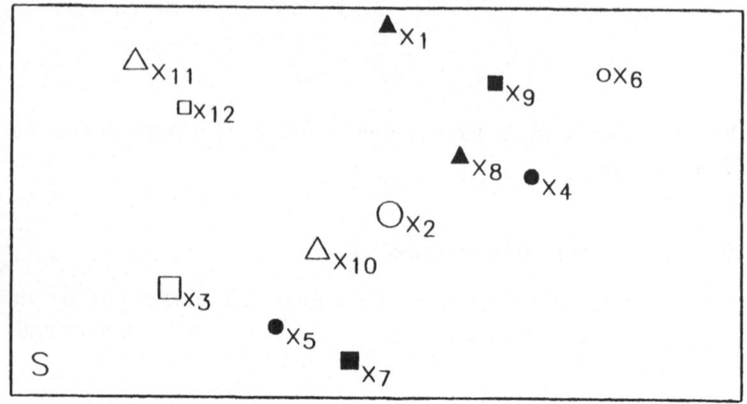

Abb. 1.2: Grundmenge S von Elementen, die durch verschiedene Symbole dargestellt sind

1.1.2 Eigenschaften von Elementen

Elemente können Eigenschaften besitzen. Die Eigenschaften, die an Elementen beobachtet werden, definieren Mengen.

Beispiel 1.1: In Abbildung 1.2 sind die Elemente der Menge S durch verschiedene Zeichen dargestellt. Diese Zeichen sollen die folgenden Eigenschaften symbolisieren:

$\triangle$: Dreieck, spitzwinklig, gleichseitig,

$\blacktriangle$: Dreieck, spitzwinklig, gleichseitig, gefüllt,

$\square$: Viereck, rechtwinklig,

$\blacksquare$: Viereck, rechtwinklig, gefüllt,

$\bigcirc$: Kreis, rund,

$\bullet$: Kreis, rund, gefüllt.

Die Menge A der „gefüllten" Elemente besteht aus:

$$A = \{x_i \mid x_i \text{ gefüllt}\} = \{x_1, x_4, x_5, x_7, x_8, x_9\}.$$

Werden Mengen durch Eigenschaften der Elemente beschrieben, dann entsprechen den Mengenoperationen logische Ausdrücke:

- Der Vereinigung entspricht das logische „oder", das mit dem Symbol „$\vee$" bezeichnet wird.

- Dem Durchschnitt entspricht das logische „und", das mit dem Symbol „$\wedge$" bezeichnet wird.
- Dem Komplement entspricht die logische Verneinung, die mit „$\neg$" bezeichnet wird.

Besitzen mehrere Elemente genau die gleichen Eigenschaften, dann können sie durch logische Ausdrücke, die nur mit diesen Eigenschaften formuliert werden, nicht mehr unterschieden werden.

Beispiel 1.2: Für die Mengen

$$A = \{x_i \mid x_i \text{ gefüllt}\} = \{x_1, x_4, x_5, x_7, x_8, x_9\} \text{ und}$$
$$B = \{x_i \mid x_i \text{ Dreieck}\} = \{x_1, x_8, x_{10}, x_{11}\}$$

gilt:

$$\begin{aligned}
A \cup B &= \{x_i \mid x_i \text{ gefüllt}\} \cup \{x_i \mid x_i \text{ Dreieck}\} \\
&= \{x_i \mid x_i \text{ gefüllt oder Dreieck}\} \\
&= \{x_1, x_4, x_5, x_7, x_8, x_9, x_{10}, x_{11}\}
\end{aligned}$$

$$\begin{aligned}
A \cap B &= \{x_i \mid x_i \text{ gefüllt}\} \cap \{x_i \mid x_i \text{ Dreieck}\} \\
&= \{x_i \mid x_i \text{ gefüllt und Dreieck}\} \\
&= \{x_1, x_8\}
\end{aligned}$$

$$\begin{aligned}
\overline{A} &= \overline{\{x_i \mid x_i \text{ gefüllt}\}} = \{x_i \mid x_i \neg \text{ gefüllt}\} \\
&= \{x_2, x_3, x_6, x_{10}, x_{11}, x_{12}\}\,.
\end{aligned}$$

Die Elemente x_2 und x_6 können durch ihre Eigenschaften nicht unterschieden werden. Dies folgt auch anschaulich, da in Abbildung 1.2 die gleichen Symbole verwendet wurden. Auch die Elemente x_7 und x_9 können nicht unterschieden werden, da sie sich nur in der Größe unterscheiden und die Größe nicht als Eigenschaft in Beispiel 1.1 aufgenommen wurde.

1.2 Grundlegende Begriffe

In Medizin und Biologie heißen die Objekte, an denen im Versuch bestimmte Eigenschaften festgestellt werden sollen, Beobachtungseinheiten. Solche Beobachtungseinheiten sind beispielsweise Tiere, Probanden, Patienten oder biologisches Material wie etwa Serienschnitte. Wird ein und derselbe Patient zu mehreren Zeitpunkten beobachtet, dann können die Paare, bestehend aus Patient und jeweiligem Zeitpunkt, die Beobachtungseinheiten sein.

Es ist für das Verständnis hilfreich, sich die Beobachtungseinheiten als Elemente einer Grundmenge S ähnlich Abbildung 1.2 vorzustellen.

1.2.1 Beobachtungseinheiten, Merkmale, Ausprägungen

Die Beobachtungseinheiten müssen unterscheidbar sein. Dazu müssen in jedem Versuch eine oder mehrere Identifikationsgrößen gewählt werden.

> **Beispiel 1.3:** Von 20 an einem Tumor erkrankten Patienten werden Serienschnitte des Tumorgewebes hergestellt und bei jedem Schnitt die Fläche von 50 zufällig ausgewählten Zellen bestimmt. Dann sind *Nummer des Patienten*, *Nummer des Schnittes* und *Nummer der gemessenen Zelle* Identifikationsgrößen für die Beobachtungseinheiten.

Die interessierenden Eigenschaften der Beobachtungseinheiten werden zu Merkmalen zusammengefaßt, deren Ausprägungen so definiert werden müssen, daß sie eine Zerlegung der Grundmenge definieren.

Die Blutgruppen 0, A, B und AB des AB0-Systems sind begrifflich eindeutig gegeneinander abgegrenzt, sie schließen einander aus, und es gibt keine weitere Blutgruppe.

Die Liste der Ausprägungen jedes Merkmals muß also - entsprechend (1.1) - disjunkt und - entsprechend (1.2) - vollständig (erschöpfend) sein. Diese Forderung ist nicht nur wichtig, weil man in einem geplanten Versuch stets eine eindeutige Entscheidung garantieren muß, sie ist auch wichtig, um sicherzustellen, daß jedes Merkmal wirklich an jeder Beobachtungseinheit bestimmt werden kann.

> **Beispiel 1.4:** Für die Beobachtungseinheiten in Abbildung 1.2 definiert *Form des Elements* mit den Ausprägungen *Dreieck*, *Viereck* und *Kreis* eine Zerlegung und ist daher ein Merkmal.

8

Die abstrakten Beobachtungseinheiten des Beispiels 1.1 bereiten bei
diesen Überlegungen kaum Schwierigkeiten. Bei der Planung eines
medizinischen Versuchs können aber erhebliche Probleme auftreten,
deren Überwindung fundiertes Fachwissen und gutes Abstraktions-
vermögen voraussetzen.

Beispiel 1.5: Für eine kontrollierte klinische Studie über Chemotherapie des Mammakarzinoms soll das Merkmal *Therapieerfolg* definiert werden. Mit diesem Merkmal soll einerseits die er-
zielte Reduktion der Tumormasse erfaßt werden, andererseits sollen
aber auch die aufgetretenen unerwünschten Wirkungen eingearbei-
tet werden.

Eine weitere Schwierigkeit ist, daß in der medizinischen Fachsprache
häufig begrifflich unscharfe Bezeichnungen, wie etwa *erbsengroß*, *fin-
gerdick*, *nicht unerhebliche Nebenwirkung*, verwandt werden. Wenn ein
wissenschaftlicher Versuch durchgeführt wird, müssen diese unschar-
fen durch gegeneinander abgegrenzte Begriffe ersetzt werden. Die Abgrenzung muß nachvollziehbar sein.

Hat ein Merkmal genau zwei Ausprägungen, dann heißt es binär oder
auch dichotom. Das Merkmal *Füllung* mit den Ausprägungen *gefüllt*
und *nicht gefüllt* in Abbildung 1.2 ist ein binäres Merkmal. In den meisten Versuchen ist *Geschlecht* mit den Ausprägungen *männlich* und
weiblich ein binäres Merkmal. Im allgemeinen wird man aber zu den
wirklichen Eigenschaften noch Ausprägungen wie *nicht beobachtbar*
und *fehlend* hinzunehmen, um die Vollständigkeit der Ausprägungen
zu garantieren.

Bei einer gegebenen Fragestellung können Beobachtungseinheiten und
Merkmale unterschiedlich interpretiert werden. Welche Interpretation
gelten soll, muß im Versuchsplan festgelegt werden.

Beispiel 1.6: Es soll untersucht werden, wie hoch der Kariesbefall bei Schulkindern in der Grundschule ist. Einmal kann an der
Beobachtungseinheit „Schulkind" das Merkmal *Anzahl der mit Ka-
ries befallenen Zähne* oder an der Beobachtungseinheit „Zahn eines
Schulkindes" das Merkmal *Kariesbefall* mit den Ausprägungen *ja*
und *nein* beobachtet werden.

1.2.2 Daten, Urliste, Rangliste

Die in einem Versuch an den Beobachtungseinheiten festgestellten
Ausprägungen sind die Daten. In einem Versuch werden zur Vereinfachung den Ausprägungen Kodes zugeordnet, und die Daten werden
kodiert.

> **Beispiel 1.7:** Den Ausprägungen *männlich* bzw. *weiblich* des
> Merkmals *Geschlecht* können im Versuch die Kodes *m* bzw. *w* oder
> auch *1* bzw. *2* zugeordnet werden.

Die Daten, die zu einem Merkmal erhoben wurden, werden mit
$x_1, x_2, \ldots, x_n$ bezeichnet und in der sogenannten Urliste dokumentiert. n ist der Stichprobenumfang. Manche Auswertungsverfahren
setzen voraus, daß die Daten der Urliste aufsteigend geordnet werden.

Das kleinste Datum erhält die Nummer 1, das größte die Nummer n,
die dem Stichprobenumfang entspricht. Bei gleichgroßen Werten ist
die Numerierung innerhalb jeder Gruppe gleicher Werte beliebig. Auf
diese Weise erhält man die Rangliste $x_{(1)}, x_{(2)}, \cdots, x_{(n)}$. Zur Unter-
scheidung von der ursprünglichen Numerierung in der Urliste werden
die neuen Nummern in runde Klammern gesetzt und Rangzahlen oder
kurz Ränge genannt.

URLISTE

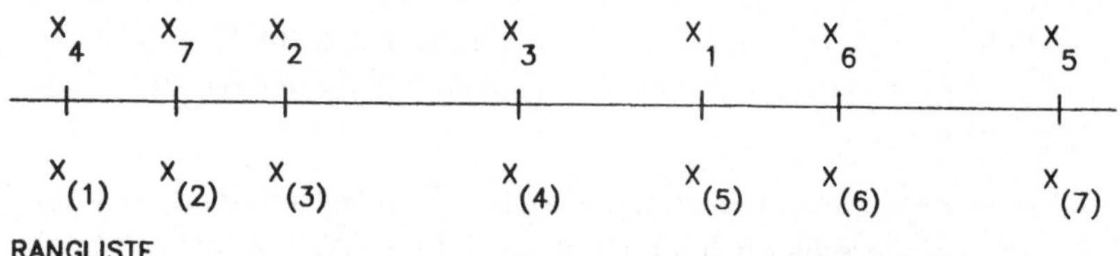

RANGLISTE

Abb. 1.3: Schematische Gegenüberstellung von Ur- und Rangliste

1.2.3 Bedeutung der Merkmale im Versuchsplan

Die Merkmale, deren Verteilung in der Grundgesamtheit Gegenstand
des Versuchs ist, heißen Zielgrößen.

Beispiel 1.8: Es wird eine bestimmte Tropftherapie zur Senkung des intraokularen Drucks bei akuten Glaukomanfällen getestet. Zielgrößen können etwa sein:
- Änderung des intraokularen Drucks unter der Therapie,
- relative Drucksenkung unter der Therapie,
- Dauer der Therapie bis zum Erreichen des Normaldrucks,
- Verringerung der Schmerzen des Patienten,
- Erhaltung des Sehvermögens oder
- Schweregrad einer bestimmten Nebenwirkung.

Die Ausprägungen der Zielgrößen, die man an den Beobachtungseinheiten bestimmt, hängen i. allg. von verschiedenen anderen Merkmalen ab. Diese Merkmale heißen Einflußgrößen.

Beispiel 1.9: Bei dem Versuch aus Beispiel 1.8 könnten folgende Merkmale Einflußgrößen sein:
- intraokularer Druck bei der Aufnahme,
- Dauer der Tropftherapie,
- Kammerwinkel des Patienten,
- Alter, Blutdruck und Streßsituation oder
- psychische Faktoren.

Man unterscheidet zwischen Einflußgrößen, die man im Versuch kontrolliert, und Einflußgrößen, die man nicht kontrollieren will. Einflußgrößen, die im Versuchsplan berücksichtigt und erfaßt werden, heißen Faktoren.
Einflußgrößen, die im Versuchsplan nicht berücksichtigt, aber erfaßt werden, heißen Kovariate. Einflußgrößen , die nicht erfaßt werden, heißen Störgrößen.

Beispiel 1.10: Ist man daran interessiert, ob bei unterschiedlichem Kammerwinkel die Tropftherapie verschieden wirkt, dann muß man *Kammerwinkel* als Faktor behandeln. Es muß sichergestellt werden, daß in verschiedenen Winkelbereichen genügend viele Patienten untersucht werden. Sollen verschiedene Therapien verglichen werden, dann muß auch die Einflußgröße *Therapie* als Faktor gewählt werden. Die Merkmale *intraokularer Druck bei der Aufnahme, Dauer der Tropftherapie, Kammerwinkel des Patienten, Alter* und *Blutdruck* wird man i. allg. als Kovariate, *Streßsituation* und *psychische Faktoren* als Störgrößen behandeln.

1.2.4 Grundgesamtheit, Stichprobe

Aufgrund der Ergebnisse eines Versuchs können zwar immer Aussagen über die am Versuch beteiligten Beobachtungseinheiten gemacht werden, dies ist aber oft zuwenig: Ziel eines Versuchs ist meist, diese Aussagen in angemessener Form zu verallgemeinern.

Beispiel 1.11: Seit zwei Jahren wird in der Chirurgie bei einer bestimmten Indikation eine neue Operationsmethode angewandt. Alle Aussagen über die Häufigkeit und den Schweregrad der aufgetretenen Komplikationen beziehen sich auf die am Versuch beteiligten Patienten. Diese Ergebnisse sollen mit denen anderer bei entsprechender Indikation angewandter Operationsmethoden und mit Ergebnissen aus der Literatur verglichen werden.

Vergleiche dieser Art sind nur dann sinnvoll, wenn bei den Beobachtungseinheiten der zu vergleichenden Versuche Struktur- und Beobachtungsgleichheit vorliegen (s. Abschnitt 13.1.2).

Beispiel 1.12: Soll ein Vergleich der Ergebnisse aus Beispiel 1.11 mit denen einer anderen Operationsmethode durchgeführt werden, muß in den Patientengruppen die Indikation die gleiche sein. Einflußgrößen wie Alter oder Geschlecht müssen die gleiche Verteilung besitzen. Unter diesen Voraussetzungen spricht man von Strukturgleichheit.
Wenn die weiteren therapeutischen Maßnahmen wie z. B. Begleitmedikation und Nachbehandlung gleich sind, spricht man von Behandlungsgleichheit.
Wenn auch die Erfassungsmethoden und die Meßverfahren beispielsweise zur Feststellung der Labordaten übereinstimmen, spricht man von Beobachtungsgleichheit.
Nur wenn Struktur-, Behandlungs- und Beobachtungsgleichheit bei den Patientengruppen gegeben sind, ist ein sinnvoller Vergleich der Häufigkeit und des Schweregrads der Komplikationen möglich.

Die Grundgesamtheit ist die Menge der Beobachtungseinheiten, über die aufgrund der Ergebnisse des Versuchs Aussagen gemacht werden sollen.

Die Stichprobe ist die Menge der Beobachtungseinheiten, die im Versuch tatsächlich beobachtet werden.

Soll aus den Ergebnissen einer Stichprobe auf die Verhältnisse in der Grundgesamtheit geschlossen werden, dann benötigt man ein Verfahren, nach dem die Beobachtungseinheiten der Stichprobe ausgewählt werden, und statistische Methoden, die dieses Verfahren bei den Rückschlüssen auf die Grundgesamtheit berücksichtigen.

Ein solches Verfahren ist das Ziehen einer zufälligen Stichprobe, das in Abschnitt 4.6 ausführlich beschrieben wird. Dieses Verfahren garantiert, daß jedes Element der Grundgesamtheit die gleiche Chance hat, gezogen zu werden. Es kann nur angewandt werden, wenn zuerst die Grundgesamtheit definiert und dann die Stichprobe gezogen wird.

Wenn man zuerst die Stichprobe hat, ist es nicht möglich, im nachhinein eine Grundgesamtheit zu finden, aus der sich die gegebene Stichprobe als zufällig interpretieren läßt; mit anderen Worten, wer zufällig eine Stichprobe hat, hat damit noch lange keine zufällige Stichprobe.

Wenn die Patienten aus Beispiel 1.11 nicht von vornherein als zufällige Stichprobe aus einer definierten Grundgesamtheit gezogen wurden, ist es nicht möglich, die Ergebnisse über die Stichprobe hinaus, z. B. auf die Menge der Personen mit gleicher Indikation, die im Einzugsgebiet der Klinik in diesem Zeitraum erkrankten, zu verallgemeinern. Es könnte z. B. sein, daß nur besonders schwere Fälle in die Klinik eingewiesen wurden.

> **Beispiel 1.13:** Solange Indikation, Einflußgrößen wie Alter und Geschlecht und Operationsmethode, Begleitmedikation und Nachbehandlung gleich bleiben, ist es eine vernünftige Annahme, Strukturgleichheit und Beobachtungsgleichheit vorauszusetzen und anzunehmen, daß auch in Zukunft Häufigkeit und Schweregrad der Komplikationen gleich bleiben werden.

Es ist oftmals schwierig, eine zufällige Stichprobe zu ziehen. Liegt keine zufällige Stichprobe vor, dann ist bei der Interpretation Vorsicht geboten.

> **Beispiel 1.14:** Ein Vergleich der Neugeborenensterblichkeit in der Universitäts-Frauenklinik und in der Geburtshilflichen Abteilung eines Krankenhauses kann leicht zu falschen Interpretationen führen, da die Grundgesamtheiten unterschiedlich sind. Einerseits werden unter den Geburten in der Universitäts-Frauenklinik ver-

mehrt Fälle mit schwereren Komplikationen auftreten, andererseits werden Frühgeborene i. allg. auf die Frühgeborenen-Intensivstation der Kinderklinik verlegt.

1.2.5 Erhebung und Experiment

Bei Versuchen unterscheidet man zwischen zwei Versuchstypen, der Erhebung und dem Experiment. Bei einer Erhebung muß man zwischen retrospektiver und prospektiver Erhebung unterscheiden. Ein Experiment ist immer prospektiv.

Bei einer retrospektiven Erhebung werden die Daten an den Beobachtungseinheiten, die für die Stichprobe ausgewählt werden, schon zu einem Zeitpunkt erfaßt, an dem noch keine konkrete Fragestellung vorliegt. Sie sind in Dokumenten, z. B. Krankenblättern, oder bei bestimmten Institutionen, wie z. B. Versicherungen, oder speziellen Registern gesammelt und sollen nachträglich unter einer bestimmten Fragestellung deskriptiv ausgewertet werden.

Beispiel 1.15: Es soll untersucht werden, ob verschiedene Operationsmethoden beim Mammakarzinom einen unterschiedlichen Einfluß auf die Überlebensdauer haben. In einer chirurgischen Klinik werden alle Krankenblätter von Patientinnen, die in den Jahren 1975 bis 1985 an Mammakarzinom operiert wurden, herausgesucht. Es wird festgestellt, welche Operationsmethode angewandt wurde, wie lange die einzelne Patientin überlebte und welche Todesursache vorlag.

Bei einer solchen retrospektiven Erhebung kann der Versuchsleiter

- nicht nachvollziehen, wie Grundgesamtheit und Stichprobe zustande gekommen sind. Es liegt i. allg. keine zufällige Stichprobe aus einer definierten Grundgesamtheit vor.
- keinen Einfluß darauf nehmen, welche Einflußgrößen erfaßt und welche Meßmethoden angewandt wurden. Oftmals werden zudem die Methoden gewechselt, ohne daß dies in den Dokumenten vermerkt wird.
- die Unvollständigkeit der in den Dokumenten vorgefundenen Daten bei der Interpretation zwar berücksichtigen, den genauen Einfluß fehlender Daten auf systematische Fehler aber kaum abschätzen.

Beispiel 1.16: Bei dem Versuch in Beispiel 1.15 wird man feststellen, daß ein Teil der benötigten Krankenblätter nicht auffindbar, daß viele ehemalige Patientinnen unbekannt verzogen sind und daß bei verstorbenen Patientinnen oftmals die Todesursache nicht eindeutig festliegt.

Bei einer prospektiven Erhebung und bei einem Experiment kann man nach Wahl der Grundgesamtheit(en) die Beobachtungseinheiten frei wählen. Der Untersuchende kann festlegen, welche Einflußgrößen bestimmt und welche Meßmethoden angewandt werden sollen. Er hat zudem Einfluß auf die Vollständigkeit der zu erfassenden Daten.

Beispiel 1.17: In einer prospektiven Erhebung sollen die Nebenwirkungen eines Ovulationshemmers untersucht werden. Die Frauen einer Großstadt werden gebeten, sich für diesen Versuch zur Verfügung zu stellen. Aus der Menge der Frauen, die sich gemeldet haben (Grundgesamtheit), wird eine zufällige Stichprobe gezogen. In einem festgelegten Zeitraum werden Art und Zeitpunkt der aufgetretenen Nebenwirkungen registriert.

Bei einem Experiment werden – im Unterschied zu einer Erhebung – die Ausprägungen mindestens eines Faktors den Beobachtungseinheiten zufällig zugeteilt.

Beispiel 1.18: In einem Experiment soll die remissionserhaltende Wirksamkeit zweier Therapien A und B bei akuter myeloischer Leukämie (AML) verglichen werden. Zielgröße ist die rezidivfreie Überlebenszeit nach Erreichen der ersten Remission. Sobald sich ein an AML erkrankter Patient bereit erklärt hat, an der Studie teilzunehmen, wird ihm eine der beiden Faktorstufen (Therapie A bzw. Therapie B) zufällig zugeteilt.

Wenn die Stichprobe gleich der Grundgesamtheit ist, liegt eine Voll- oder Totalerhebung vor. Eine Vollerhebung ist zum Beispiel die Volkszählung. Vielen Maßzahlen, die vom Statistischen Bundesamt und den Landesämtern herausgegeben werden, liegen Vollerhebungen zugrunde. Beispielsweise beruht die Todesursachenstatistik im jährlich erscheinenden Statistischen Jahrbuch der Bundesrepublik Deutschland auf der Vollerhebung aller Todesfälle eines Jahres.

2 Deskriptive Statistik

Gegenstand der deskriptiven Statistik ist es, Informationen aus den Daten der Stichprobe herauszuarbeiten und übersichtlich darzustellen. Dies geschieht zweckmäßig mit Hilfe von graphischen Darstellungen und Tabellen, die Häufigkeiten und gegebenenfalls weitere statistische Maßzahlen enthalten können.

Beispiel 2.1: Im Rahmen einer kontrollierten klinischen Studie über akute myeloische Leukämie (AML) des Erwachsenen wurden u. a. Daten zu folgenden Merkmalen erhoben:

- *Geschlecht* mit den Ausprägungen *männlich* und *weiblich*,
- *Alter bei Therapiebeginn* in Jahren,
- *Körpergewicht bei Therapiebeginn* in *kg*,
- *Körpergröße bei Therapiebeginn* in *cm*,
- *Zelltyp nach FAB-Klassifikation* mit den Ausprägungen *M1*, *M2*, ..., *M6*. Das prätherapeutische Knochenmarkspunktat wird unter dem Mikroskop beurteilt und der entsprechenden FAB-Klasse zugeordnet. Diese Klassifikation wurde von einer Arbeitsgruppe von Franzosen, Amerikanern und Briten (daher FAB) eingeführt und ist allgemein gebräuchlich.
- *Anzahl der gemeldeten Nebenwirkungen*, die mindestens den WHO-Grad 3 haben. Die Einteilung der WHO sieht die 5 Stufen Grad 0 bis Grad 4 vor. Die Therapie der AML beginnt mit massiven Chemotherapiekursen, bei denen mit schweren Nebenwirkungen gerechnet werden muß. Im Rahmen dieser Studie wurde nach den 7 häufigsten Nebenwirkungen gefragt.
- *Überlebenszeit.*

Im Rahmen dieser Studie wurden 500 Patienten mit nicht vorbehandelter AML therapiert. Über den medizinischen Hintergrund, die Versuchsplanung und die Ergebnisse dieser Studie kann sich der interessierte Leser ausführlich in [3] informieren. Die Studie wird in den folgenden Abschnitten stets als AML-Studie zitiert.

Ausreißer

Der wichtigste Schritt vor der Auswertung eines Datensatzes ist die Fehler- und Plausibilitätskontrolle. Dies beinhaltet u. a. gründliches Korrekturlesen und Kontrolle der Daten auf formale Widersprüche. Eindeutig fehlerhafte Daten werden, falls möglich, durch den richtigen Wert ersetzt. Falls dieser sich nicht mehr ermitteln läßt, bleibt an dieser Stelle eine Lücke, ein fehlender Wert.

Neben den eindeutig falschen Daten kann es sogenannte Ausreißer geben, die zwar theoretisch möglich, aber z. B. wegen ihrer extremen Lage sehr unwahrscheinlich sind. Die Ausreißer werden genau wie die anderen Daten überprüft. Werden sie bestätigt, müssen sie bei den Daten bleiben. Keinesfalls dürfen sie kommentarlos gestrichen werden.

2.1 Merkmalstypen

In Abschnitt 1.2.3 wurden Merkmale hinsichtlich ihrer Stellung im Versuchsplan beschrieben. In diesem Abschnitt werden sie unter dem Aspekt der zulässigen Auswertungsmethoden betrachtet.

Qualitative Merkmale

Ein Merkmal heißt qualitativ, wenn seine Ausprägungen begrifflich voneinander unterschiedene Kategorien sind, die sich gegenseitig ausschließen und alle denkbaren Fälle abdecken.

> **Beispiel 2.2:** Das Merkmal *Blutgruppe* mit den Ausprägungen *0*, *A*, *B* und *AB* ist ein qualitatives Merkmal. Das Merkmal *Familienstand* mit den Ausprägungen *ledig*, *verheiratet*, *verwitwet* und *geschieden* ist ebenfalls qualitativ.

Das folgende Beispiel zeigt, daß man bei der Definition eines qualitativen Merkmals sehr sorgfältig formulieren muß, um die in Abschnitt 1.2.1 geforderte Vollständigkeit und Disjunktheit der Ausprägungen sicherzustellen. Dies ist besonders dann ein Problem, wenn Daten aus verschiedenen Kliniken gemeinsam ausgewertet werden sollen.

> **Beispiel 2.3:** Das Merkmal *Allgemeinzustand* mit den Ausprägungen *arbeitsfähig*, *bettlägerig* und *schwerkrank* ist in dieser Form

schlecht definiert, denn die Ausprägungen *bettlägerig* und *schwerkrank* schließen sich nicht gegenseitig aus. In der Praxis ist *bettlägerig, aber nicht schwerkrank* bzw. *schwerkrank* gemeint. Selbst wenn man dies berücksichtigt, bleibt die Frage nach der Abgrenzung der Kategorien offen.

Ein qualitatives Merkmal heißt qualitativ ordinal , wenn zwischen seinen Ausprägungen eine natürliche Anordnung besteht.

Beispiel 2.4: Das qualitative Merkmal *Schulnote* mit den bekannten Ausprägungen ist qualitativ ordinal. Das Merkmal *Schweregrad einer Nebenwirkung* ist ebenfalls qualitativ ordinal.

Qualitative Merkmale, die nicht ordinal sind, nennt man qualitativ nominal. *Blutgruppe* und *Familienstand* (Beispiel 2.2) sind qualitativ nominal. Für Daten eines ordinalen Merkmals läßt sich eine Rangliste (s. Abschnitt 1.2.2) aufstellen. Daher kann man die statistischen Auswertungsverfahren, die auf der Rangliste beruhen, bei ordinalen Merkmalen anwenden, bei nominalen aber nicht.

Quantitative Merkmale

Ein Merkmal heißt quantitativ, wenn seine Ausprägungen unterschiedliche Vielfache einer Maßeinheit sind. Die Ausprägungen unterscheiden sich also nicht in ihrer Qualität, sondern in ihrer Quantität.

Beispiel 2.5: Das Merkmal *Anzahl der leiblichen Geschwister* mit den Ausprägungen *0, 1, 2, ...* ist quantitativ. Das Merkmal *Körpergröße* mit der in *cm* angegebenen Körperlänge ist ebenfalls quantitativ.

Zwischen den beiden quantitativen Merkmalen des Beispiels 2.5 gibt es einen wesentlichen Unterschied. Während bei *Anzahl der leiblichen Geschwister* nur diskret auf der Zahlengerade liegende natürliche Zahlen Ausprägungen sein können, ist bei *Körpergröße* mit je zwei verschiedenen Ausprägungen auch jede Zahl aus dem dazwischenliegenden Intervall als Ausprägung denkbar. Um diesen Unterschied hervorzuheben, nennt man Merkmale wie *Anzahl der leiblichen Geschwister* quantitativ diskret und solche wie *Körpergröße* quantitativ stetig. Die Entscheidung, zu welchem Typ ein quantitatives Merkmal gehört, ist oft nicht eindeutig.

Tabelle 2.1: Häufigkeiten für das qualitative Merkmal *Zelltyp*,
bei 12 von 500 Patienten (2.4%) fehlt die Angabe

Zelltyp nach *FAB-Klassifikation*	absolute Häufigkeit	relative Häufigkeit
fehlend	12	.
M1	125	25.6 %
M2	161	33.0 %
M3	16	3.3 %
M4	116	23.8 %
M5	55	11.3 %
M6	15	3.1 %

Beispiel 2.6: Mit dem Merkmal *Dauer des Krankenhausaufenthalts* kann das Zeitintervall zwischen dem Zeitpunkt der Aufnahme und dem Zeitpunkt der Entlassung gemeint sein. Gleichgültig, ob man diese Zeitspanne in Wochen, Tagen oder Stunden angibt, das Merkmal ist quantitativ stetig. Versteht man aber unter dem Merkmal *Dauer des Krankenhausaufenthalts* die Anzahl der Krankenhaustage, wie sie etwa die Krankenhausverwaltung mit dem Kostenträger abrechnet, dann gibt es nur die Ausprägungen 1, 2, 3, ..., und das Merkmal ist quantitativ diskret.

Als Faustregel gilt: Wenn die Ausprägungen eines quantitativen Merkmals durch Abzählen bestimmt werden, ist das Merkmal diskret; werden sie dagegen durch Messen oder Wägen bestimmt, ist das Merkmal stetig.

2.2 Darstellung von Häufigkeiten

Häufigkeiten werden in Tabellen und Graphiken dargestellt, die man auf vielerlei Weise gestalten kann. In den folgenden Abschnitten werden einige einfache Grundregeln anhand der Daten aus Beispiel 2.1 erläutert.

Qualitative Merkmale

Eine Tabelle für ein qualitatives Merkmal A mit den Ausprägungen $A_1, A_2, \ldots, A_k$ soll enthalten:

- den Stichprobenumfang n,
- die Anzahl n_0 der Beobachtungseinheiten, bei denen die Angabe zu dem Merkmal A fehlt,
- die absolute Häufigkeit n_i der Ausprägung A_i ($i = 1, 2, \ldots, k$) und
- die relative Häufigkeit $h_i = n_i/(n - n_0)$ der Ausprägung A_i ($i = 1, 2, \ldots, k$).

> **Beispiel 2.7:** Bei den 500 protokollgerecht behandelten Patienten der AML-Studie ergaben sich für das Merkmal *Zelltyp* die Häufigkeiten der Tabelle 2.1.

Die relativen Häufigkeiten h_i sind Zahlen zwischen 0 und 1, sie werden aber meist in Prozent angegeben, also z. B. 25.6% statt 0.256.

Bei der Berechnung der relativen Häufigkeiten werden die Beobachtungseinheiten ausgeschlossen, bei denen die Angabe zu dem betreffenden Merkmal fehlt. Um dies zu betonen, spricht man auch von adjustierten relativen Häufigkeiten.

Wie das folgende Beispiel zeigt, kann die Einschränkung auf Beobachtungseinheiten, bei denen die Angabe zum Merkmal vorhanden ist, eine beträchtliche Verzerrung zur Folge haben.

> **Beispiel 2.8:** Bei Beginn der Tropftherapie zur Behandlung eines Glaukoms wird der Augeninnendruck des Patienten gemessen. Patienten mit besonders heftigen Anfällen will man gerne diese Prozedur ersparen und beginnt gleich mit der Behandlung. Durch dieses verständliche Vorgehen werden vermutlich stark erhöhte Werte des Augeninnendrucks häufig nicht erfaßt.

Tabelle 2.1 enthält alle relevanten Informationen über die Häufigkeiten für das Merkmal *Zelltyp* in der Stichprobe. Tabellen sind genau, aber mühsam zu lesen. Eine graphische Darstellung liefert die gleiche Information einprägsam und auf einen Blick.

Abbildung 2.1 zeigt die gleiche Häufigkeitsverteilung als Blockdiagramm, Kreisdiagramm bzw. Flächendiagramm mit den nicht-adjustierten Häufigkeiten. Der relativen bzw. absoluten Häufigkeit für eine Merkmalsausprägung entspricht

- beim Blockdiagramm die Höhe des zugehörigen Blocks,

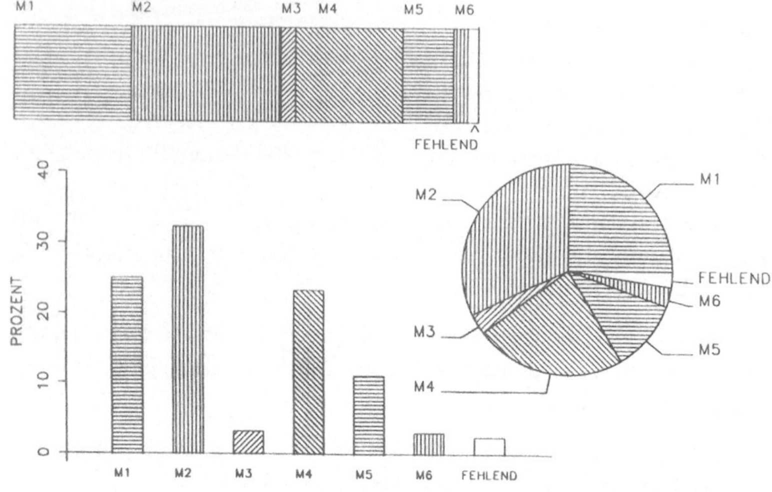

Abb. 2.1: Blockdiagramm , Kreisdiagramm und Flächendiagramm für das qualitative Merkmal *Zelltyp nach FAB-Klassifikation*, bei 12 von 500 Patienten (2.4%) fehlt die Angabe

- beim Kreisdiagramm der zentrale Winkel des zugeordneten Kreissegments und
- beim Flächendiagramm der Flächeninhalt.

Quantitativ diskrete Merkmale

Bei der tabellarischen Darstellung der Häufigkeiten für ein diskretes Merkmal gilt im wesentlichen das gleiche wie bei qualitativen Merkmalen. Es gibt aber einen zusätzlichen Aspekt. Die Ausprägungen eines quantitativen Merkmals sind stets in natürlicher Weise der Größe nach geordnet, die qualitativen nur, wenn sie qualitativ ordinal sind. Liegt eine solche Ordnung vor, stellt sich die Frage, wieviel Beobachtungseinheiten eine Ausprägung kleiner oder gleich einer vorgegebenen aufweisen. Antwort auf diese Frage geben die aufsummierten

Tabelle 2.2: Häufigkeiten für das quantitativ diskrete Merkmal *Anzahl der gemeldeten Nebenwirkungen*

Anzahl der gemeldeten Nebenwirkungen	absolute Häufigkeit	relative Häufigkeit	absolute Häufigkeitssumme	relative Häufigkeitssumme
0	209	41.8 %	209	41.8 %
1	122	24.4 %	331	66.2 %
2	108	21.6 %	439	87.8 %
3	44	8.8 %	483	96.6 %
4	13	2.6 %	496	99.2 %
5	0	0.0 %	496	99.2 %
6	4	0.8 %	500	100.0 %

absoluten bzw. relativen Häufigkeiten N_i bzw. H_i ,

$$N_i = \sum_{j=1}^{i} n_j \qquad (i = 1, 2, \ldots, k),$$

$$H_i = \sum_{j=1}^{i} h_j \qquad (i = 1, 2, \ldots, k),$$

die man auch absolute bzw. relative Häufigkeitssummen nennt. Sie sollten bei der tabellarischen Darstellung nicht fehlen. Die geeignete graphische Darstellung für die Häufigkeiten bei einem diskreten Merkmal ist das im wesentlichen dem Blockdiagramm entsprechende Stabdiagramm (Abb. 2.2).

Beispiel 2.9: In der AML-Studie wurden die Häufigkeiten für das diskrete Merkmal *Anzahl der gemeldeten Nebenwirkungen* ermittelt. Tabelle 2.2 enthält das Ergebnis. Im Namen des Merkmals steht nicht ohne Hintersinn „gemeldete" Nebenwirkung. Das ist bei der Interpretation der Häufigkeit für die Ausprägung *0* zu berücksichtigen. In Abbildung 2.2 sind die Häufigkeiten als Stabdiagramm dargestellt.

Die graphische Darstellung der Häufigkeitssummen wird im Zusammenhang mit der empirischen Verteilungsfunktion in Abschnitt 2.3 besprochen.

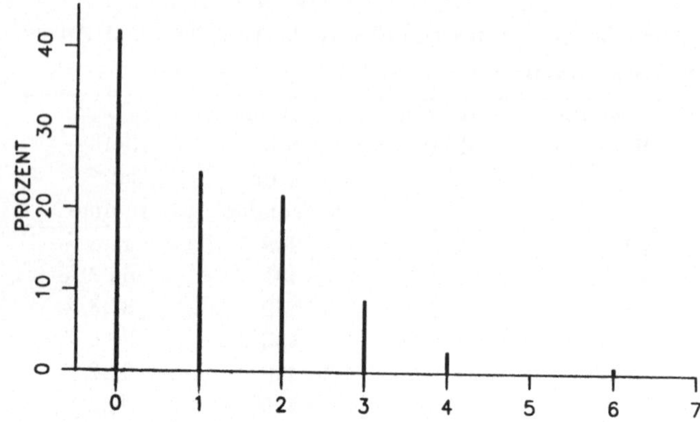

Abb. 2.2: Stabdiagramm für das diskrete Merkmal *Anzahl gemeldeter Nebenwirkungen*

Quantitativ stetige Merkmale

Die tabellarische und graphische Darstellung der Daten eines stetigen Merkmals ist erst nach einer geeigneten Klassierung sinnvoll. Dazu teilt man den gesamten Wertebereich des Merkmals in Intervalle ein, die Klassen genannt werden. Ziel der Klassierung ist es, einerseits die tabellarische und graphische Darstellung übersichtlicher zu gestalten, ohne andererseits zuviel an Information zu verlieren. Die Übersichtlichkeit erreicht man durch möglichst wenige Klassen, Informationsverlust vermeidet man durch möglichst viele Klassen. Die folgende Faustregel weist bei gegebenem Stichprobenumfang n einen vernünftigen Mittelweg für die Anzahl k der Klassen:

$$
k \approx \begin{cases} \sqrt{n} & n \leq 1000 \\ 10 \cdot \lg n & n > 1000. \end{cases}
\tag{2.1}
$$

Außerdem sollen die Klassengrenzen möglichst glatte Zahlen sein, z. B. Vielfache von 5 oder 10. Die Klassenmitten, das sind die Mittelwerte aus den jeweiligen linken und rechten Klassengrenzen, sollten ebenfalls glatte Zahlen sein, denn sie werden später bei der Berechnung der Lage- und der Streuungsmaße gebraucht.
Wichtig ist es, darauf zu achten, daß die Zuordnung der Klassengrenzen zu den Klassen eindeutig gekennzeichnet ist. Seien a_0,

$a_1, a_2, \ldots, a_k$ die gewählten Klassengrenzen, so ist durch die in der Mathematik übliche Schreibweise

$$(a_{i-1}, a_i] \qquad (i = 1, 2, \ldots, k)$$

für die i-te Klasse eindeutig gekennzeichnet, daß die rechte Grenze a_i, d. h. die, bei der die eckige Klammer steht, zur Klasse gehört, die linke Grenze a_{i-1}, die, bei der die runde Klammer steht, aber nicht. Wenn man jeweils die linke Grenze in der Klasse haben will und die rechte nicht, schreibt man

$$[a_{i-1}, a_i) \qquad (i = 1, 2, \ldots, k).$$

Meist ist es zweckmäßig, die Klassen gleich breit zu wählen. Treten allerdings vereinzelt sehr große oder auch sehr kleine Werte auf, kann man von dieser Regel abweichen und sogenannte Restklassen bilden, eine linke $(\ , a_1]$ für die kleinen bzw. eine rechte $(a_{k-1}, \ )$ für die großen Werte. Für diese Restklassen gibt es keine Klassenmitten.

Ohne Klassierung würden Tabellen und Graphiken wegen der vielen verschiedenen Ausprägungen unübersichtlich. Nach der Klassierung behandelt man das Merkmal im wesentlichen wie ein diskretes, wobei die Klassen die Rolle der Ausprägungen übernehmen. Gezählt werden die absoluten Häufigkeiten n_i bzw. die relativen Häufigkeiten h_i der k Klassen $(i = 1, 2, \ldots, k)$. Die Klassengrenzen werden jeweils nur in einer Klasse mitgezählt, wobei z. B. durch die gerade eingeführte Klammerschreibweise deutlich gekennzeichnet sein muß, in welcher.

Die Häufigkeitssummen erhält man wie beim diskreten Merkmal durch Aufsummieren der absoluten bzw. relativen Häufigkeiten.

Bei gleich breiten Klassen ist das Histogramm die geeignete graphische Darstellung für die Häufigkeitsverteilung eines klassierten stetigen Merkmals (Abb. 2.3). Im Histogramm wird die absolute bzw. relative Häufigkeit als Höhe eines Rechtecks über der gesamten Klasse dargestellt. Wenn die gewählten Klassenbreiten nicht gleich sind, muß man die durch die jeweilige Klassenbreite geteilte Häufigkeit als Höhe des Rechtecks über der Klasse auftragen, da sonst ein verzerrter Eindruck entsteht.

Beispiel 2.10: In der AML-Studie war im Protokoll das Mindestalter auf 16 Jahre festgesetzt worden. Eine Begrenzung nach oben gab es nicht. Der älteste Patient war bei Behandlungsbeginn 78

Tabelle 2.3: Häufigkeiten für das klassierte Merkmal *Alter*

Alter in Jahren	absolute Häufigkeit	relative Häufigkeit	absolute Häufigkeitssumme	relative Häufigkeitssumme
(15, 20)	27	5.4 %	27	5.4 %
[20, 25)	25	5.0 %	52	10.4 %
[25, 30)	24	4.8 %	76	15.2 %
[30, 35)	38	7.6 %	114	22.8 %
[35, 40)	34	6.8 %	148	29.6 %
[40, 45)	58	11.6 %	206	41.2 %
[45, 50)	49	9.8 %	255	51.0 %
[50, 55)	54	10.8 %	309	61.8 %
[55, 60)	66	13.2 %	375	75.0 %
[60, 65)	74	14.8 %	449	89.8 %
[65, 70)	30	6.0 %	479	95.8 %
[70, 75)	18	3.6 %	497	99.4 %
[75, 80)	3	0.6 %	500	100.0 %

Jahre alt. Zur tabellarischen Darstellung der Altersverteilung muß
das Alter klassiert werden. Nach der Faustregel (2.1) ergibt sich
bei 500 Patienten $k = 20$ als angemessene Anzahl der Klassen. Da
ferner das Alter wie üblich in vollendeten Jahren angegeben wird,
sollten die Klassen links abgeschlossen und rechts offen sein. Folgende Klassierung wird gewählt: unter 20, 20 bis unter 25, ..., 70
bis unter 75, 75 und älter, oder in der oben eingeführten Klammerschreibweise: (15, 20), [20, 25), ..., [70, 75), [75, 80). Tabelle 2.3
enthält die Häufigkeitsverteilung in der gewählten Klassierung, in
Abbildung 2.3 ist die Verteilung als Histogramm dargestellt.

2.3 Empirische Verteilungsfunktion

Die empirische Verteilungsfunktion basiert auf den relativen Häufigkeitssummen. Sie ist für diskrete und stetige Merkmale unterschiedlich
definiert. Sie wird allgemein mit F_n bezeichnet, wobei n der Umfang

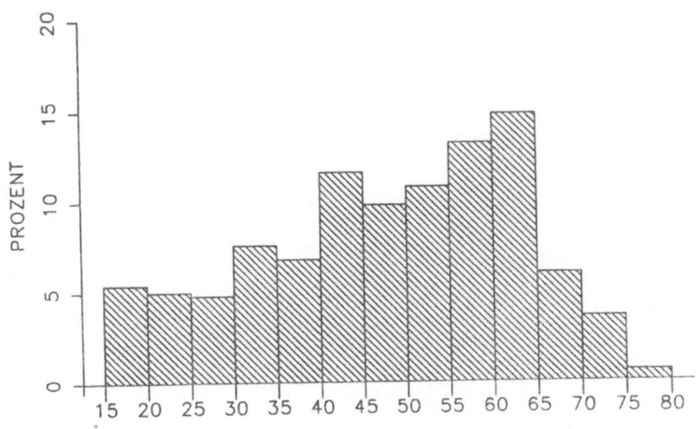

Abb. 2.3: Histogramm für das klassierte Merkmal *Alter*

der zugrunde liegenden Stichprobe ist.

Diskrete Merkmale

Abbildung 2.4 zeigt die empirische Verteilungsfunktion für die Daten des diskreten Merkmals *Anzahl gemeldeter Nebenwirkungen* aus Beispiel 2.9. Die relativen Häufigkeitssummen sind durch einen gefüllten Kreis (•) markiert. Wenn sie in der abgebildeten Weise zu einer Treppe ergänzt werden, erhält man das Bild der über der ganzen Zahlengeraden definierten empirischen Verteilungsfunktion F_n. Für jedes x entspricht der Funktionswert $F_n(x)$ dem Anteil der Beobachtungseinheiten aus der Stichprobe, die bezüglich des betreffenden Merkmals eine Ausprägung kleiner oder gleich x aufweisen. Durch die Treppenform wird ausgedrückt, daß dieses Merkmal diskret ist. Häufigkeitszuwachs gibt es höchstens an den diskret liegenden Punkten der Zahlengeraden, die den Ausprägungen des Merkmals entsprechen.

Stetige Merkmale

Abbildung 2.5 zeigt die empirische Verteilungsfunktion für die Daten des stetigen Merkmals *Alter in Jahren* aus Beispiel 2.10. Der Darstellung liegt die gleiche Klassierung zugrunde. Die relativen Häufigkeitssummen der Tabelle 2.3 sind in der Abbildung durch gefüllte Kreise (•) markiert. Da sie erst an der jeweils rechten Klassengrenze

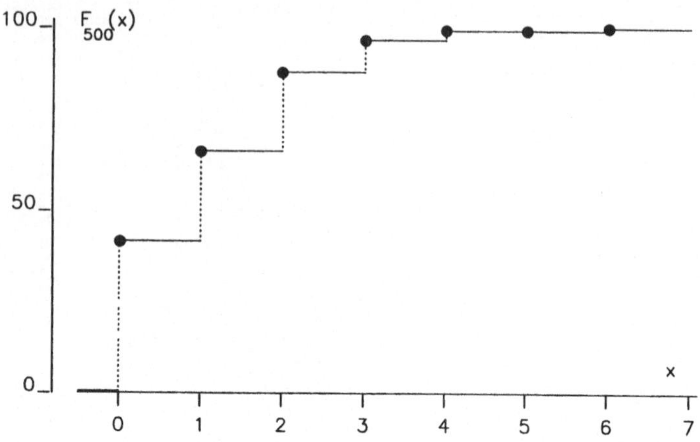

Abb. 2.4: Empirische Verteilungsfunktion für das diskrete Merkmal *Anzahl der gemeldeten Nebenwirkungen*

erreicht werden, sind sie auch über den jeweils rechten Klassengrenzen eingezeichnet. Dem verbindenden Streckenzug entspricht rechnerisch die lineare Interpolation zwischen den Klassengrenzen: Man erhält das Bild der empirischen Verteilungsfunktion F_n für das klassierte stetige Merkmal. Die Funktion ist stetig. An den Klassengrenzen entspricht der Funktionswert $F_n(x)$ wie beim diskreten Merkmal exakt dem Anteil der Beobachtungseinheiten der Stichprobe, die bezüglich des betreffenden Merkmals eine Ausprägung kleiner oder gleich x aufweisen. Im Gegensatz zum diskreten Merkmal ist der Zuwachs dieses Anteils hier aber nicht auf diskret liegende Punkte beschränkt, sondern über die Klassen verteilt. Dadurch wird die Stetigkeit des betrachteten Merkmals in der Darstellung zum Ausdruck gebracht. Ein Nachteil dieser Darstellung ist, daß sie von der gewählten Klassierung abhängt.

Eine von der Klassierung unabhängige Darstellung erhält man, wenn man wie beim diskreten Merkmal

$$F_n(x) = \frac{N_x}{n} \tag{2.2}$$

definiert, wobei N_x die Anzahl der Beobachtungseinheiten ist, bei denen eine Ausprägung kleiner oder gleich x festgestellt wurde. In dieser Form ist die empirische Verteilungsfunktion für die unklassierten

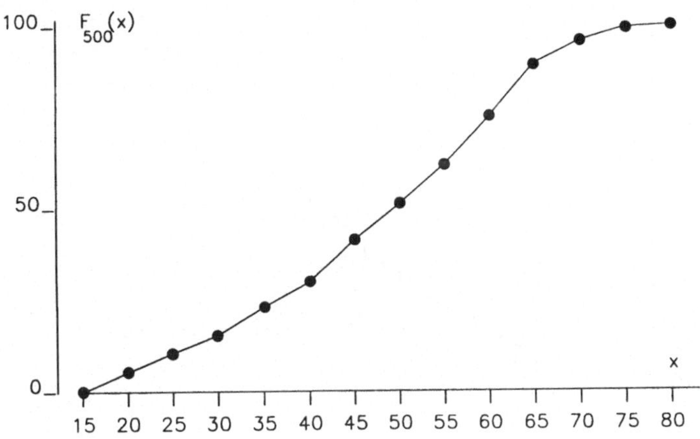

Abb. 2.5: Empirische Verteilungsfunktion für das klassierte stetige Merkmal *Alter*

Daten des stetigen Merkmals *Alter in Jahren* aus Beispiel 2.10 in Abbildung 2.6 dargestellt. Das Bild zeigt eine Treppenfunktion. Diese Darstellung ist zwar unabhängig von der Klassierung, sie bringt aber die Stetigkeit des Merkmals nicht zum Ausdruck.

In der beschreibenden Statistik ist die empirische Verteilungsfunktion ein Hilfsmittel bei der Darstellung der Häufigkeitsverteilung quantitativer Merkmale.

In der analytischen Statistik ist sie darüber hinaus als Schätzung für die Verteilung des Merkmals in der Grundgesamtheit von Bedeutung. Mathematisch wird diese Verteilung durch die theoretische Verteilungsfunktion F beschrieben. In Abschnitt 7.1.2 wird dieser Punkt wieder aufgegriffen.

2.4   Statistische Maßzahlen

In diesem Abschnitt werden ausschließlich quantitative Merkmale behandelt. Die Daten $x_1, x_2, \ldots, x_n$ sind in der Urliste zusammengetragen. Dargestellt als Punkte auf der Zahlengeraden haben sie eine Lage und eine Streuung. In geeigneten statistischen Maßzahlen wird die

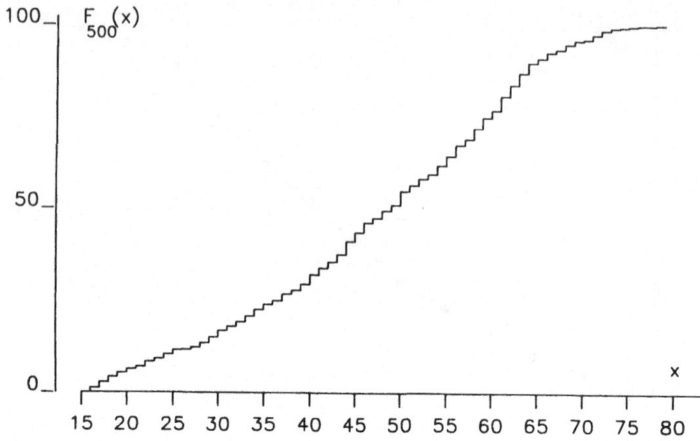

Abb. 2.6: Empirische Verteilungsfunktion für die unklassierten Daten des stetigen Merkmals *Alter*

Information über die Lage bzw. die Streuung zusammengefaßt. Entsprechend unterscheidet man zwischen Lage- und Streuungsmaßen. Die Maßzahlen werden aus den Daten errechnet. Um dies zu betonen, nennt man sie „empirisch". Eine denkbare Wiederholung der Untersuchung wird selbst dann, wenn sie unter identischen Bedingungen durchgeführt wird, Daten liefern, die von denen der ersten Untersuchung mehr oder weniger abweichen. Daher werden auch die entsprechenden empirischen Maßzahlen voneinander abweichen, sie sind einer unvermeidbaren, zufälligen Streuung unterworfen.

Demgegenüber kann man sich theoretisch vorstellen, daß in einer Totalerhebung die ganze Grundgesamtheit erfaßt wird. Jede Wiederholung einer solchen Untersuchung liefert die fest mit der gegebenen Grundgesamtheit verbundenen Maßzahlen, die keiner Streuung unterworfen sind. Sie werden Parameter genannt, wobei man wie bei den Maßzahlen zwischen Lage- und Streuungsparametern unterscheidet.

In den meisten praktisch vorkommenden Fällen ist eine Totalerhebung unmöglich. Die Parameter der Grundgesamtheit bleiben unbekannt und können nur über die empirischen Maßzahlen , die auf einer Stichprobe basieren, geschätzt werden. In Tabelle 7.2 auf Seite 133 sind die empirischen Maßzahlen und die entsprechenden Parameter der Grundgesamtheit einander gegenübergestellt. Es liefern aber nur solche Stichproben eine befriedigende Schätzung, die nach den Regeln der Versuchsplanung, also z. B. als zufällige Stichprobe, gezogen wurden.

Die speziellen Eigenschaften, die die empirischen Maßzahlen haben, wenn man sie als Schätzung für die entsprechenden Parameter der Grundgesamtheit auffaßt, werden in Kapitel 7 besprochen. Insbesondere interessiert dort, wie man die prinzipiell unvermeidliche Streuung reduzieren kann und wie man eine systematische Abweichung der Schätzung vom wahren Parameter der Grundgesamtheit vermeidet.

2.4.1   Arithmetischer Mittelwert, empirische Varianz

Der arithmetische Mittelwert $\bar{x}$ wird nach der Formel

$$\bar{x} = \frac{1}{n} \cdot \sum_{i=1}^{n} x_i \tag{2.3}$$

berechnet. Bei klassierten Daten eines stetigen Merkmals ist es bequemer, die Formel

$$\bar{x} = \frac{1}{n} \cdot \sum_{i=1}^{k} x_i^* \cdot n_i = \sum_{i=1}^{k} x_i^* \cdot h_i \tag{2.4}$$

anzuwenden. Dabei sind x_i^* die Klassenmitten und n_i bzw. h_i die absoluten bzw. relativen Häufigkeiten für die gewählten Klassen ($i = 1, 2, \ldots, k$). Wie Beispiel 2.11 zeigt, erhält man einen gegenüber (2.3) leicht abweichenden Wert. Der Unterschied ist i. allg. praktisch bedeutungslos.

Beispiel 2.11: Bei den 500 Patienten der AML-Studie ergab sich für das Merkmal *Alter* folgender arithmetischer Mittelwert:

$$\bar{x} = 47.154 \quad \text{berechnet nach (2.3)},$$
$$\bar{x} = 47.210 \quad \text{berechnet nach (2.4)}.$$

Die empirische Varianz ist ein auch für theoretische Überlegungen wichtiges Streuungsmaß. Sie wird nach der Formel

$$s^2 = \frac{1}{n-1} \cdot \sum_{i=1}^{n} (x_i - \bar{x})^2$$

berechnet. Das bedeutet, es wird die quadratische Abweichung jedes einzelnen Datums x_i vom arithmetischen Mittelwert $\bar{x}$ berechnet, die so erhaltenen n Quadrate werden aufsummiert und durch $(n-1)$, erstaunlicherweise nicht durch n, dividiert. Bei großen Stichproben, etwa $n \geq 100$, ist es praktisch belanglos, ob durch n oder durch $(n-1)$ dividiert wird, aber bei kleineren Stichproben, etwa $n \leq 10$, ist dies auch praktisch von Bedeutung.

Die Division durch $(n-1)$ ist theoretisch begründet. In Kapitel 7 wird gezeigt, daß man die Varianz σ^2 der Grundgesamtheit durch s^2 systematisch unterschätzt, wenn die Summe der Abweichungsquadrate durch n dividiert wird, und daß man richtig (genauer: unverzerrt) schätzt, wenn sie durch $(n-1)$ dividiert wird.

Für die praktische Berechnung von s^2 ist folgende Umformung vorteilhaft. Sie ist zugleich eine kleine Übung im Umgang mit dem Summenzeichen Σ :

$$
\begin{aligned}
s^2 &= \frac{1}{n-1} \cdot \sum_{i=1}^{n}(x_i - \bar{x})^2 \\
&= \frac{1}{n-1} \cdot \sum_{i=1}^{n}[x_i^2 - 2 \cdot x_i \bar{x} + \bar{x}^2] \\
&= \frac{1}{n-1} \cdot \left[\sum_{i=1}^{n} x_i^2 - 2 \cdot \bar{x} \cdot \sum_{i=1}^{n} x_i + n \cdot \bar{x}^2 \right] \\
&= \frac{1}{n-1} \cdot \left[\sum_{i=1}^{n} x_i^2 - n \cdot \bar{x}^2 \right].
\end{aligned}
\tag{2.5}
$$

Die zweite Zeile folgt nach Ausmultiplizieren der Quadrate, die dritte durch Vertauschung der Summationsreihenfolge und die vierte unmittelbar wegen

$$
\sum_{i=1}^{n} x_i = n \cdot \bar{x}.
$$

Durch diese Umformung erspart man sich die Berechnung der einzelnen Summanden $(x_i - \bar{x})^2 \quad (i = 1, 2, \ldots, n)$.

Mit der empirischen Varianz berechnet man die Summe der Abweichungsquadrate vom arithmetischen Mittelwert $\bar{x}$. Man könnte die Summe der Abweichungsquadrate auch um irgendeinen anderen Punkt a berechnen. Eine ähnliche Umformung wie bei (2.5) ergibt

$$
\sum_{i=1}^{n}(x_i - a)^2 = \sum_{i=1}^{n}((x_i - \bar{x}) + (\bar{x} - a))^2
$$

$$
= \sum_{i=1}^{n} \left[(x_i - \bar{x})^2 + 2(x_i - \bar{x})(\bar{x} - a) + (\bar{x} - a)^2 \right]
$$

$$
= \sum_{i=1}^{n} (x_i - \bar{x})^2 + 2(\bar{x} - a) \sum_{i=1}^{n} (x_i - \bar{x}) + n(\bar{x} - a)^2
$$

$$
= \sum_{i=1}^{n} (x_i - \bar{x})^2 + n(\bar{x} - a)^2. \tag{2.6}
$$

Die erste Zeile folgt aus einem zunächst sinnlos erscheinenden Subtrahieren und Addieren von $\bar{x}$, die zweite und dritte wie bei (2.5) durch Ausmultiplizieren der Quadrate und Vertauschen der Summationsreihenfolge und die vierte aus

$$
\sum_{i=1}^{n} (x_i - \bar{x}) = 0.
$$

Da $n \cdot (\bar{x} - a)^2$ für $a \neq \bar{x}$ immer größer als Null ist, folgt aus (2.6): Die Summe der Abweichungsquadrate um irgendeinen Wert $a \neq \bar{x}$ ist immer größer als die Summe der Abweichungsquadrate um den arithmetischen Mittelwert.

Dies kann man geradezu als Definition für $\bar{x}$ betrachten: Der arithmetische Mittelwert $\bar{x}$ einer Zahlenfolge $x_1, x_2, \ldots, x_n$ ist die eindeutig bestimmte Zahl, um die die Summe der Abweichungsquadrate minimal ist. Dieser Satz ist das statistische Analogon zum Steinerschen Satz aus der Physik, der besagt, daß das Drehmoment eines Körpers um irgendeine Drehachse stets mindestens so groß ist wie das Drehmoment um die parallele Drehachse durch den Schwerpunkt. In der Statistik übernimmt die Summe der Abweichungsquadrate die Rolle des Drehmoments und der arithmetische Mittelwert $\bar{x}$ die des Schwerpunkts.

Unmittelbar zahlenmäßig läßt sich die empirische Varianz kaum interpretieren, da sie wegen des Quadrierens nicht die gleiche Dimension wie die Ausgangsdaten hat. Sind die Ausgangsdaten beispielsweise in cm angegebene Körperlängen, so ist die Dimension der empirischen Varianz cm^2. Anschaulicher ist die empirische Standardabweichung.

Empirische Standardabweichung

Die empirische Standardabweichung s ist die positive Quadratwurzel aus der empirischen Varianz s^2, d. h.:

$$
s = +\sqrt{s^2}.
$$

Hieraus ergibt sich, daß die empirische Standardabweichung und die
empirische Varianz die gleiche Information liefern. Die empirische
Standardabweichung hat aber den Vorteil, daß sie die gleiche Dimension wie die Ausgangsdaten hat und sich daher zahlenmäßig grob als
„mittlere" Abweichung der Einzeldaten vom arithmetischen Mittelwert interpretieren läßt. Die Standardabweichung des arithmetischen
Mittelwerts

$$s_{\bar{x}} = \frac{s}{\sqrt{n}}$$

ist eine Maßzahl für die Streuung von $\bar{x}$.

Empirischer Variationskoeffizient

Um die Streuung der Daten richtig zu bewerten, reicht die Angabe der
empirischen Standardabweichung i. allg. nicht aus, da die Beziehung
zur Lage fehlt. Die Angabe $s = 10\ cm$ erfährt z. B. für $\bar{x} = 20\ cm$
eine andere Bewertung als für $\bar{x} = 200\ cm$.
Beim empirischen Variationskoeffizienten CV wird dies dadurch
berücksichtigt, daß die empirische Standardabweichung in Beziehung
zum arithmetischen Mittelwert gesetzt wird. Es gilt:

$$CV = \frac{s}{\bar{x}}.$$

Der empirische Variationskoeffizient ist eine dimensionslose Zahl.
Gewöhnlich wird er in Prozent angegeben. Ein Nachteil des empirischen Variationskoeffizienten ist, daß er in der Nähe von $\bar{x} = 0$ wenig
aussagekräftig ist.

2.4.2 Empirische Quantile

Die empirischen Quantile sind Lagemaße, die über die empirische Verteilungsfunktion definiert werden. Das empirische h-Quantil für die
Daten $x_1, x_2, \ldots, x_n$ ist die kleinste Zahl x, für die die empirische
Verteilungsfunktion F_n größer oder gleich h ist:

$$x_h = \min\{x | F_n(x) \geq h\}. \tag{2.7}$$

Anhand der Rangliste $x_{(1)}, x_{(2)}, \ldots, x_{(n)}$ der Daten (s. Abschnitt 1.2.2)
ist das empirische h-Quantil das Datum, dessen Rangzahl (i) die Ungleichung

$$n \cdot h \leq i < n \cdot h + 1$$

erfüllt.

Beispiel 2.12: Das 0.3-Quantil einer Stichprobe vom Umfang $n = 25$ ist das Datum, das auf der Rangliste den achten Platz einnimmt, denn 8 liegt zwischen $25 \cdot 0.3 = 7.5$ und $25 \cdot 0.3 + 1 = 8.5$.

Das empirische 0.5-Quantil $x_{0.5}$ wird auch empirischer Median genannt, für den sich die Bezeichnung $\tilde{x}$ eingebürgert hat. Hierfür wird auch die Formel

$$\tilde{x} = \begin{cases} x_{\left(\frac{n+1}{2}\right)} & n \text{ ungerade} \\[2ex] \frac{1}{2} \cdot \left(x_{\left(\frac{n}{2}\right)} + x_{\left(\frac{n}{2}+1\right)}\right) & n \text{ gerade} \end{cases} \tag{2.8}$$

angegeben. Für ungerades n erhält man hiernach das gleiche Ergebnis, für gerades n wird in der Formel der Mittelwert aus den Daten auf den beiden mittleren Rangplätzen gebildet. Dadurch können sich leichte Abweichungen von dem nach der ursprünglichen Definition berechneten Median ergeben.

Häufig benutzte empirische Quantile sind außerdem das Minimum $x_{\min} = x_{(1)}$ und das Maximum $x_{\max} = x_{(n)}$ der Daten.

Die empirischen Quantile $x_{0.25}$, $x_{0.5}$ und $x_{0.75}$ bezeichnet man auch als 1., 2. bzw. 3. Quartil. Aus den empirischen Quantilen berechnet man die Streuungsmaße

$$R = x_{\max} - x_{\min} \quad \text{und}$$

$$q = x_{0.75} - x_{0.25} \, .$$

R wird Spannweite und q Interquartilabstand genannt (R für engl.: range).

Auf den empirischen Quantilen beruht auch der sogenannte Boxplot (Abb. 2.7), eine graphische Darstellung, mit der man sich die Lage der Daten gut veranschaulichen kann. Der Interquartilabstand wird als Kasten (engl.: box) dargestellt, von dem aus Strecken bis zum Minimum bzw. Maximum ausgezogen werden. Der Kasten beschreibt in dieser Definition gerade den Bereich, in dem ungefähr 50% der Daten liegen. Für Boxplots gibt es viele Varianten. Wenn man ein Programm zur Berechnung benutzt, muß man prüfen, welche Variante angeboten wird.

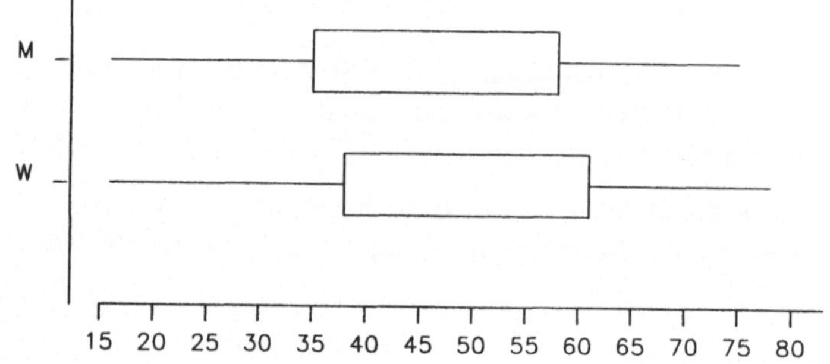

Abb. 2.7: Boxplot für das Merkmal *Alter*, getrennt für Männer und Frauen

2.4.3 Vergleich der Maßzahlen

$\bar{x}$ und $\tilde{x}$ sind Maßzahlen, die beide etwas über die Lage, s und q sind Maßzahlen, die beide etwas über die Streuung der Daten der Stichprobe aussagen. In der Praxis stellt sich die Frage, wann $\bar{x}$ und s und wann $\tilde{x}$ und q berechnet werden sollen.
Ein Vorteil des empirischen Medians ist, daß er im Vergleich zum arithmetischen Mittelwert robuster gegenüber Ausreißern ist.

Beispiel 2.13: Für die in Abbildung 1.3 dargestellten Daten $x_1, x_2, \ldots, x_7$ ist $x_{(4)} = x_{(\frac{7+1}{2})}$ der empirische Median. Wird den Daten als größter Wert ein neues $x_{(8)}$ hinzugefügt, so bleibt nach Formel (2.7) $x_{(4)}$ empirischer Median, gleichgültig, wie groß das neue Maximum $x_{(8)}$ ist. Der arithmetische Mittelwert hingegen kann in Abhängigkeit von $x_{(8)}$ beliebig groß werden.

Man erkennt aber an diesem Beispiel auch, daß der empirische Median i. allg. ein gröberes Lagemaß ist als der arithmetische Mittelwert. Dies wird auch an folgendem Beispiel deutlich, das den Wert des empirischen Medians bei der Auswertung von Überlebenszeiten illustriert.

Beispiel 2.14: 10 Ratten wird an einem Tag ein solider Tumor eingepflanzt. Es soll untersucht werden, wie lange sie das „im Mittel" überleben.
Der Mittelwert $\bar{x}$ der Überlebenszeiten kann erst angegeben werden, wenn die letzte Ratte gestorben ist. Der empirische Median hingegen liegt schon fest, wenn das fünfte Tier gestorben ist. Denn die noch nicht bekannten, auf jeden Fall aber längeren Überlebens-

zeiten $x_{(6)}, x_{(7)}, x_{(8)}, x_{(9)}$ und $x_{(10)}$ der fünf noch lebenden Tiere ändern nicht mehr die zur Berechnung des empirischen Medians erforderlichen und bereits bekannten Zeiten.

Ähnliches gilt entsprechend beim Vergleich der Streuungsmaße s und q. Falls keine wichtigen Gründe dagegen sprechen, sollten in wissenschaftlichen Arbeiten beide Lagemaße und beide Streuungsmaße aufgeführt werden.

2.5 Überlebenszeiten

Überlebenszeiten werden häufig zur Beurteilung der Wirksamkeit therapeutischer Maßnahmen herangezogen. In diesem Zusammenhang versteht man unter einer Überlebenszeit nicht nur die Zeit bis zum Tod, sondern allgemein die Zeitspanne von einem festgesetzten Anfangsdatum bis zum Eintritt eines bestimmten Endereignisses. Es können auch mehrere Endereignisse vorgegeben werden. Die Überlebenszeit endet, sobald eines davon als erstes eintritt. Im folgenden sind Überlebenszeiten stets in diesem weiteren Sinne gemeint.

Beispiel 2.15: In der AML-Studie wurde als Zielgröße das rezidivfreie Überleben gewählt. Anfangsdatum ist der Tag, an dem zum erstenmal das Erreichen einer vollständigen Remission festgestellt wird. Endereignisse sind *Rezidiv der AML* oder *Tod in Remission.* Das Ereignis, das als erstes von diesen beiden eintritt, beendet das rezidivfreie Überleben.

Beispiel 2.16: In einer vergleichenden Studie über die Wirksamkeit verschiedener konservativer Behandlungsmethoden bei Hüftdysplasie im Säuglingsalter wird als Zielgröße die Zeitspanne vom Beginn der Behandlung bis zur Normalisierung eines bestimmten Hüftwinkels, z. B. des Pfannendachwinkels, betrachtet. Anfangsdatum ist der Tag des Behandlungsbeginns. Das Endereignis tritt ein, wenn der betrachtete Winkel den vorgegebenen Normalwert erreicht.

Ein typisches Problem bei Daten dieser Art sind die unvollständigen Angaben, die sich ergeben, wenn für eine Beobachtungseinheit (noch) keines der vorgegebenen Endereignisse beobachtet werden konnte. Dafür kann es viele Gründe geben: die vorgesehene Nachbeobachtungszeit der Studie kann beendet sein, der Kontakt zum Patienten kann verlorengegangen sein, oder ein anderes Ereignis kann die Beobachtung des eigentlichen Endereignisses unmöglich machen.

In all diesen Fällen heißt die Überlebenszeit der betreffenden Beobachtungseinheit zensiert, genauer rechts zensiert, um sie von links zensierten zu unterscheiden. Von links zensierten Daten spricht man, wenn man nur eine obere Schranke für den richtigen Wert hat. Solche Daten ergeben sich beispielsweise bei Meßinstrumenten, deren Anzeige erst ab einer gewissen Schwelle anspricht

Wie das folgende Beispiel zeigt, sind Zensierungen nicht unproblematisch für die Auswertung. Man muß sorgfältig prüfen, ob die eingeführten Zensierungsgründe in einem Zusammenhang mit den vorgegebenen Endereignissen stehen können. Wenn das der Fall sein sollte, können sich erhebliche Verzerrungen ergeben.

Beispiel 2.17: Würde in Beispiel 2.15 der Abbruch der protokollgemäß vorgesehenen Therapie als Zensierungsgrund eingeführt, so könnte sich auf folgende Weise eine erhebliche Verzerrung der Auswertung ergeben: das Rezidiv der AML kündigt sich durch Verschlechterung des Allgemeinzustands an, die Fortsetzung der vorgesehenen Therapie wird unmöglich, die Therapie wird abgebrochen, und das bis dahin erreichte rezidivfreie Überleben wird als zensierte Überlebenszeit zu den Daten genommen. Das einige Wochen später diagnostizierte Rezidiv wird nicht mehr gewertet. Eine erhebliche Überschätzung des rezidivfreien Überlebens wäre die Folge.

Eine rechts zensierte Überlebenszeit enthält die Information, daß die tatsächliche Überlebenszeit mit Sicherheit länger dauert, als der zensierte Wert angibt. Durch das im folgenden dargestellte Schätzverfahren kann diese Information korrekt berücksichtigt werden. E. Kaplan und P. Meier haben die theoretischen Eigenschaften dieses Verfahrens in [6] dargestellt.

Kaplan–Meier–Schätzung der Überlebensraten

Die Kaplan–Meier–Methode ist geeignet, den Anteil $S(t)$ der Beobachtungseinheiten zu schätzen, die unter den Bedingungen der Studie den Zeitpunkt t überleben (S für engl. survival). Diesen Anteil nennt man auch Überlebensrate bezüglich t. Die Schätzung für $S(t)$ wird üblicherweise mit $\hat{S}(t)$ bezeichnet.

Die Berechnung des Schätzwertes $\hat{S}(t)$ ist im Grunde einfach, erfordert aber einige Vorbereitungen.

Zu jeder Beobachtungseinheit müssen die aus der Differenz von Anfangs– und Enddatum berechneten Überlebenszeiten vorliegen. Zusätzlich muß von jeder Überlebenszeit bekannt sein, ob sie zensiert ist oder nicht. Zensierte Überlebenszeiten werden durch ein hochgestelltes Pluszeichen $^+$ gekennzeichnet.

Es wird die gemeinsame Rangliste aller zensierten und nicht– zensierten Überlebenszeiten gebildet. Sollte zufällig eine zensierte mit einer nicht–zensierten Überlebenszeit übereinstimmen, so wird für die folgenden Berechnungen die zensierte stets als die längere von beiden aufgefaßt. Zur Berechnung der Schätzung $\hat{S}(t)$ benötigt man ferner:

- $0 = t_0 < t_1 < t_2 < \ldots < t_k$, die aufsteigend sortierte Reihenfolge der Zeitpunkte, bei denen ein Endereignis eingetreten ist,

- n_i, die Anzahl der Beobachtungseinheiten, die mit Sicherheit mindestens bis zum Zeitpunkt t_i überleben $(i = 1, 2, \ldots, k)$. Es ist $n_1 > n_2 > \ldots > n_k$, denn bei jedem t_i reduziert sich die Anzahl der überlebenden Beobachtungseinheiten $(i = 1, 2, \ldots, k)$,

- d_i, die Anzahl der Beobachtungseinheiten, die zum Zeitpunkt t_i sterben. Demnach ist $n_i - d_i$ die Anzahl der Beoabachtungseinheiten, die den Zeitpunkt t_i überleben $(i = 1, 2, \ldots, k)$.

Mit diesen Bezeichnungen gilt

$$
\hat{S}(t) = \begin{cases} 1 & (0 \leq t < t_1) \\[2ex] \dfrac{n_1 - d_1}{n_1} \cdot \dfrac{n_2 - d_2}{n_2} \cdot \ldots \cdot \dfrac{n_i - d_i}{n_i} & (t_i \leq t < t_{i+1}). \end{cases} \tag{2.9}
$$

Um die Schätzung $\hat{S}(t)$ besser zu verstehen, soll die Berechnung nach Formel (2.9) schrittweise nachvollzogen werden.

Im Zeitraum $0 \leq t < t_1$ vor Eintritt der ersten Endereignisse bleibt die geschätzte Überlebensrate $\hat{S}(t)$ konstant gleich 1. Im Zeitpunkt t_1 treten die ersten d_1 Endereignisse ein. n_1 Beobachtungseinheiten überleben mit Sicherheit bis zu diesem Zeitpunkt. Falls es im Zeitraum $0 < t < t_1$ keine Zensierungen gegeben hat, ist n_1 gleich dem Stichprobenumfang n, ansonsten ist n_1 entsprechend kleiner als n.

Tabelle 2.4: Rangliste mit 20 fiktiven Überlebenszeiten in Tagen ([+] kennzeichnet zensierte Daten)

30	40	43[+]	50	65[+]	70	70	85	90	120
125[+]	135[+]	140[+]	150	160	175[+]	220[+]	225[+]	235[+]	250[+]

In t_1 fällt $\hat{S}(t)$ von 1 auf $\frac{n_1 - d_1}{n_1}$. Von denen, die t_1 erreichen, ist das der Anteil, der t_1 überlebt.

Im Zeitraum $t_1 \leq t < t_2$ bleibt $\hat{S}(t)$ wieder konstant, da in diesem Intervall keine Endereignisse eintreten. Falls es in diesem Zeitraum auch keine Zensierungen gibt, überleben alle $n_1 - d_1$ Beobachtungseinheiten mit Sicherheit bis zum Zeitpunkt t_2. In diesem Fall ist $n_2 = n_1 - d_1$, andernfalls ist n_2 entsprechend kleiner als $n_1 - d_1$. Von den n_2 Beobachtungseinheiten, die t_2 erreichen, ist $\frac{n_2 - d_2}{n_2}$ der Anteil, der t_2 überlebt. Die geschätzte Überlebensrate $\hat{S}(t)$ erhält man durch Multiplikation der beiden Anteile:

$$\hat{S}(t) = \frac{n_1 - d_1}{n_1} \cdot \frac{n_2 - d_2}{n_2} \quad (t_2 \leq t < t_3) \, . \tag{2.10}$$

Entsprechend wird die Rechnung über t_3 hinaus bis t_k fortgesetzt. Das Ergebnis ist die absteigende Treppenfunktion (2.9). Jenseits von t_k ist $\hat{S}(t)$ nicht definiert. In der graphischen Darstellung ist es aber üblich, $\hat{S}(t)$ bis zur längsten zensierten Überlebenszeit zu zeichnen (s. Abb. 2.8). Treten in der ganzen Stichprobe keine zensierten Überlebenszeiten auf, dann vereinfacht sich $\hat{S}(t)$ wegen $n_i - d_i = n_{i+1}$ ($i = 1, 2, \ldots, k - 1$) durch Kürzen zu der übersichtlicheren Form

$$\hat{S}(t) = \frac{n_i}{n} \quad (t_{i-1} \leq t < t_i, \ i = 1, 2, \ldots, k, \ t_0 = 0) \, . \tag{2.11}$$

In dieser Form ist die Schätzung unmittelbar einleuchtend. Die Überlebensrate im Intervall $t_{i-1} \leq t < t_i$ wird durch den Anteil derer geschätzt, die dieses Intervall überleben.

Der mathematische Hintergrund für diese Schätzmethode ist das Rechnen mit bedingten Wahrscheinlichkeiten, die in Abschnitt 4.2.3 eingeführt werden.

Beispiel 2.18: Tabelle 2.4 enthält die Rangliste von 20 fiktiven Überlebenszeiten in Tagen. Zehn zensierte Werte sind durch [+] gekennzeichnet.

Im oberen Teil der Abbildung 2.8 sind die Zeiten noch einmal graphisch dargestellt, der untere Teil zeigt die resultierende Schätzung $\hat{S}(t)$ als Treppenfunktion. Es ist üblich, die Zensierungszeitpunkte auf der Treppe – wie angedeutet – durch einen Strich zu markieren. Man erkennt, daß jedes Endereignis eine Stufe nach unten verursacht, während die Zensierungen die Schätzung ungeändert lassen. Zum besseren Verständnis ist es nützlich, die Berechnung und die graphische Darstellung anhand der Daten in Tabelle 2.4 mit Bleistift und Papier nachzuvollziehen.

Wie jede Schätzung ist auch $\hat{S}(t)$ zufälligen Schwankungen unterworfen, die man durch die Varianz $V[\hat{S}(t)]$ der Schätzung mißt. Nach Greenwood schätzt man $V[\hat{S}(t)]$ durch

$$\hat{V}[\hat{S}(t)] = \hat{S}(t)^2 \cdot \sum_{j=1}^{i} \frac{d_j}{n_j(n_j - d_j)} \quad (t_i \leq t < t_{i+1}) \qquad (2.12)$$

Wesentlich einfacher, aber für überschlägige Rechnungen ausreichend ist der Schätzwert

$$\hat{V}[\hat{S}(t)] = \frac{(\hat{S}(t))^2 \cdot (1 - \hat{S}(t))}{n_i} \quad (t_i \leq t < t_{i+1}). \qquad (2.13)$$

(2.13) folgt aus der Varianzformel für die Binomialverteilung.
Zur Auswertung von Überlebenszeiten gibt es mittlerweile eine umfangreiche Literatur. Hier sind nur die Aspekte der beschreibenden Statistik dargestellt. Wer eine solche Studie plant, muß folgendes beachten:

- Die Nachbeobachtungszeit der Studie muß ausreichend lang bemessen sein. Es muß in der Planung sichergestellt werden, daß der erforderliche organisatorische Aufwand auch geleistet werden kann.
- $\hat{S}(t)$ besitzt methodisch bedingt eine große Streuung, die i. allg. mit wachsendem t größer wird. Daher sollte man von vornherein auf einen ausreichend großen Stichprobenumfang achten und ein scheinbares „Plateau" am Ende der Treppe nicht überbewerten.
- Ereignisse, die zu einer Zensierung der Überlebenszeit führen, dürfen in keinem Zusammenhang zu den eigentlichen Endereignissen stehen (vgl. Beispiel 2.17).
- Anfang und Ende der betrachteten Überlebenszeit müssen sorgfältig definiert und bei einer Veröffentlichung der Ergebnisse

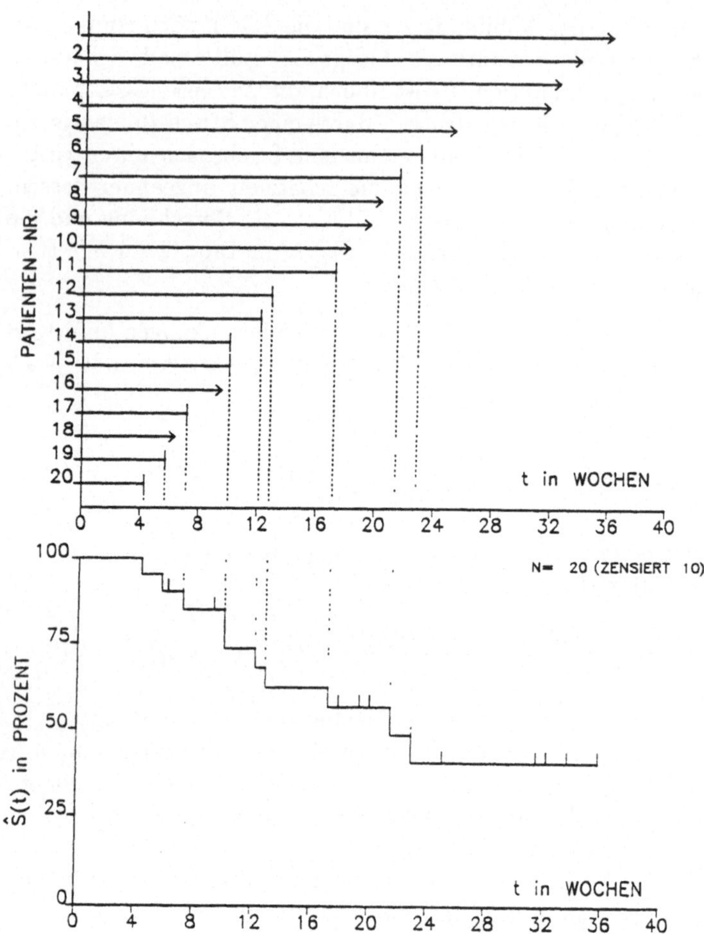

Abb. 2.8: Kaplan-Meier-Schätzung für 20 Überlebenszeiten

auch angegeben werden. Die Terminologie in der einschlägigen Literatur ist keineswegs einheitlich. Überlebenszeiten mit gleichem Namen, aber aus verschiedenen Studien, können unterschiedlich definiert sein. Es ist leider nicht überflüssig, darauf hinzuweisen, daß man darauf beim Vergleich von Ergebnissen achten muß.

2.6 Maßzahlen in der Epidemiologie

Die im folgenden beschriebenen Maßzahlen sind unter einem rein statistischen Gesichtspunkt nichts anderes als Schätzungen für spezielle Wahrscheinlichkeiten durch relative Häufigkeiten. Die statistischen Eigenschaften solcher Schätzungen werden allgemein in Kapitel 7 nach Einführung der Wahrscheinlichkeitsrechnung behandelt.

2.6.1 Häufigkeitsmaße in der Krankheitsstatistik

Die Neuerkrankungsrate oder Inzidenz einer bestimmten Krankheit ist der Anteil der Personen einer definierten Population, die in einem bestimmten Zeitraum (ZR) an dieser Krankheit neu erkranken:

$$\text{Inzidenz} = \frac{\text{Anzahl der neu Erkrankten im ZR}}{\text{Anzahl der Personen der Population im ZR}}$$

Die Prävalenz einer bestimmten Krankheit ist der Anteil der Personen einer definierten Population, die zu einem bestimmten Zeitpunkt (ZP) erkranken:

$$\text{Prävalenz} = \frac{\text{Anzahl der Erkrankten zum ZP}}{\text{Anzahl der Personen der Population zum ZP}}$$

Die Todesrate oder Mortalität ist der Anteil der Personen einer definierten Population, die in einem bestimmten Zeitraum (meist 1 Jahr) sterben:

$$\text{Mortalität} = \frac{\text{Anzahl der Gestorbenen im ZR}}{\text{Anzahl der Personen der Population im ZR}}$$

Angaben über die Mortalität können auch auf eine bestimmte Krankheit bezogen sein:

$$\text{Mortalität} = \frac{\text{Anzahl der infolge der Krankheit Gestorbenen im ZR}}{\text{Anzahl der Personen der Population im ZR}}$$

Die Letalität ist der Anteil der an einer bestimmten Krankheit in einem bestimmten Zeitraum (meist 1 Jahr) Gestorbenen, bezogen auf die Gesamtanzahl der an der betrachteten Krankheit Erkrankten einer definierten Population:

$$\text{Letalität} = \frac{\text{Anzahl der an der Krankheit Gestorbenen im ZR}}{\text{Anzahl der Erkrankten im ZR}}$$

Die Letalität wird nur für akute Erkrankungen betrachtet, bei denen
man davon ausgeht, daß die Erkrankung und deren Ausgang in der
Regel in den gleichen Zeitraum fallen.

Alle Maßzahlen sind relative Häufigkeiten und beziehen sich auf eine
definierte Grundgesamtheit (Population) und einen definierten Zeitraum. Inwieweit die jeweils berechnete Maßzahl sinnvoll interpretiert
werden kann, muß im Einzelfall geprüft werden:

- Die Inzidenz hat wenig Aussagekraft bei Erkrankungen, an denen
  eine Person während des betrachteten Zeitraums mehrfach erkranken kann.

- Die Angabe der Letalität hat nur bei akuten Erkrankungen einen
  Sinn.

- Die Angabe der „Anzahl der Personen der Population im ZR" be-
  darf im konkreten Fall der genauen Erläuterung.

Beispiel 2.19: In den entsprechenden Veröffentlichungen des Statistischen Bundesamts, der Statistischen Landesämter sowie in den
Schriftenreihen der zuständigen Ministerien und Krebsregister findet man z. B. folgende Angaben:

- In der Bundesrepublik kommen pro Jahr 40 Herzinfarkte auf je
  10·000 Einwohner (Inzidenz).

- In der Bundesrepublik gibt es 350·000 Epileptiker, d. h. etwa 50
  auf je 10·000 Einwohner (Prävalenz).

- In der Bundesrepublik gab es 1990 713·000 Todesfälle durch Herz-
  infarkt (Mortalität).

- Die Letalität der akuten lymphatischen Leukämie bei Kindern ist
  von 100% im Jahre 1970 auf 30% im Jahre 1990 zurückgegangen.

2.6.2 Todesursachenstatistik

Rechtliche Grundlage der Todesursachenstatistik ist das „Bevölke-
rungsstatistische Gesetz" in Verbindung mit dem „Personenstands-
gesetz" sowie diversen Durchführungsbestimmungen, die durch die
international gültigen Bestimmungen der WHO über ärztliche Todesbescheinigungen ergänzt werden.

Die Todesursachenstatistik der Bundesrepublik ist eine Totalerhebung. Grundgesamtheit und Stichprobe sind identisch und bestehen aus allen Todesfällen eines Jahres in der Bundesrepublik. Je-

der Todesfall wird auf einer Todesbescheinigung erfaßt. Über die Gesundheitsämter und die Statistischen Landesämter werden die Todesbescheinigungen im Statistischen Bundesamt zusammengeführt. Die Auswertung wird jährlich im Statistischen Jahrbuch veröffentlicht. Es enthält Tabellen über

- Sterbefälle nach Todesursache, Geschlecht und Altersgruppe,
- gestorbene Säuglinge nach Todesursache und Lebensdauer und
- Müttersterblichkeit nach Todesursache und Alter der Mutter.

Die Tabellen enthalten die absoluten Häufigkeiten des qualitativen Merkmals *Todesursache* sowie die speziellen Indizes

- allgemeine Sterbeziffer und
- standardisierte Sterbeziffer.

Die allgemeine Sterbeziffer A ist die absolute Häufigkeit n einer Todesursache im betrachteten Jahr, bezogen auf 100·000 Einwohner, d. h. in Formeln:

$$A = \frac{n}{N} \cdot 100 \cdot 000,$$

wobei N die mittlere Gesamtanzahl aller Einwohner im betrachteten Jahr ist. Die Berechnung der standardisierten Sterbeziffer dient dazu, Einflüsse auf die Sterblichkeitsentwicklung auszuschalten, die auf Veränderung des Altersaufbaus der Bevölkerung beruhen. Dazu wird das Alter klassiert, z. B. in die 17 Altersklassen $[0, 1)$, $[1, 5)$, $[5, 10)$, ..., $[75, \quad)$. n_i sei die absolute Häufigkeit der i-ten Altersklasse, und d_i sei die Anzahl der Gestorbenen dieser Altersklasse. Dann ist

$$q_i = \frac{d_i}{n_i} \quad (i = 1, 2, \ldots, 17)$$

die altersspezifische Sterbeziffer. Die standardisierte Sterbeziffer S erhält man als

$$S = \sum_{i=1}^{17} \nu_i \cdot q_i,$$

wobei ν_i die relative Häufigkeit der i-ten Altersklasse in einer Standardbevölkerung ist. In der amtlichen deutschen Statistik ist dies z. Zt. noch die Bevölkerung der Bundesrepublik des Jahres 1970. Wichtig für die Interpretation ist der Hinweis, daß nur das ursächlich zum Tode führende Grundleiden ausgewertet wird.

2.6.3 Sterbetafel

Im Jahre 1693 erstellte E. Halley die erste Sterbetafel, die mit den
heute üblichen vergleichbar ist. Er benutzte dazu Daten aus den Kir-
chenbüchern der Stadt Breslau. Eine Sterbetafel enthält heute üblicherweise die folgenden Größen:

- q_x, das ist die relative Anzahl der im Alter von x Jahren - d. h.
  genau im Altersintervall $[x, x+1)$ - Gestorbenen einer bestimmten
  Bevölkerungsgruppe. Sie ist bezogen auf die „mittlere Anzahl" der
  im Alter von x Jahren Lebenden dieser Gruppe ($x = 0, 1, \ldots$). In
  den Tabellen wird meist $q_x \cdot 1000$ ausgedruckt.

- $1 - q_x$, das ist entsprechend die relative Anzahl derjenigen x–jähri-
  gen, die das Alter $(x+1)$ Jahre erreichen.

Aus diesen Größen errechnet man in der Sterbetafel die sogenannte
Absterbeordnung $l_0, l_1, \ldots$: Von $l_0 = 100 \cdot 000$ Lebendgeborenen erreichen

$$
\begin{aligned}
l_1 &= (1 - q_0) \cdot l_0 \\
l_2 &= (1 - q_1) \cdot l_1 \\
    &= (1 - q_1) \cdot (1 - q_0) \cdot l_0 \\
    &\vdots \\
l_x &= (1 - q_x) \cdot \ldots \cdot (1 - q_0) \cdot l_0 \\
    &\vdots
\end{aligned}
$$

das Alter von $1, 2, \ldots, x, \ldots$ Jahren. Aus den l_x wiederum errechnet
man die Lebenserwartung e_x, das ist die Anzahl von Jahren, die ein
x–jähriger im Durchschnitt noch erlebt:

$$
\begin{aligned}
e_x &= 0 \cdot \left(\frac{l_x - l_{x+1}}{l_x} \right) + 1 \cdot \left(\frac{l_{x+1} - l_{x+2}}{l_x} \right) + 2 \cdot \left(\frac{l_{x+2} - l_{x+3}}{l_x} \right) + \cdots \\
    &= \frac{1}{l_x} \cdot (l_{x+1} + l_{x+2} + \cdots).
\end{aligned}
$$

Zu dem so berechneten e_x wird jeweils 0.5 addiert, um den Rundungs-
fehler bei der Altersangabe auszugleichen.

3 Darstellung mehrerer Merkmale

Die in Kapitel 2 betrachteten Auswertungsmethoden reichen nicht aus, um Beziehungen zwischen zwei oder mehr Merkmalen aufzudecken oder zu beschreiben. Dazu braucht man Methoden, die die gemeinsame Häufigkeitsverteilung von Merkmalen erfassen.

3.1 Kontingenztafel

Die Kontingenztafel ist die geeignete tabellarische Darstellung der gemeinsamen Häufigkeitsverteilung zweier Merkmale. Zunächst sollen qualitative Merkmale betrachtet werden. An n Beobachtungseinheiten werden gleichzeitig die Merkmale A und B mit den Ausprägungen $A_1, A_2, \ldots, A_k$ bzw. $B_1, B_2, \ldots, B_\ell$ erfaßt. Die absoluten Häufigkeiten n_{ij} für die $k \cdot \ell$ möglichen Ausprägungskombinationen $A_i B_j$ $(i = 1, 2, \ldots, k; \quad j = 1, 2, \ldots, \ell)$ werden in ein rechteckiges Schema, bestehend aus k Zeilen und ℓ Spalten, eingetragen. Es ist üblich, das Schema um eine Spalte, die die absoluten Häufigkeiten $n_{1.}, n_{2.}, \ldots, n_{k.}$ der Ausprägungen $A_1, A_2, \ldots, A_k$ des Merkmals A, und um eine Zeile, die die absoluten Häufigkeiten $n_{.1}, n_{.2}, \ldots, n_{.\ell}$ der

Tabelle 3.1: Allgemeine Kontingenztafel

	B_1	...	B_j	...	B_ℓ	Zeilensumme
A_1	n_{11}	...	n_{1j}	...	$n_{1\ell}$	$n_{1.}$
$\vdots$	$\vdots$		$\vdots$		$\vdots$	$\vdots$
A_i	n_{i1}	...	n_{ij}	...	$n_{i\ell}$	$n_{i.}$
$\vdots$	$\vdots$		$\vdots$		$\vdots$	$\vdots$
A_k	n_{k1}	...	n_{kj}	...	$n_{k\ell}$	$n_{k.}$
Spaltensumme	$n_{.1}$	...	$n_{.j}$	...	$n_{.\ell}$	$n = n$

Tabelle 3.2: Kontingenztafel für die Merkmale *FAB-Zelltyp* und *Geschlecht*, bei 7 Männern und 5 Frauen fehlt die Angabe zum Zelltyp

Zelltyp nach FAB-Klassifikation	Geschlecht männlich	weiblich	Zeilen-summe
M1	57	68	125
M2	84	77	161
M3	9	7	16
M4	63	53	116
M5	29	26	55
M6	9	6	15
Spaltensumme	251	237	488

Ausprägungen des Merkmals B enthält, zu ergänzen. Offenbar gilt

$$n_{i.} = \sum_{j=1}^{\ell} n_{ij} \qquad (i = 1, 2, \ldots, k),$$

$$n_{.j} = \sum_{i=1}^{k} n_{ij} \qquad (j = 1, 2, \ldots, \ell),$$

$$n = \sum_{i=1}^{k} n_{i.} = \sum_{j=1}^{\ell} n_{.j} = \sum_{i=1}^{k} \sum_{j=1}^{\ell} n_{ij}. \qquad (3.1)$$

Da man die $n_{i.}$ bzw. $n_{.j}$ durch Summation innerhalb der i-ten Zeile bzw. der j-ten Spalte erhält, heißen sie auch Zeilen- bzw. Spaltensummen oder auch, weil sie den Rand des Schemas bilden, Randsummen. Diese Schreibweisen und Bezeichnungen sind allgemein eingebürgert. Der Punkt (.) in $n_{i.}$ bzw. $n_{.j}$ soll an den durch die Summation fortgefallenen Spalten- bzw. Zeilenindex erinnern.

Beispiel 3.1: In der AML-Studie wurde der Zelltyp getrennt nach Geschlecht ausgezählt. Tabelle 3.2 enthält das Ergebnis in Form einer Kontingenztafel. Je nach Fragestellung ist es mitunter sinnvoll, die Tabelle noch um die auf die Zeilensummen bezogenen Zeilenprozente bzw. die auf die Spaltensummen bezogenen Spaltenprozente zu ergänzen. Will man z. B. die Verteilung des Zelltyps bei Männern und Frauen vergleichen, so kann man der Tabelle die auf die 251 Männer bzw. 237 Frauen bezogenen Spaltenprozente hinzufügen.

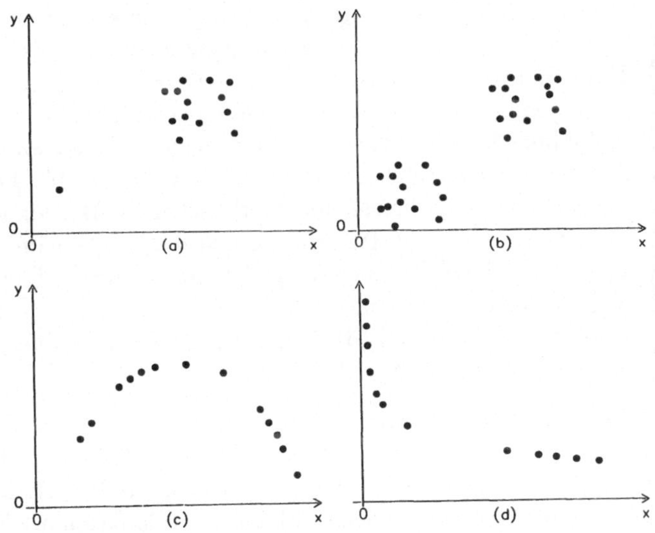

Abb. 3.1: Punktwolken stetiger Merkmale (a), (b), (c), (d)

In analoger Weise stellt man Kontingenztafeln für diskrete und klassierte stetige Merkmale auf.

3.2 Punktwolke

An n Beobachtungseinheiten werden zwei stetige Merkmale X und Y beobachtet, die nicht klassiert werden. Es ist ratsam, die Untersuchung der gemeinsamen Verteilung zweier stetiger Merkmale mit der Zeichnung einer Punktwolke zu beginnen, denn die Punktwolke liefert auf einen Blick Informationen, die für das weitere Vorgehen wichtig sind. Dazu trägt man das Merkmal X an der x–Achse, das Merkmal Y an der y–Achse ab und zeichnet das an der i–ten Beobachtungseinheit festgestellte Wertepaar (x_i, y_i) als Punkt in das Koordinatensystem ein ($i = 1, 2, \ldots, n$). Jede Beobachtungseinheit liefert also genau einen Punkt für die Punktwolke.

> **Beispiel 3.2:** Abbildung 3.1 (a) zeigt eine bis auf ein Wertepaar
> homogene Stichprobe, die keinen Zusammenhang zwischen X und
> Y vermuten läßt. Es ist möglich, daß das eine getrennt liegende
> Wertepaar auf einem Übertragungsfehler beruht.
> Abbildung 3.1 (b) zeigt eine Stichprobe, die offenbar aus zwei Grup-
> pen zusammengesetzt ist, wobei in jeder Gruppe für sich kein Zu-
> sammenhang zwischen X und Y erkennbar ist. Daß ein rein rechne-
> risch sich ergebender Trend nur durch die gegeneinander versetzte
> Lage der beiden Gruppen vorgetäuscht ist, wäre ohne Zeichnung
> nicht so leicht zu erkennen.
> Abbildung 3.1 (c) und (d) deuten auf einen nicht–linearen Zusam-
> menhang zwischen X und Y hin.

Bei der quantitativen Analyse des Zusammenhangs zwischen zwei stetigen Merkmalen X und Y geht man von einer Modellvorstellung aus,
die durch sachlogische Überlegungen zu begründen ist. Man nimmt
an, daß zwischen den beiden Merkmalen ein funktionaler Zusammenhang f besteht. Mit Y als abhängigem und X als unabhängigem
Merkmal schreibt man

$$y = f(x). \tag{3.2}$$

Hier wird im folgenden nur der spezielle Fall eines linearen Zusammenhangs betrachtet.

3.3 Lineare Abhängigkeit

Ein linearer Zusammenhang wird durch die Gleichung

$$y = \beta_0 + \beta_1 \cdot x \tag{3.3}$$

beschrieben, wobei β_0 und β_1 feste, aber unbekannte Parameter sind,
die aus den Daten geschätzt werden müssen. Aufgrund des Einflusses
nicht erfaßter Störgrößen werden die Punkte (x_i, y_i) die Geradengleichung nicht exakt erfüllen, sondern es gilt

$$y_i = \beta_0 + \beta_1 \cdot x_i + e_i \qquad (i = 1, 2, ..., n), \tag{3.4}$$

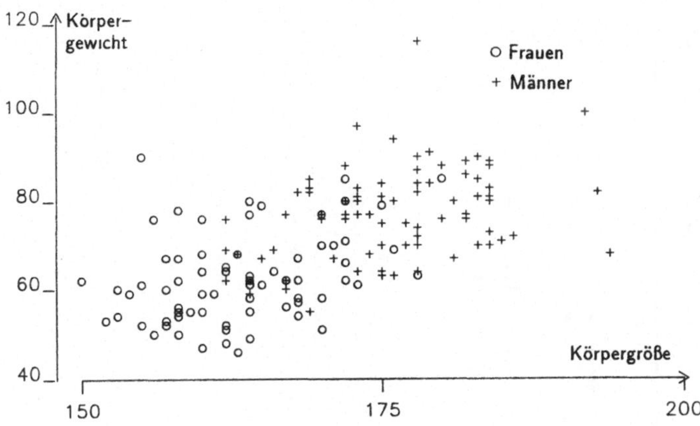

Abb. 3.2: Punktwolke für die stetigen Merkmale *Körpergewicht* (*y*–Achse) und *Körpergröße* (*x*–Achse) unter Berücksichtigung des Faktors *Geschlecht.*

wobei die e_i die auf den Einfluß der Störgrößen zurückgehenden Abweichungen von der Geraden sind (*e* für engl.: error).

> **Beispiel 3.3:** In Abbildung 3.2 sind die stetigen Merkmale *Körpergewicht* und *Körpergröße* für eine Stichprobe von 81 Männern und 72 Frauen dargestellt. Der Faktor *Geschlecht* ist durch unterschiedliche Symbole für Männer (+) und Frauen (o) berücksichtigt.
> Bei dieser Stichprobe handelt es sich um die Patienten mit FAB-Zelltyp *M2*. Bei 3 Männern und 5 Frauen fehlten die Angaben zum Körpergewicht oder zur Körpergröße. In diesem Beispiel erscheint es sinnvoll, für Männer und Frauen getrennt einen linearen Zusammenhang anzunehmen.

3.3.1 Lineare Regression

Der Aufgabe, β_0 und β_1 zu schätzen, entspricht das geometrische Problem, durch die gegebene Punktwolke eine Gerade zu legen. Da es dafür viele Möglichkeiten gibt, benötigt man ein Kriterium, nach dem die Gerade auszuwählen ist. Wenn die Schätzwerte b_0 und b_1 für β_0 und β_1 schon bekannt sind, kann zu jedem gegebenen x_i der entsprechende *y*–Wert, der mit $\hat{y}_i$ bezeichnet wird, auf der Geraden berechnet

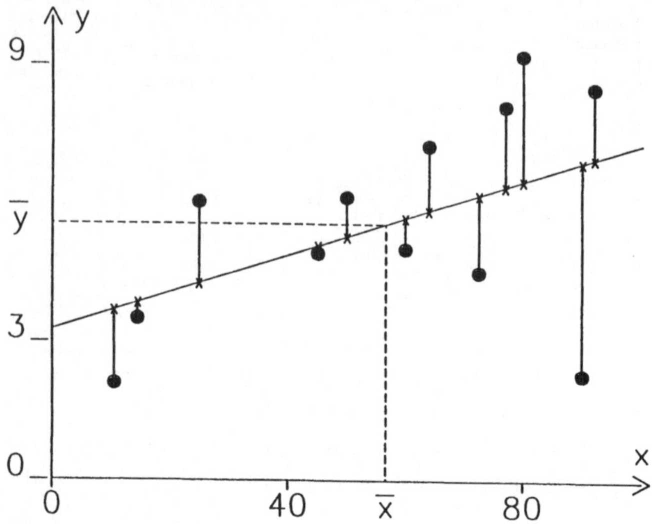

Abb. 3.3: Schema einer linearen Regression

werden:

$$\hat{y}_i = b_0 + b_1 \cdot x_i \qquad (i = 1, 2, ..., n). \tag{3.5}$$

Es liegt daher nahe, b_0 und b_1 so zu bestimmen, daß sich die $\hat{y}_i$ von den tatsächlich beobachteten y_i möglichst wenig unterscheiden ($i = 1, 2, \ldots, n$). Um alle beobachteten Punkte gleichmäßig zu berücksichtigen und um keine Probleme mit dem Vorzeichen der Differenzen zu bekommen, formuliert man nach C. F. Gauß das gesuchte Kriterium folgendermaßen: Berechne b_0 und b_1 so, daß die Summe

$$\sum_{i=1}^{n}(y_i - \hat{y}_i)^2 = \sum_{i=1}^{n}(y_i - (b_0 + b_1 x_i))^2 \tag{3.6}$$

minimal wird. Die geschilderten Verhältnisse sind in Abbildung 3.3 anhand fiktiver Daten dargestellt. Die beobachteten Wertepaare (x_i, y_i) sind durch gefüllte Kreise ($\bullet$) markiert. Die auf der zu berechnenden Geraden liegenden Wertepaare $(x_i, \hat{y}_i)$ sind durch ein Kreuz ($\times$) gekennzeichnet. Die Gerade ist so zu legen, d. h., b_0 und b_1 sind so zu bestimmen, daß (3.6) erfüllt wird. Die folgenden beiden Aussagen enthalten die Lösung dieses Problems:

- **Existenz und Eindeutigkeit**
  Für jede vorgegebene Punktwolke $(x_i,\ y_i)$ $(i = 1, 2, \ldots, n)$ gibt es
  stets eine eindeutig bestimmte Lösung b_0 und b_1, die die Gleichung
  (3.6) minimiert. Die hierdurch eindeutig bestimmte Gerade heißt
  Regressionsgerade von Y auf X. Ihr Anstieg b_1 ist der empirische
  Regressionskoeffizient.
- **Berechnung**
  b_1 und b_0 werden nach folgenden Formeln aus den Daten berechnet:

$$b_1 \;=\; \frac{\displaystyle\sum_{i=1}^{n}(x_i - \bar{x})(y_i - \bar{y})}{\displaystyle\sum_{i=1}^{n}(x_i - \bar{x})^2}, \tag{3.7}$$

$$b_0 \;=\; \bar{y} - b_1\bar{x}. \tag{3.8}$$

Die Formel für b_1 läßt sich noch vereinfachen. Wenn man Zähler und
Nenner von b_1 durch $n - 1$ teilt, erhält man im Nenner die empirische
Varianz

$$s_x^2 = \frac{1}{n-1} \cdot \sum_{i=1}^{n}(x_i - \bar{x})^2 \tag{3.9}$$

des Merkmals X. Es ist üblich, den im Zähler entstandenen Ausdruck
wegen seiner formalen Ähnlichkeit mit der empirischen Varianz „empirische Kovarianz" zu nennen und ihn mit s_{xy} zu bezeichnen:

$$s_{xy} = \frac{1}{n-1} \cdot \sum_{i=1}^{n}(x_i - \bar{x})(y_i - \bar{y}). \tag{3.10}$$

Damit wird

$$b_1 = \frac{s_{xy}}{s_x^2}. \tag{3.11}$$

(3.8) läßt sich umformen zu

$$\bar{y} = b_0 + b_1 \cdot \bar{x}. \tag{3.12}$$

Das bedeutet, der Punkt $(\bar{x},\ \bar{y})$, den man auch Schwerpunkt nennt,
erfüllt die Gleichung der Regressionsgeraden, oder, geometrisch ausgedrückt, die Regressionsgerade geht stets durch den Schwerpunkt der

Punktwolke. Dies ist nützlich zu wissen, wenn man die Regressionsgerade tatsächlich zeichnen will. Mit $(\bar{x}, \bar{y})$ hat man bereits einen Punkt der Regressionsgeraden, einen zweiten erhält man, indem man ein beliebiges x_0 aus dem Wertebereich von X wählt und das zugehörige y_0 aus der Gleichung der Regressionsgeraden berechnet:

$$y_0 = b_0 + b_1 \cdot x_0. \tag{3.13}$$

Damit hat man den zweiten Punkt, den man zum Zeichnen der Geraden braucht. Für manche Betrachtungen ist es nützlich, b_0 nach (3.8) in die Geradengleichung einzusetzen. Man erhält

$$y - \bar{y} = b_1 \cdot (x - \bar{x}). \tag{3.14}$$

An dieser Form der Regressionsgleichung sieht man sofort, daß der Schwerpunkt $(\bar{x}, \bar{y})$ auf der Regressionsgeraden liegt. Die hier betrachtete Regression mit Y als abhängigem und X als unabhängigem Merkmal heißt „Regression von Y auf X". Oft ist es inhaltlich nicht klar, welches der beiden Merkmale X und Y von dem anderen abhängt. In dem Fall kann man zusätzlich die gleichen Überlegungen wie oben durchführen, wobei man nur die Rollen von X und Y vertauscht. Man erhält dann die Regressionsgerade der Regression von X auf Y. Beide Regressionsgeraden kann man in das gleiche Koordinatensystem einzeichnen. Sie schneiden sich stets im Schwerpunkt $(\bar{x}, \bar{y})$.

Beispiel 3.4: Für die 81 Männer aus Beispiel 3.3 wird die lineare Regression von *Körpergewicht* (Y) auf *Körpergröße* (X) berechnet. Aus den Daten müssen nach Gleichung (3.7) bzw. (3.8) b_1 und b_0 ermittelt werden. Es ergibt sich die Gleichung der Regressionsgeraden

$$y = -9.95 + 0.49 \cdot x \ .$$

Der Anstieg $b_1 = 0.49$ der Regressionsgeraden ist der Regressionskoeffizient. Für eine Körpergröße von 180 *cm* ergibt sich nach dieser Regression ein Körpergewicht von 78.25 *kg*.

Der rein rechnerische Aspekt des Problems ist mit den bisherigen Überlegungen gelöst. Als Anwender, den mehr die inhaltliche Seite der Aufgabenstellung interessiert, muß man sich aber klar darüber sein, daß die mathematische Lösung keine Antwort auf die Frage liefert, ob das Problem überhaupt sinnvoll gestellt ist. Das bedeutet, als Anwender darf man sich mit der rein rechnerischen Lösung des Problems nicht zufriedengeben, sondern muß darüber hinaus sehr sorgfältig über die sachlogische Begründung der Modellgleichung (3.3) nachdenken. Erst dadurch erhalten die Berechnungen, die sich rein formal mit jedem beliebigen Datensatz durchführen lassen, ihren inhaltlichen Sinn.

3.3.2 Bestimmtheitsmaß, Korrelationskoeffizient

Ausgangspunkt ist wieder die Modellgleichung (3.3)

$$y = \beta_0 + \beta_1 \cdot x$$

zwischen den Merkmalen X und Y. Von den tatsächlich beobachteten Daten y_i sind die theoretischen Werte $\hat{y}_i$ zu unterscheiden, die aufgrund der Regressionsgleichung (3.5) berechnet worden sind,

$$\hat{y}_i = b_0 + b_1 \cdot x_i$$

oder äquivalent nach (3.14)

$$\hat{y}_i - \bar{y} = b_1 \cdot (x_i - \bar{x}).$$

Ohne Berücksichtigung der Abhängigkeit von X ist die Streuung der beobachteten Y–Werte

$$SQT = \sum_{i=1}^{n}(y_i - \bar{y})^2. \tag{3.15}$$

SQT steht für Summe der Quadrate der *totalen* Streuung. Der bei der Berechnung der empirischen Varianz auftretende Faktor ist für die folgende Überlegung unwesentlich. Unter der Annahme, daß Y von X in der durch (3.3) beschriebenen Weise abhängt, kann ein Teil dieser Streuung erklärt werden. Zu gegebenem x_i wird nämlich unter (3.3) der Y–Wert $\hat{y}_i$ auf der Regressionsgeraden erwartet, d. h.:

$$SQM = \sum_{i=1}^{n}(\hat{y}_i - \bar{y})^2 \tag{3.16}$$

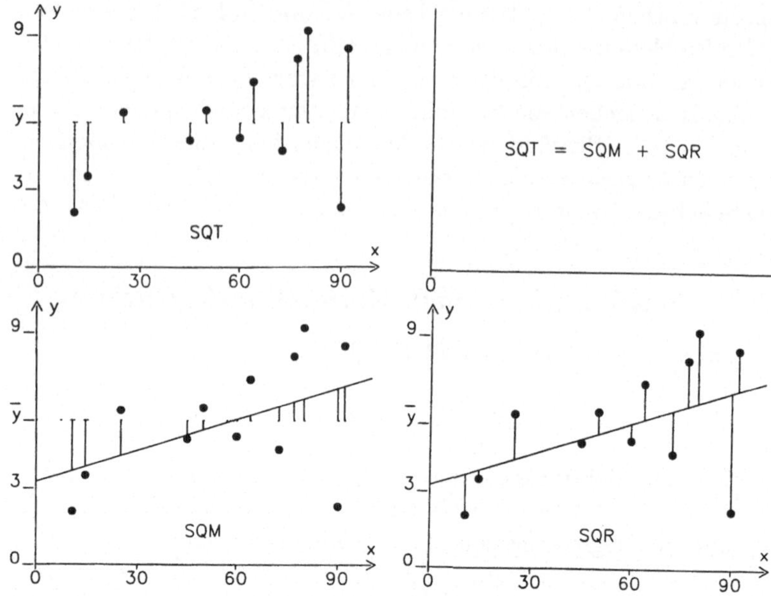

Abb. 3.4: Streuungszerlegung bei der linearen Regression

ist die Streuung, die durch die Regression erklärt ist. SQM steht für Summe der Quadrate der durch das *Modell* erklärten Streuung.
Die Differenzen zwischen y_i und $\hat{y}_i$ bleiben im Modell unerklärt $(i = 1, 2, \ldots, n)$. Ihre Quadratsumme ist

$$SQR = \sum_{i=1}^{n}(y_i - \hat{y}_i)^2. \tag{3.17}$$

SQR steht für Summe der Quadrate der *restlichen* Streuung.
Die Bedeutung der drei Summen (3.15), (3.16) und (3.17) ist in Abbildung 3.4 dargestellt. Man kann zeigen, daß sie in der bemerkenswerten Beziehung

$$SQT = SQM + SQR \tag{3.18}$$

stehen. Dies ist das erste Beispiel für eine Streuungszerlegung oder auch Varianzanalyse, die eine der wichtigsten Methoden der Statistik ist. Man versucht, die beobachtete Streuung der Daten möglichst vollständig zu erklären. Im hier betrachteten Fall der linearen Regression zeigt (3.18), daß sich die gesamte Streuung SQT additiv zusammensetzt aus der Streuung SQM, die durch die angenommene lineare Abhängigkeit von Y und X erklärt ist, und SQR, dem nicht erklärten Rest.

Der Beweis von (3.18) ist zwar für das weitere Verständnis nicht erforderlich, da er aber ähnlich wie (2.6) allein durch algebraische Umformungen der Quadratsummen geführt werden kann, soll er dennoch hier erscheinen. Leser, die von solchen Rechnungen eher gelangweilt werden, dürfen ohne schlechtes Gewissen direkt zum Abschnitt über den empirischen Korrelationskoeffizienten springen. Es gilt:

$$
\begin{aligned}
SQT \;=\; & \sum_{i=1}^{n} (y_i - \bar{y})^2 \\[2mm]
=\; & \sum_{i=1}^{n} \big((y_i - \hat{y}_i) + (\hat{y}_i - \bar{y})\big)^2 \\[2mm]
=\; & \sum_{i=1}^{n} (y_i - \hat{y}_i)^2 + \sum_{i=1}^{n} (\hat{y}_i - \bar{y})^2 + 2 \cdot \sum_{i=1}^{n} (y_i - \hat{y}_i)(\hat{y}_i - \bar{y}) \\[2mm]
=\; & SQR + SQM + 2 \cdot \sum_{i=1}^{n} (y_i - \hat{y}_i)(\hat{y}_i - \bar{y}).
\end{aligned}
$$

Es bleibt

$$
\sum_{i=1}^{n} (y_i - \hat{y}_i)(\hat{y}_i - \bar{y}) = 0 \tag{3.19}
$$

zu zeigen. Wegen (3.14) gilt

$$
\begin{aligned}
(\hat{y}_i - \bar{y}) \;&=\; b_1 \cdot (x_i - \bar{x}) \\
(y_i - \hat{y}_i) \;&=\; (y_i - \bar{y}) - b_1 \cdot (x_i - \bar{x}).
\end{aligned}
$$

Wird dies in (3.19) eingesetzt, ergibt sich

$$
\begin{aligned}
\sum_{i=1}^{n} (y_i - \hat{y}_i)(\hat{y}_i - \bar{y}) \;=\; & b_1 \cdot \sum_{i=1}^{n} \left[\left((y_i - \bar{y}) - b_1(x_i - \bar{x}) \right) \cdot (x_i - \bar{x}) \right] \\[2mm]
=\; & b_1 \left[\sum_{i=1}^{n} (y_i - \bar{y})(x_i - \bar{x}) - b_1 \cdot \sum_{i=1}^{n} (x_i - \bar{x})^2 \right] \\[2mm]
=\; & 0, \tag{3.20}
\end{aligned}
$$

wobei die letzte Zeile folgt, wenn das in der eckigen Klammer stehende b_1 gemäß (3.7) ersetzt wird. Damit ist (3.18) bewiesen.

Empirischer Korrelationskoeffizient

Zur Berechnung des empirischen Korrelationskoeffizienten r muß zunächst der durch die lineare Regression von Y auf X erklärte Anteil der Streuung SQM an der gesamten Streuung SQT berechnet werden. Nach (3.15) und (3.16) gilt:

$$
\begin{aligned}
\frac{SQM}{SQT} &= \frac{\sum_{i=1}^{n} (\hat{y}_i - \bar{y})^2}{\sum_{i=1}^{n} (y_i - \bar{y})^2} \\[2ex]
&= \frac{b_1^2 \cdot \sum_{i=1}^{n} (x_i - \bar{x})^2}{\sum_{i=1}^{n} (y_i - \bar{y})^2} \\[2ex]
&= \frac{\left[\sum_{i=1}^{n} (x_i - \bar{x})(y_i - \bar{y})\right]^2}{\sum_{i=1}^{n} (x_i - \bar{x})^2 \cdot \sum_{i=1}^{n} (y_i - \bar{y})^2} \\[2ex]
&= \frac{s_{xy}^2}{s_x^2 \cdot s_y^2} \\[2ex]
&= r^2,
\end{aligned}
\tag{3.21}
$$

wobei b_1 wieder gemäß (3.7) ersetzt worden ist. Man nennt r^2 das Bestimmtheitsmaß der Regression von Y auf X, während

$$
r = \frac{\sum_{i=1}^{n} (x_i - \bar{x})(y_i - \bar{y})}{\sqrt{\sum_{i=1}^{n} (x_i - \bar{x})^2} \cdot \sqrt{\sum_{i=1}^{n} (y_i - \bar{y})^2}} = \frac{s_{xy}}{s_x \cdot s_y},
\tag{3.22}
$$

die mit dem Vorzeichen des empirischen Regressionskoeffizienten b_1 versehene Wurzel aus r^2, der empirische Korrelationskoeffizient ist. Aus (3.21) ergibt sich unmittelbar $0 \leq r^2 \leq 1$. Daher gilt für den empirischen Korrelationskoeffizienten stets

$$
-1 \leq r \leq 1.
$$

Bestimmtheitsmaß r^2 und empirischer Korrelationskoeffizient r sind symmetrisch bezüglich X und Y, es ist gleichgültig, ob X oder Y das unabhängige Merkmal ist.

Je nachdem, wie groß der Anteil der erklärten Streuung ist, spricht man von unterschiedlicher Stärke des linearen Zusammenhangs von X und Y. Nach Definition sind r^2 und r Maße für diese Stärke. Hat man z. B. einen Korrelationskoeffizienten von $r = 0.71$ ermittelt, dann ist $r^2 \approx 0.5$, und das bedeutet, daß etwa 50% der Streuung von Y durch die lineare Abhängigkeit von X erklärt sind.

Mit diesen Aussagen muß man allerdings vorsichtig sein. Sie könnten zu dem falschen Schluß verleiten, daß ein betragsmäßig ausreichend großes r einen linearen Zusammenhang zwischen X und Y beweist. Die fiktiven Daten der Punktwolke in Abbildung 3.1(c) zeigen, daß ein solcher Schluß falsch wäre. Sie liefern $r = -0.85$, also einen betragsmäßig recht großen Korrelationskoeffizienten, obwohl sie aus der nicht-linearen Beziehung

$$y = e^{-a \cdot x}$$

berechnet worden sind. Man muß daher genauer formulieren. r bzw. r^2 ist ein Maß für die Stärke des linearen Zusammenhangs, aber nur, wenn ein solcher Zusammenhang existiert. Die Logik dieser Aussage erscheint verwirrend, sie ist aber nicht nur in der Mathematik alltäglich. Die Feuchtigkeit einer Straße ist ein Maß für die Ergiebigkeit eines Regenschauers, aber nur, wenn es vorher geregnet hat; es könnte auch ein Sprengwagen vorbeigefahren sein. Unter diesem Vorbehalt stehen auch die folgenden Aussagen, die die Bedeutung von r erklären sollen.

$r^2 = 1$ heißt nach Definition, die gesamte Streuung ist durch die Regression erklärt, und dies ist wegen (3.18) äquivalent zu

$$\hat{y}_i = y_i \quad (i = 1, 2, \ldots, n), \tag{3.23}$$

d. h., alle Daten (x_i, y_i) liegen schon von vornherein auf einer Geraden, und diese ist mit der Regressionsgeraden identisch. Für $r = +1$ ist ihr Anstieg positiv, für $r = -1$ ist er negativ.

$r^2 = 0$ heißt nach Definition, daß die Regression nichts von der Streuung erklärt. Das ist wiederum wegen (3.18) äquivalent zu

$$\hat{y}_i = \bar{y} \quad (i = 1, 2, \ldots, n), \tag{3.24}$$

d. h., die Regressionsgerade liegt auf der durch $\bar{y}$ gehenden Parallelen zur x–Achse. Das Modell liefert also zu jedem X–Wert den gleichen Y–Wert, nämlich $\bar{y}$. Man nennt X und Y in diesem Falle unkorreliert. Das bedeutet nicht, daß es in diesem Falle keine Regressionsgerade gibt. Es gibt sie. Aber sie liefert keine Erklärung für die Streuung der Y–Werte. Sie ist also in diesem Sinne nutzlos.

Beispiel 3.5: Für die Daten aus Beispiel 3.4 ergibt die Streuungszerlegung nach (3.18)

$$SQT = 8474.22, \quad SQM = 1000.29, \quad SQR = 7473.93.$$

Daraus wird das Bestimmtheitsmaß r^2 errechnet:

$$r^2 = \frac{SQM}{SQT} = \frac{1000.29}{8474.22} = 0.1180,$$

mit anderen Worten, 11.8% der Streuung im *Körpergewicht* können durch die lineare Regression von *Körpergewicht* auf *Körpergröße* erklärt werden. Dies entspricht einem Korrelationskoeffizienten von $r = \sqrt{0.1180} = 0.34.$

3.4   Rangkorrelation*

Die lineare Abhängigkeit zweier Merkmale ist ein Spezialfall der monotonen Abhängigkeit. Zwei Merkmale X und Y hängen monoton voneinander ab, wenn sich der in Gleichung (3.2) angenommene funktionale Zusammenhang zwischen X und Y durch eine monoton steigende bzw. monoton fallende Funktion f beschreiben läßt. Typische Beispiele hierfür sind etwa die Exponentialfunktion $f(x) = \exp(\alpha \cdot x)$ oder die Logarithmusfunktion $f(x) = \log(x)$, $x > 0$. Ein Maß für die Stärke einer monotonen Abhängigkeit ist der Spearmansche Rangkorrelationskoeffizient r_S. Man erhält ihn, wenn man die Daten $x_1, x_2, \ldots, x_n$ bzw. $y_1, y_2, \ldots, y_n$ durch ihre Rangzahlen ersetzt und die Rangzahlen in die Gleichung (3.22) für den gewöhnlichen Korrelationskoeffizienten r einsetzt. Nach Einsetzen der Rangzahlen und

Tabelle 3.3: Beispiel zur Berechnung des Rangkorrelationskoeffizienten nach Spearman

Leukozyten in 1000 pro mm^3	Rang–zahl	*Thrombozyten* in 1000 pro mm^3	Rang–zahl	Differenz δ_i der Rang–zahlen	δ_i^2
5.2	2	10	2	0	0
7.8	4	40	5	-1	1
11.9	5.5	30	4	1.5	2.25
11.9	5.5	50	7	-1.5	2.25
16.5	8	263	9	-1	1
2.4	1	29	3	-2	4
30.5	9	48	6	3	9
6.3	3	109	8	-5	25
14.2	7	5	1	6	36
Summe	45	–	45	0	80.5

einigen algebraischen Umformungen ergibt sich für r_S die vereinfachte Formel

$$r_S = 1 - \frac{6 \cdot \sum_{i=1}^{n} \delta_i^2}{n^3 - n}, \qquad (3.25)$$

wobei δ_i die Differenz der Rangzahlen des i-ten Wertepaares (x_i, y_i) ist. Genau wie für r gilt auch für r_S

$$-1 \leq r_S \leq 1.$$

Die Grenzen $+1$ bzw -1 werden angenommen, falls nach ansteigender Anordnung der x-Werte auch die zugehörigen y-Werte schon ansteigend ($r_S = +1$) bzw. absteigend ($r_S = -1$) geordnet sind. Treten in einer der beiden Stichproben gleich große Werte auf, so wird diesen als Rangzahl der Mittelwert der gerade zu vergebenden Rangzahlen zugeordnet. Ist der Anteil gleich großer Werte groß, muß bei der Berechnung von r_S eine Korrektur angebracht werden, wie sie z. B. in [13] beschrieben wird.

Beispiel 3.6: Für die 9 Männer aus Tabelle 3.2 mit FAB-Zelltyp *M6* sind die Leukozyten– und die Thrombozytenzahl bei Therapiebeginn jeweils in 1000 pro mm^3 angegeben. Für diese Daten enthält

Tabelle 3.3 die Berechnung des Rangkorrelationskoeffizienten nach
Spearman. Es ergibt sich nach (3.25)

$$r_S = 1 - \frac{6 \cdot 80.5}{9^3 - 9} = 1 - \frac{483}{720} = 0.329 \ .$$

4 Wahrscheinlichkeitsrechnung

In naturwissenschaftlichen Fächern wie Physik oder Chemie werden Versuche durchgeführt, in denen die Abläufe meist deterministisch erscheinen: Unter gleichen Versuchsbedingungen erhält man immer – bis auf geringfügige Meßfehler – das gleiche Ergebnis. Dieser deterministische Ansatz bestimmt weitgehend unser Weltbild. Dabei wird übersehen, daß auch in Physik und Chemie Vorgänge im atomaren Bereich durch Wahrscheinlichkeitsmodelle beschrieben werden.

In der Umgangssprache haben die Begriffe „wahrscheinlich" und „unwahrscheinlich" einen festen Platz. Sätze wie „Ich komme wahrscheinlich" oder „Ein GAU ist unwahrscheinlich" werden häufig benutzt, ohne daß man genauer erklärt, was damit gemeint ist.

4.1 Zufallsexperiment und mögliche Ergebnisse

Die Methoden der Wahrscheinlichkeitsrechnung können nur dann sinnvoll angewandt werden, wenn ein sogenanntes Zufallsexperiment vorliegt, d. h., ein Experiment,

- das unter gleichen Bedingungen zumindest im Prinzip beliebig oft wiederholt werden kann und
- das trotz gleicher Bedingungen unterschiedliche Ergebnisse haben kann.

Beispiel 4.1: Typische Zufallsexperimente sind das Würfeln, das Werfen von Münzen, die Ziehung von numerierten Kugeln aus einer Urne wie beim Lotto oder das Austeilen von Karten beim Skat. In all diesen Beispielen wird das für ein Zufallsexperiment Typische deutlich: Es ist im Prinzip unter gleichen Bedingungen beliebig oft

Tabelle 4.1: Grundmenge S beim Wurf mit einem roten und einem blauen Würfel

roter Würfel	blauer Würfel					
	1	2	3	4	5	6
1	$e_1=(1,1)$	$e_7=(1,2)$	$e_{13}=(1,3)$	$e_{19}=(1,4)$	$e_{25}=(1,5)$	$e_{31}=(1,6)$
2	$e_2=(2,1)$	$e_8=(2,2)$	$e_{14}=(2,3)$	$e_{20}=(2,4)$	$e_{26}=(2,5)$	$e_{32}=(2,6)$
3	$e_3=(3,1)$	$e_9=(3,2)$	$e_{15}=(3,3)$	$e_{21}=(3,4)$	$e_{27}=(3,5)$	$e_{33}=(3,6)$
4	$e_4=(4,1)$	$e_{10}=(4,2)$	$e_{16}=(4,3)$	$e_{22}=(4,4)$	$e_{28}=(4,5)$	$e_{34}=(4,6)$
5	$e_5=(5,1)$	$e_{11}=(5,2)$	$e_{17}=(5,3)$	$e_{23}=(5,4)$	$e_{29}=(5,5)$	$e_{35}=(5,6)$
6	$e_6=(6,1)$	$e_{12}=(6,2)$	$e_{18}=(6,3)$	$e_{24}=(6,4)$	$e_{30}=(6,5)$	$e_{36}=(6,6)$

wiederholbar, das Ergebnis jeder einzelnen Wiederholung ist nicht vorhersehbar.

Auch der Ausgang einer Krankheit oder der Erfolg einer Therapie ist oft nicht vorhersehbar. Die geforderte Wiederholbarkeit ist dann gegeben, wenn bei Erkrankungen die Diagnosen eindeutig formuliert werden und im klinischen Versuch Ein- und Ausschlußkriterien klar formuliert und objektiv angewandt werden.

Bei der Analyse eines Zufallsexperiments muß man sich zunächst überlegen, welche Ergebnisse es haben kann. Die möglichen Ergebnisse sind die Elemente der Menge S aller möglichen Ergebnisse.

Die möglichen Ergebnisse müssen sich gegenseitig ausschließen. Die Menge der möglichen Ergebnisse muß vollständig sein, d. h., zwei mögliche Ergebnisse dürfen bei der Durchführung des Zufallsexperiments nicht zugleich eintreten können, und jedes denkbare Ergebnis des Zufallsexperiments muß in der Grundmenge S enthalten sein. Im konkreten Fall ist damit die Menge S häufig noch nicht festgelegt.

Beispiel 4.2: Das betrachtete Zufallsexperiment sei das gleichzeitige Werfen zweier Würfel. Die sechs Seiten beider Würfel sollen wie üblich mit $1, 2, \ldots, 6$ Augen gekennzeichnet sein. Nur solche Würfe werden betrachtet, bei denen die oben liegende Augenzahl für beide Würfel eindeutig festliegt.

- **Modell 1:** Sind die beiden Würfel unterscheidbar, etwa weil sie unterschiedlich gefärbt sind, und berücksichtigt man dies bei den möglichen Ergebnissen, dann besteht die Grundmenge S aus den 36 möglichen Ergebnissen, die in Tabelle 4.1 aufgeführt sind.

Tabelle 4.2: Grundmenge S beim Wurf mit zwei identischen Würfeln

höchste Augenzahl	niedrigste Augenzahl					
	1	2	3	4	5	6
1	$f_1=(1,1)$					
2	$f_2=(2,1)$	$f_7=(2,2)$				
3	$f_3=(3,1)$	$f_8=(3,2)$	$f_{12}=(3,3)$			
4	$f_4=(4,1)$	$f_9=(4,2)$	$f_{13}=(4,3)$	$f_{16}=(4,4)$		
5	$f_5=(5,1)$	$f_{10}=(5,2)$	$f_{14}=(5,3)$	$f_{17}=(5,4)$	$f_{19}=(5,5)$	
6	$f_6=(6,1)$	$f_{11}=(6,2)$	$f_{15}=(6,3)$	$f_{18}=(6,4)$	$f_{20}=(6,5)$	$f_{21}=(6,6)$

- **Modell 2:** Sind die beiden Würfel nicht unterscheidbar und bestimmt man zuerst die höchste der beiden geworfenen Augenzahlen, dann besteht die Grundmenge S aus den 21 möglichen Ergebnissen, die in Tabelle 4.2 aufgeführt sind.
- **Modell 3:** Interessiert – wie bei vielen Würfelspielen – nur die Summe der gewürfelten Augenzahlen, dann gibt es die 11 möglichen Ergebnisse:

$$g_2 = \text{Summe der Augenzahlen gleich 2,}$$
$$g_3 = \text{Summe der Augenzahlen gleich 3,}$$
$$\vdots$$
$$g_{12} = \text{Summe der Augenzahlen gleich 12.}$$

4.2 Ereignisse und Wahrscheinlichkeiten

Ein Ereignis ist eine Teilmenge der Grundmenge S. Ein Ereignis ist also eine Menge möglicher Ergebnisse aus S. Ereignisse werden mit großen lateinischen Buchstaben bezeichnet.

Ereignisse, die nur ein mögliches Ergebnis enthalten, nennt man Elementarereignisse. Die Grundmenge S heißt sicheres Ereignis, die Menge, die kein mögliches Ergebnis enthält, heißt unmögliches Ereignis und wird, wie in der Mengenlehre üblich, mit $\emptyset$ bezeichnet.

Beispiel 4.3: Beim Wurf mit zwei Würfeln ist *Summe der Augenzahlen gleich 7* ein Ereignis. Es besteht im Modell 1 aus den möglichen Ergebnissen $e_6, e_{11}, e_{16}, e_{21}, e_{26}$ und e_{31}, im Modell 2 aus den möglichen Ergebnissen f_6, f_{10}, und f_{13} und im Modell 3 aus dem möglichen Ergebnis g_7.

In allen drei Modellen beschreibt *Summe der Augenzahlen größer als 1* das sichere Ereignis und *Summe der Augenzahlen gleich 1* das unmögliche Ereignis.

Wie in diesem Beispiel werden im konkreten Fall Mengen oft nicht durch das Aufzählen der möglichen Ergebnisse, sondern durch gemeinsame Eigenschaften der möglichen Ergebnisse beschrieben. Da Ereignisse Teilmengen der Grundmenge S sind, kann man auf das Rechnen mit Ereignissen die Definitionen und Sätze der Mengenlehre aus Abschnitt 1.1 anwenden.

Beispiel 4.4: Im Modell 1 sei A das Ereignis *Summe der Augenzahlen gleich 7*, B das Ereignis *ungerade Augenzahl bei dem blauen Würfel* und C das Ereignis *der rote Würfel zeigt eine höhere Augenzahl als der blaue Würfel*. Dann gilt:

$$
\begin{aligned}
A &= \{e_6, e_{11}, e_{16}, e_{21}, e_{26}, e_{31}\}, \\
B &= \{e_1, e_2, e_3, e_4, e_5, e_6, e_{13}, e_{14}, e_{15}, e_{16}, e_{17}, e_{18}, e_{25}, \\
&\quad\;\; e_{26}, e_{27}, e_{28}, e_{29}, e_{30}\}, \\
C &= \{e_2, e_3, e_4, e_5, e_6, e_9, e_{10}, e_{11}, e_{12}, e_{16}, e_{17}, e_{18}, e_{23}, \\
&\quad\;\; e_{24}, e_{30}\}, \\
A \cup B &= \{e_1, e_2, e_3, e_4, e_5, e_6, e_{11}, e_{13}, e_{14}, e_{15}, e_{16}, e_{17}, e_{18}, \\
&\quad\;\; e_{21}, e_{25}, e_{26}, e_{27}, e_{28}, e_{29}, e_{30}, e_{31}\}, \\
A \cap C &= \{e_6, e_{11}, e_{16}\}.
\end{aligned}
$$

Eine Menge von Ereignissen $A_1, A_2, \ldots, A_k$ ist eine Zerlegung von S, wenn die Ereignisse A_i disjunkt sind und ihre Vereinigung S ergibt, d. h.,

$$
A_i \cap A_j = \emptyset \quad (i \neq j),
$$
$$
\bigcup_{i=1}^{k} A_i = S.
$$

Beispiel 4.5: Die möglichen Ergebnisse im Modell 2 definieren eine Zerlegung der Grundmenge des Modells 1. Die möglichen Ergebnisse im Modell 3 definieren eine Zerlegung der Grundmenge des Modells 2 und damit auch eine Zerlegung der Grundmenge des Modells 1.

4.2.1 Grundlegende Definitionen

In der Wahrscheinlichkeitsrechnung ordnet man den Ereignissen Wahrscheinlichkeiten zu. Die Wahrscheinlichkeit eines Ereignisses A wird mit $P(A)$ bezeichnet (P von engl.: probability). Grundlegend für das Rechnen mit Wahrscheinlichkeiten sind die folgenden drei Aussagen, die vom Rechnen mit relativen Häufigkeiten her bekannt sind:

- Für jedes Ereignis A gilt:

$$P(A) \geq 0. \tag{4.1}$$

- Für das sichere Ereignis S gilt:

$$P(S) = 1. \tag{4.2}$$

- Sind die Ereignisse A und B disjunkt, dann gilt:

$$P(A \cup B) = P(A) + P(B). \tag{4.3}$$

Diese drei Forderungen sind die Axiome von A. N. Kolmogoroff (1903 - 1987), durch deren Formulierung im Jahre 1933 die Wahrscheinlichkeitsrechnung zu einem Zweig der modernen Mathematik wurde. Aus den Axiomen folgt:

$$P(\overline{A}) = 1 - P(A). \tag{4.4}$$

Für beliebige Ereignisse A und B gilt der Additionssatz:

$$P(A \cup B) = P(A) + P(B) - P(A \cap B). \tag{4.5}$$

Sind die Ereignisse $A_1, A_2, \ldots, A_k$ disjunkt, dann gilt:

$$P\left(\bigcup_{i=1}^{k} A_i\right) = \sum_{i=1}^{k} P(A_i). \tag{4.6}$$

> **Beispiel 4.6:** Den möglichen Ergebnissen in allen drei Modellen können beliebige nicht negative reelle Zahlen zugeordnet werden, so daß gilt:
>
> $$\sum_{i=1}^{36} P(e_i) = \sum_{j=1}^{21} P(f_j) = \sum_{k=2}^{12} P(g_k) = 1.$$

Beschreiben alle drei Modelle den gleichen realen Vorgang: den
Wurf mit zwei konkreten Würfeln, dann muß (s. Beispiel 4.3) unter
anderem gelten:

$$
\begin{aligned}
P(g_7) &= P(f_6) + P(f_{10}) + P(f_{13}), \\
P(f_6) &= P(e_6) + P(e_{31}), \\
P(f_{10}) &= P(e_{11}) + P(e_{26}), \\
P(f_{13}) &= P(e_{16}) + P(e_{21}).
\end{aligned}
$$

4.2.2   Gleichwahrscheinliche mögliche Ergebnisse

Die Festlegung von Wahrscheinlichkeiten in einer konkreten Anwendung kann grundsätzlich nicht mit mathematischen Methoden erfolgen, sondern sie kann nur durch Betrachtung des konkreten Falls plausibel gemacht werden.

Beispiel 4.7:   Ist jeder der beiden Würfel regelmäßig geformt,
dann erscheint die Annahme vernünftig, daß keine der sechs Seiten
in irgendeiner Weise bevorzugt ist. Werden beide Würfel vor dem
Wurf genügend durcheinandergeschüttelt und erfolgt der Wurf beider Würfel so, daß keine der 36 Kombinationen bevorzugt wird,
dann ist es plausibel, daß die 36 Elementarereignisse in Tabelle 4.1
die gleiche Wahrscheinlichkeit besitzen.

Sind bei einem Zufallsexperiment genau n Ergebnisse $e_1, e_2, \ldots, e_n$
möglich und ist keines davon bevorzugt, dann ist es naheliegend, für
das Eintreten jedes der möglichen Ergebnisse die gleiche Wahrscheinlichkeit zu fordern:

$$P(e_1) = P(e_2) = \ldots = P(e_n). \tag{4.7}$$

Wegen $S = \bigcup_{\iota=1}^{n} \{e_\iota\}$ folgt aus den Axiomen (2) und (3):

$$P(e_1) + P(e_2) + \ldots + P(e_n) = 1. \tag{4.8}$$

Für jedes der möglichen Ergebnisse ist daher

$$P(e_\iota) = 1/n.$$

Die Wahrscheinlichkeit $P(A)$ für ein Ereignis A ist die Summe der Wahrscheinlichkeiten aller in A liegenden möglichen Ergebnisse:

$$P(A) = \frac{\text{Anzahl der möglichen Ergebnisse in } A}{\text{Anzahl der möglichen Ergebnisse in } S} \; . \qquad (4.9)$$

Beispiel 4.8: Sind im Modell 1 alle 36 möglichen Ergebnisse gleichwahrscheinlich, dann gilt für die Summe der Augenzahlen beim Wurf mit zwei Würfeln:

$$
\begin{aligned}
P(g_2) &= P(\text{Summe der Augenzahlen gleich } 2) &&= 1/36, \\
P(g_3) &= P(\text{Summe der Augenzahlen gleich } 3) &&= 2/36, \\
P(g_4) &= P(\text{Summe der Augenzahlen gleich } 4) &&= 3/36, \\
P(g_5) &= P(\text{Summe der Augenzahlen gleich } 5) &&= 4/36, \\
P(g_6) &= P(\text{Summe der Augenzahlen gleich } 6) &&= 5/36, \\
P(g_7) &= P(\text{Summe der Augenzahlen gleich } 7) &&= 6/36, \\
P(g_8) &= P(\text{Summe der Augenzahlen gleich } 8) &&= 5/36, \\
P(g_9) &= P(\text{Summe der Augenzahlen gleich } 9) &&= 4/36, \\
P(g_{10}) &= P(\text{Summe der Augenzahlen gleich } 10) &&= 3/36, \\
P(g_{11}) &= P(\text{Summe der Augenzahlen gleich } 11) &&= 2/36, \\
P(g_{12}) &= P(\text{Summe der Augenzahlen gleich } 12) &&= 1/36.
\end{aligned}
$$

4.2.3 Bedingte Wahrscheinlichkeit

Die bedingte Wahrscheinlichkeit $P(A|B)$ eines Ereignisses A unter der Bedingung B ist:

$$P(A|B) = \frac{P(A \cap B)}{P(B)} \; . \qquad (4.10)$$

Dies bedeutet nichts anderes, als daß man von der Grundmenge S aller möglichen Ergebnisse zu einer neuen Grundmenge $B \subseteq S$ übergeht und die möglichen Ergebnisse der neuen Grundmenge B so gewichtet, daß (4.2) erfüllt ist. Sind alle möglichen Ergebnisse gleichwahrscheinlich, dann erhält man entsprechend (4.9):

$$P(A|B) = \frac{\text{Anzahl der möglichen Ergebnisse von } A \text{ in } B}{\text{Anzahl der möglichen Ergebnisse in } B} \; . \qquad (4.11)$$

Beispiel 4.9: Beim Wurf mit zwei Würfeln sei A das Ereignis *Würfeln einer 5 mit mindestens einem der Würfel* und B das Ereignis *Augensumme gleich 9*. Man erhält:

$$P(A \cap B) = P(\{e_{23}, e_{28}\}) = 2/36 ,$$
$$P(B) = P(\{e_{18}, e_{23}, e_{28}, e_{33}\}) = 4/36 .$$

Es folgt: $P(A|B) = (2/36) : (4/36) = 1/2$. Zum gleichen Ergebnis kommt man, wenn man (4.11) anwendet.

4.2.4 Unabhängigkeit von Ereignissen

Zwei Ereignisse A und B heißen unabhängig, wenn gilt

$$P(A|B) = P(A). \tag{4.12}$$

Andernfalls heißen sie abhängig. In (4.10) ist $P(A|B)$ nur für solche Ereignisse B definiert, die eine von Null verschiedene Wahrscheinlichkeit haben. Es ist aus formalen Gründen sinnvoll, im Fall $P(B) = 0$ die bedingte Wahrscheinlichkeit $PA|B)$ durch (4.12) festzulegen, d. h., $PA|B) = P(A)$ zu setzen. Dadurch ist per Definition jedes Ereignis, das die Wahrscheinlichkeit 0 hat, von jedem anderen Ereignis unabhängig.

Beispiel 4.10: Die Mengen A und B aus Beispiel 4.9 sind abhängig, da A aus 11 möglichen Ergebnissen besteht und

$$P(A|B) = 1/2 \neq 11/36 = P(A)$$

ist. Dagegen sind die Ereignisse C *Würfeln einer 5 mit dem blauen Würfel* und D *Würfeln einer 3 mit dem roten Würfel* unabhängig:

$$
\begin{aligned}
P(C) &= P(\{e_{25}, e_{26}, e_{27}, e_{28}, e_{29}, e_{30}\}) &= 6/36 = 1/6, \\
P(D) &= P(\{e_3, e_9, e_{15}, e_{21}, e_{27}, e_{33}\}) &= 6/36 = 1/6, \\
P(C \cap D) &= P(\{e_{27}\}) &= 1/36, \\
P(C|D) &= (1/36) : (1/6) &= 1/6 = P(C).
\end{aligned}
$$

Sind zwei Ereignisse A und B disjunkt, dann gilt:

$$A \cap B = \emptyset, \qquad P(A \cap B) = 0, \qquad P(A|B) = 0.$$

Für disjunkte Ereignisse A und B gilt (4.12) also nur dann, wenn $P(A) = 0$ ist.

Gilt (4.12), dann sind auch A und $\overline{B}$, $\overline{A}$ und B, $\overline{A}$ und $\overline{B}$ jeweils unabhängig:

$$P(A|B) = P(A|\overline{B}) = P(A),$$
$$P(\overline{A}|B) = P(\overline{A}|\overline{B}) = P(\overline{A}), \tag{4.13}$$

und es gilt symmetrisch:

$$P(B|A) = P(B|\overline{A}) = P(B),$$
$$P(\overline{B}|A) = P(\overline{B}|\overline{A}) = P(\overline{B}). \tag{4.14}$$

Multipliziert man beide Seiten von (4.10) mit $P(B)$, dann erhält man den Multiplikationssatz:

$$P(A \cap B) = P(A|B) \cdot P(B). \tag{4.15}$$

Sind die Ereignisse A und B unabhängig, dann gilt:

$$P(A \cap B) = P(A) \cdot P(B). \tag{4.16}$$

Beispiel 4.11: Für die unabhängigen Ereignisse C und D in Beispiel 4.10 gilt:

$$P(C \cap D) = P(C) \cdot P(D) = 1/6 \cdot 1/6 = 1/36.$$

Die Definition (4.12) ist gleichbedeutend mit (4.16). Da in (4.16) die Symmetrie für die „Unabhängigkeit zweier Mengen A und B" besser zum Ausdruck kommt, wird von vielen Autoren die Unabhängigkeit von Ereignissen durch (4.16) definiert.

4.2.5 Satz von Bayes

Für zwei Ereignisse A und B gilt:

$$P(A|B) = \frac{P(A \cap B)}{P(B)} \quad \text{und} \quad P(B|A) = \frac{P(A \cap B)}{P(A)}. \tag{4.17}$$

Löst man die zweite Gleichung nach $P(A \cap B)$ auf und ersetzt $P(A \cap B)$ in der ersten Gleichung, dann erhält man eine spezielle Form des Satzes von Bayes:

$$P(A|B) = \frac{P(B|A) \cdot P(A)}{P(B)}. \tag{4.18}$$

Beispiel 4.12: Es sei bekannt, daß eine bestimmten Altersgruppe, die zu 49% aus Männern besteht, einen Anteil von 30% Rauchern besitzt. Außerdem sei bekannt, daß 60 % der Raucher (A) Männer (B) sind. Dann gilt:

$$P(A) = 0.30, \qquad P(B) = 0.49, \qquad P(B|A) = 0.60 \ .$$

Aus (4.18) folgt, daß $P(A|B) = 0.37$ gilt, d. h., 37% aller Männer rauchen.

Ist das Ereignis B ein mögliches Symptom für mehrere Erkrankungen $A_1, A_2, \ldots, A_k$, dann gilt entsprechend (4.18) für jede der möglichen Erkrankungen A_i:

$$P(A_i|B) = \frac{P(B|A_i) \cdot P(A_i)}{P(B)} \ . \tag{4.19}$$

Sind $A_1, A_2, \ldots, A_k$ alle möglichen Erkrankungen bei Vorliegen des Symptoms B und schließen sich diese Erkrankungen gegenseitig aus, dann kann man $P(B)$ berechnen durch

$$P(B) = \sum_{j=1}^{k} P(B \cap A_j) = \sum_{j=1}^{k} P(B|A_j) \cdot P(A_j) \ . \tag{4.20}$$

Setzt man (4.20) in (4.19) ein, dann erhält man den Satz von Bayes in der allgemeinen Form. Man kann diesen Satz als Schluß von den „a priori"–Wahrscheinlichkeiten $P(A_i)$ auf die „a posteriori"–Wahrscheinlichkeiten $P(A_i|B)$ der Erkrankungen A_i bei Vorliegen des Symptoms B auffassen. Wie man sieht, benötigt man für diesen Schluß zusätzlich zu den a priori Wahrscheinlichkeiten $P(A_i)$ noch die Wahrscheinlichkeit $P(B|A_j)$, d. h. die bedingte Wahrscheinlichkeit für das Symptom B, wenn die Krankheit A_j vorliegt ($j = 1, 2, \ldots, k$).

4.3 Urnenmodelle

Die moderne Wahrscheinlichkeitsrechnung ist durch die axiomatische Methode geprägt. Ausgehend von Axiomen werden Berechnungen angestellt und Ergebnisse abgeleitet, deren formale Richtigkeit mathematisch bewiesen werden kann. Ob diese Ergebnisse in einer konkreten Situation richtig angewandt werden, ist eine ganz andere Frage.

Beispiel 4.13: Alle Berechnungen für das Zufallsexperiment *Wurf mit zwei Würfeln* sind richtig unter der Voraussetzung, daß in dem Modell 1 alle 36 möglichen Ergebnisse gleichwahrscheinlich sind. Auch wenn vorausgesetzt wird, daß die Würfel ideal und genügend „gemischt" sind und der Wurf der Würfel nicht manipuliert wird, ist es nicht ganz trivial zu erklären, warum das Modell 1 und nicht das Modell 2 mit gleichwahrscheinlichen Ergebnissen richtig ist.

In einer Urne seien N von 1 bis N durchnumerierte Kugeln. Es wird eine Kugel gezogen, und die Nummer wird notiert. Die gezogene Kugel wird wieder in die Urne zurückgelegt (Modell mit Zurücklegen) bzw. nicht wieder in die Urne zurückgelegt (Modell ohne Zurücklegen).

Es werden nacheinander n Kugeln gezogen. Vor jeder Ziehung werden die Kugeln in der Urne gemischt. Wird das Mischen und das Ziehen so durchgeführt, daß bei jeder Ziehung jede in der Urne liegende Kugel mit gleicher Wahrscheinlichkeit gezogen wird, dann muß in beiden Modellen jedes der bei n-maligem Ziehen möglichen Ergebnisse die gleiche Wahrscheinlichkeit haben.

Die Richtigkeit des Modells für die Anwendung kann allein durch Abstraktion plausibel gemacht werden.

Beispiel 4.14: Man abstrahiert in Beispiel 4.13 von dem realen Vorgang *Wurf mit zwei Würfeln* zu einem abstrakten Vorgang *idealer Wurf mit zwei idealen Würfeln*. Dieses Zufallsexperiment kann auf das *Urnenmodell mit Zurücklegen* mit $N = 6$ und $n = 2$ zurückgeführt werden. Aus Abschnitt 4.3.1 wird folgen, daß dann das Modell 1 das richtige Modell ist.

Viele konkrete Probleme können auf die Urnenmodelle ohne bzw. mit Zurücklegen (Abschnitt 4.3.1 bzw. 4.3.2) zurückgeführt werden.

4.3.1 Urnenmodell ohne Zurücklegen

Beim Ziehen der ersten Kugel sind N Kugeln in der Urne, und es gibt N mögliche Ergebnisse. Beim Ziehen der zweiten Kugel sind nur noch $(N-1)$ Kugeln in der Urne, und es gibt für die zweite Ziehung genau $(N-1)$ mögliche Ergebnisse, insgesamt also

$$N \cdot (N-1)$$

mögliche Ergebnisse. Beim Ziehen der n-ten Kugel sind $(n-1)$ Kugeln schon gezogen, und es sind nur noch $(N-n+1)$ Kugeln in der Urne. Daher gibt es für die n-te Ziehung genau $(N-n+1)$ mögliche Ergebnisse, insgesamt also

$$N \cdot (N-1) \cdot \ldots \cdot (N-n+1) \qquad (4.21)$$

mögliche Ergebnisse. Jedes dieser möglichen Ergebnisse e_i hat die gleiche Wahrscheinlichkeit:

$$P(e_i) = \frac{1}{N \cdot (N-1) \cdot \ldots \cdot (N-n+1)} \ . \qquad (4.22)$$

Bei diesen Überlegungen werden Ziehungen, die die gleichen Zahlen in unterschiedlicher Reihenfolge enthalten, als unterschiedliche Ergebnisse gezählt.

Beispiel 4.15: Bei $n = 3$ Ziehungen aus einer Urne mit $N = 10$ Kugeln gibt es $10 \cdot 9 \cdot 8 = 720$ mögliche Ergebnisse, wobei z. B. die beiden Ergebnisse (1,2,3) und (2,3,1) als verschieden mitgezählt werden.

Man kann andererseits auch alle die Ergebnisse, die die gleichen Zahlen nur in unterschiedlicher Reihenfolge enthalten, zu einem Ereignis A_k zusammenfassen. Da n unterschiedliche Zahlen in genau

$$n! = n \cdot (n-1) \cdot \ldots \cdot 1$$

verschiedenen Anordnungen vorliegen können, besteht jedes Ereignis A_k aus genau $n!$ möglichen Ergebnissen. Den Ausdruck $n!$ liest man „n - Fakultät". Es gibt also

$$\frac{N \cdot (N-1) \cdot \ldots \cdot (N-n+1)}{n!} \qquad (4.23)$$

verschiedene Ereignisse A_k, und jedes dieser Ereignisse hat die gleiche Wahrscheinlichkeit

$$P(A_k) = \frac{n!}{N \cdot (N-1) \cdot \ldots \cdot (N-n+1)} \ . \qquad (4.24)$$

Die Anzahl der Ereignisse A_k heißt Binomialkoeffizient. Er wird mit $\binom{N}{n}$ abgekürzt und „N über n" gelesen. Es gilt:

$$\binom{N}{n} = \frac{N \cdot (N-1) \cdot \ldots \cdot (N-n+1)}{n \cdot (n-1) \cdot \ldots \cdot 1} = \frac{N!}{n! \cdot (N-n)!} \ . \qquad (4.25)$$

> **Beispiel 4.16:** Das prominenteste Beispiel für das Urnenmodell
> ohne Zurücklegen ist die allwöchentliche Ziehung der Lottozahlen.
> Bei der Samstagsziehung werden aus $N = 49$ Kugeln $n = 6$ Kugeln
> so gezogen, daß offenkundig jede Kugel in der „Urne" die gleiche
> Chance hat, gezogen zu werden. Da bei der Feststellung des Zie-
> hungsergebnisses die Reihenfolge, in der die Kugeln gezogen wur-
> den, nicht berücksichtigt wird, gibt es nach den obigen Überlegun-
> gen
>
> $$\binom{49}{6} = \frac{49!}{6! \cdot 43!} = 13\,983\,816$$
>
> verschiedene Ziehungsergebnisse.

4.3.2 Urnenmodell mit Zurücklegen

Bei jeder Ziehung gibt es N mögliche Ergebnisse. Bei n-maligem Ziehen gibt es also insgesamt

$$N^n \tag{4.26}$$

mögliche Ergebnisse. Jedes der N^n möglichen Ergebnisse e_i hat die
gleiche Wahrscheinlichkeit:

$$P(e_i) = 1/N^n. \tag{4.27}$$

4.4 Modell und Realität

Der Leser, der dieses Kapitel bis hierhin geduldig studiert hat, wird
sich fragen, ob das, was sich wie eine Verführung zum Würfel- oder
Kartenspiel liest, denn irgendeine Bedeutung bei der Auswertung medizinischer Daten haben kann. P. Armitage zitiert in [1] die beiden
folgenden Aussagen, die einen Eindruck geben, wie gegensätzlich die
Meinungen hierzu gewesen sind.

> „For myself I must say that the more I see a disease the
> more does each case appear to me a new and a separate
> problem ... Individuality is an invariant element in pa-
> thology ... Numerical and statistical calculations, open

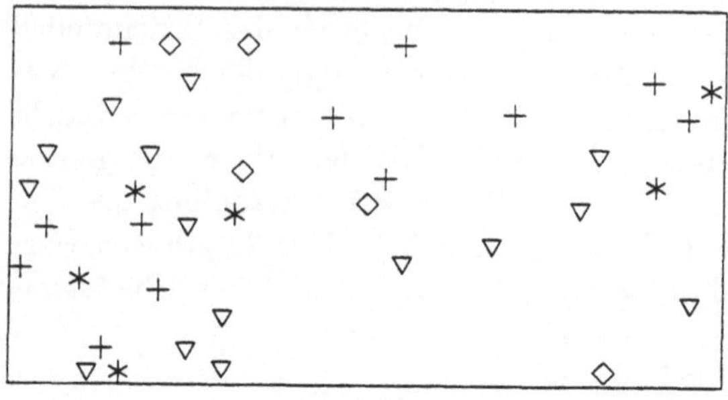

Abb. 4.1: Darstellung einer Grundgesamtheit ($\triangle$=gesunde Frauen, $\diamond$=erkrankte Frauen,+=gesunde Männer,$\star$=erkrankte Männer)

to many sources of fallacy, are in no degree applicable to therapeutics." (F. J. Double, 1835).

und aus dem gleichen Jahr

„A therapeutic agent cannot be employed with any discrimination or probability of success in a given case, unless its general efficacy in analogous cases, has been previously ascertained; therefore I conceive that without the aid of statistics nothing like real medical science is possible."(P. Louis, 1835).

Im folgenden wird an einigen Beispielen, die immer noch etwas abstrakt sind, verständlich gemacht, wie Wahrscheinlichkeitsmodelle in der Realität der medizinischen Forschung angewandt und interpretiert werden.

4.4.1 Relative Häufigkeit und Wahrscheinlichkeit

Jede Grundgesamtheit kann man sich etwas gewaltsam als Menge von Kugeln in einer Urne vorstellen und die Auswahl eines Probanden aus dieser Grundgesamtheit als das Ziehen einer Kugel.

Beispiel 4.17: In der in Abbildung 4.1 symbolisch dargestellten Grundgesamtheit sind

$$
\begin{aligned}
N_1 &= 15 \text{ gesunde Frauen,} \\
N_2 &= 5 \text{ erkrankte Frauen,} \\
N_3 &= 12 \text{ gesunde Männer,} \\
N_4 &= 6 \text{ erkrankte Männer.}
\end{aligned}
$$

Wählt man einen Probanden so aus, daß für jeden der 38 Probanden die gleiche Wahrscheinlichkeit besteht, gewählt zu werden, dann liegt das typische Urnenmodell vor. Jedes der möglichen Ergebnisse hat die gleiche Wahrscheinlichkeit. Die Wahrscheinlichkeit,

- einen Mann auszuwählen, ist gleich 18/38,
- eine Frau auszuwählen, ist gleich 20/38,
- einen erkrankten Probanden auszuwählen, ist gleich 11/38.

Man kann mit diesen Wahrscheinlichkeiten rechnen. So ist

- die Wahrscheinlichkeit, einen Erkrankten auszuwählen, wenn man sich a priori nur auf Frauen beschränkt, gleich 5/20 und
- die Wahrscheinlichkeit, einen Erkrankten auszuwählen, wenn man sich a priori nur auf Männer beschränkt, gleich 6/18.

In allen Fällen ist bei dem zugrunde gelegten Urnenmodell die (bedingte) Wahrscheinlichkeit für ein Ereignis gleich der (bedingten) relativen Häufigkeit, mit der die Eigenschaft, die das Ereignis beschreibt, in der Grundgesamtheit auftritt.

Diese Betrachtungen können – wie die anderen in diesem Kapitel angeführten Beispiele - Wahrscheinlichkeiten und die Rechenregeln veranschaulichen. Bei praxis-relevanten Problemen sind aber die relativen Häufigkeiten in der Grundgesamtheit nicht bekannt.

4.4.2 Einfaches Modell eines Therapievergleichs

Am Beispiel eines Therapievergleichs, dessen medizinischer Hintergrund hier stark vereinfacht ist, werden die Ergebnisse der Überlegungen am Urnenmodell auf einen klinischen Versuch übertragen.

Bei einem Glaukomanfall werden die beiden präoperativen Tropftherapien Miraculin und Ocultan angewandt. Ihre Wirksamkeit soll in einem kontrollierten klinischen Versuch verglichen werden. Es werden nur die Patienten in die Untersuchung einbezogen, die an beiden Augen ein Glaukom haben. Nach zufälliger Zuteilung wird das eine Auge

Tabelle 4.3: Menge der möglichen Ergebnisse bei 5 Patienten

Klinik Nord	Klinik Süd			
	MM	MO	OM	OO
M M M	$e_1=$(MMM MM)	$e_9=$(MMM MO)	$e_{17}=$(MMM OM)	$e_{25}=$(MMM OO)
M M O	$e_2=$(MMO MM)	$e_{10}=$(MMO MO)	$e_{18}=$(MMO OM)	$e_{26}=$(MMO OO)
M O M	$e_3=$(MOM MM)	$e_{11}=$(MOM MO)	$e_{19}=$(MOM OM)	$e_{27}=$(MOM OO)
O M M	$e_4=$(OMM MM)	$e_{12}=$(OMM MO)	$e_{20}=$(OMM OM)	$e_{28}=$(OMM OO)
M O O	$e_5=$(MOO MM)	$e_{13}=$(MOO MO)	$e_{21}=$(MOO OM)	$e_{29}=$(MOO OO)
O M O	$e_6=$(OMO MM)	$e_{14}=$(OMO MO)	$e_{22}=$(OMO OM)	$e_{30}=$(OMO OO)
O O M	$e_7=$(OOM MM)	$e_{15}=$(OOM MO)	$e_{23}=$(OOM OM)	$e_{31}=$(OOM OO)
O O O	$e_8=$(OOO MM)	$e_{16}=$(OOO MO)	$e_{24}=$(OOO OM)	$e_{32}=$(OOO OO)

mit Miraculin und das andere mit Ocultan behandelt. Als Zielgröße
wird die relative Senkung des Augeninnendrucks festgelegt. Das Medikament, mit dem eine größere Senkung des Augeninnendrucks erzielt
wird, gilt als besser. Hier wird angenommen, daß eine auf beiden Augen exakt gleiche Senkung des Innendrucks nicht vorkommt, und daß
für jeden Patienten als Versuchsergebnis nur festgehalten wird, ob bei
ihm Miraculin (M) oder Ocultan (O) besser gewirkt hat.
Zur Interpretation dieses Versuchs hat man sich eine hypothetische
Grundgesamtheit von N Patienten mit beidseitigem Glaukom vorzustellen. Diese Grundgesamtheit zerfällt in zwei Teilmengen. Die eine
besteht aus den Patienten, bei denen Miraculin besser wirkt, die andere aus den Patienten, bei denen Ocultan besser wirkt.
In der Grundgesamtheit sei p der Anteil der Patienten, bei denen Miraculin besser wirkt. Da p ein Anteil ist, weiß man, daß p eine Zahl
zwischen Null und Eins ist. $p = 0$ bedeutet, daß Ocultan bei allen Patienten besser wirkt, $p = 1$, daß Miraculin bei allen Patienten besser
wirkt. $p = 1/2$ bedeutet, daß Miraculin und Ocultan jeweils bei genau
der Hälfte der Patienten besser wirken. Das ist genau die Interpretation, die der Statistiker der Aussage *Miraculin und Ocultan wirken
gleich gut* gibt. Dies ist eine Aussage über die Grundgesamtheit, d. h.
eine statistische Aussage. Für jeden einzelnen Patienten gilt dagegen
nach den gemachten Voraussetzungen, daß entweder Miraculin oder
Ocultan besser ist. Es ist sehr wichtig, diesen Unterschied zwischen
einer statistischen Aussage über eine Grundgesamtheit und der Aussage über einen einzelnen Patienten zu sehen und zu verstehen.
Die bisherigen Überlegungen sind typisch für die Planungsphase eines
klinischen Versuchs. Ausgehend von der medizinischen Fragestellung,
welches von zwei bei gleicher Indikation angewandten Medikamenten

besser ist, wird nach einem, hier nur sehr grob dargestellten, subtilen Zusammenspiel von Vereinfachung und Abstraktion eine Frage über einen Parameter, hier p genannt, in ein abstraktes Modell übertragen. Ziel des beschriebenen Versuchs ist es, etwas über p zu erfahren. Man kann versuchen, aufgrund des Versuchsergebnisses p zu schätzen. Dies ist der Gegenstand der Schätztheorie, die in Kapitel 7 besprochen wird; man kann aber auch versuchen, beispielsweise die Hypothese $p = 1/2$ zu testen. Das ist der Gegenstand der Testtheorie, die in Kapitel 8 besprochen wird.

Im folgenden wird dargestellt, wie es mit dem Versuch prinzipiell weitergehen könnte: Da nur wenige Patienten zugleich an beiden Augen erkranken, wird eine multizentrische Studie geplant: Bis zum Versuchsende hatten in der Klinik Süd 2 Patienten und in der Klinik Nord 3 Patienten an der Studie teilgenommen. Der hier angenommene Stichprobenumfang $n = 5$ soll nicht dazu verleiten, einen Medikamentenvergleich in der Praxis mit 5 Patienten durchzuführen. Hier geht es nur um die prinzipielle Vorgehensweise. Da der Stichprobenumfang n generell sehr viel kleiner ist als der Umfang N der Grundgesamtheit, kann man, ohne einen großen Fehler zu machen, vom Urnenmodell mit Zurücklegen ausgehen, auch wenn tatsächlich jeder Patient höchstens einmal im Versuch auftritt.

Tabelle 4.3 enthält die $2^5 = 32$ möglichen Ergebnisse des Versuchs. In der Tabelle 4.3 bedeutet z. B. das Ergebnis $e_5 = (MOOMM)$, daß in der Klinik Nord beim ersten Patienten Miraculin und bei den beiden anderen Ocultan und in der Klinik Süd bei beiden Patienten Miraculin besser wirkt.

Man kann den möglichen Ergebnissen Wahrscheinlichkeiten zuordnen. Einmal ist es plausibel, unter der Voraussetzung, daß Ocultan und Miraculin „gleich gut" sind ($p = 1/2$), jedem der möglichen Ergebnisse die gleiche Wahrscheinlichkeit zuzuordnen, d. h.

$$P(e_i) = 1/32 \quad \text{für alle } e_i \in S \,.$$

Andererseits kann man auch mit der Unabhängigkeit argumentieren. Da die Patienten nach einem einheitlichen Versuchsprotokoll behandelt werden, können sich die Ergebnisse bei den verschiedenen Patienten nicht beeinflussen, sie sind unabhängig voneinander. Diese Unabhängigkeit wird durch den Versuchsplan garantiert.

Auch dies ist eine grundsätzliche Annahme bei klinischen Versuchen. Wenn Patienten nach vorgegebenem Versuchsprotokoll einheitlich behandelt werden, faßt man die Ergebnisse bei den einzelnen Patienten als unabhängig voneinander im Sinne der Gleichung (4.16) auf. Anders sähe es aus, wenn der Versuchsplan z. B. vorsehen würde, nach einem Mißerfolg mit Miraculin die Dosierung der Miraculintherapie zu erhöhen. Dann könnte man nicht mehr von Unabhängigkeit ausgehen. Mit der Unabhängigkeit und $p = 1/2$ folgt aus (4.16) für jedes $e_i \in S$

$$P(e_i) = \frac{1}{2} \cdot \frac{1}{2} \cdot \frac{1}{2} \cdot \frac{1}{2} \cdot \frac{1}{2} = \frac{1}{2^5} = \frac{1}{32}$$

und damit das gleiche Ergebnis wie oben durch Abzählen. Es ist eine gute Übung, sich anhand der Tabelle 4.3 Beispiele für Ereignisse zu überlegen, ihre Wahrscheinlichkeit unter der Annahme $p = 1/2$ zu berechnen und auch die Wahrscheinlichkeiten für Vereinigung und Durchschnitt solcher Ereignisse zu bestimmen. Zum Beispiel ist die Wahrscheinlichkeit für das Ereignis A: *bei mindestens 4 der 5 Patienten wirkt die gleiche Therapie besser*

$$P(A) = 12/32,$$

wie man wieder durch Abzählen leicht feststellen kann. Inhaltlich lehrt dieses Beispiel, daß man sich von einem Ergebnis von 4:1 oder besser für eines der beiden Medikamente nicht dazu verleiten lassen darf, dieses Medikament für besser in der Grundgesamtheit zu halten. Denn ein solches Ergebnis hat auch bei in der Grundgesamtheit gleichwertigen ($p = 1/2$) Medikamenten schon die Wahrscheinlichkeit 12/32. Wird der Versuch durchgeführt, dann tritt genau eines der 2^5 möglichen Ergebnisse aus Tabelle 4.3 als tatsächliches Versuchsergebnis ein. Dies könnte z. B. das Ergebnis $e_5 = (MOOMM)$ sein. Es ist die Frage, welche Information über das immer noch unbekannte p man aus diesem Ergebnis ableiten kann. Hier hilft das Gesetz der großen Zahl weiter.

4.4.3 Gesetz der großen Zahl

Das Gesetz der großen Zahl ist die Brücke zwischen den theoretischen Wahrscheinlichkeiten und den empirischen relativen Häufigkeiten. In seiner einfachsten Version sagt es aus, daß die relative Häufigkeit, mit der ein Ereignis in n unabhängigen Wiederholungen eines Zufallsexperiments eintritt, mit wachsender Zahl der Wiederholungen der Wahrscheinlichkeit des Ereignisses immer näher kommt. An dieser Stelle ist das Beispiel des Münzwurfs unvermeidlich.

> **Beispiel 4.18:** Es wird eine Münze geworfen. Die Münze zeigt nach dem Wurf *Wappen* oder *Zahl.* Die Menge der möglichen Ergebnisse besteht aus zwei Elementen. Die Wahrscheinlichkeit für *Wappen* sei p, und p ist nicht bekannt. Nach einhundert Würfen sei z. B. 67 mal *Wappen* und 33 mal *Zahl* gekommen. Die relative Häufigkeit für *Wappen* ist also 0.67. Das Gesetz der großen Zahl sagt, daß mit wachsender Anzahl der Würfe die relative Häufigkeit für *Wappen* gegen die unbekannte Wahrscheinlichkeit p konvergiert.

Die praktische Konsequenz ist, daß man auf diese Weise das unbekannte p mit beliebiger Genauigkeit schätzen kann. Wie groß n sein muß , um eine vorgegebene Genauigkeit zu erreichen, wird in Kapitel 7 besprochen.

Die formale Übereinstimmung dieses Problems mit dem Problem des Therapievergleichs aus Abschnitt 4.4.2 ist unverkennbar. Durch Erhöhung der Patientenzahlen kann man aus der relativen Häufigkeit, mit der Miraculin bei den behandelten Patienten besser wirkte, den Anteil p der Patienten der Grundgesamtheit, bei denen Miraculin besser wirkt, beliebig genau schätzen.

Für Liebhaber mathematischer Formeln soll das Gesetz der großen Zahl abschließend noch in seiner starken Form exakt formuliert werden:

A sei ein Ereignis, das bei einem Versuch mit Wahrscheinlichkeit $P(A)$ eintritt. In n unabhängigen Wiederholungen des Versuchs trete das Ereignis n_A mal ein. Dann gilt

$$P\left(\lim_{n \to \infty} \frac{n_A}{n} = P(A) \right) = 1 \, .$$

4.5 Zufallsvariable

Bei vielen Zufallsexperimenten werden mögliche Ergebnisse oder Ereignisse durch Zahlen beschrieben.

> **Beispiel 4.19:** Bei einem Wurf mit einem Würfel kann man die möglichen Ergebnisse k *geworfene Augen* einfacher durch die Zahl k ($k = 1, 2, \ldots 6$) beschreiben.

Dies ist aber nur sinnvoll, wenn – wie in diesem Beispiel – jedem möglichen Ergebnis der Grundmenge eine Zahl zugeordnet wird und die Zuordnung eindeutig ist. Die Zuordnungs- oder Abbildungsvorschrift heißt Zufallsvariable. Eine Zufallsvariable definiert eine Zerlegung der Grundmenge S in eine Menge von disjunkten und die Grundmenge S erschöpfenden Ereignissen.

> **Beispiel 4.20:** *Summe der Augenzahlen bei einem Wurf mit zwei Würfeln* und *Anzahl der Patienten, bei denen Miraculin besser als Ocultan wirkt* sind Zufallsvariable.

Da die zugeordneten Zahlen allein nicht viel besagen, ist es für jede inhaltliche Beschreibung wichtig, daß die Zuordnungsvorschrift wie in Beispiel 4.20 inhaltlich formuliert wird. Der Begriff „Zufallsvariable “ entspricht dem Begriff „Merkmal “in der deskriptiven Statistik.

> **Beispiel 4.21:** Bei einem Wurf mit einem Würfel kann man die Zuordnungsvorschrift etwa mit *Anzahl der geworfenen Augen bei einem Wurf mit einem Würfel* formulieren.

Eine Zufallsvariable wird mit großen lateinischen Buchstaben bezeichnet. Die Werte, die die Zufallsvariable annehmen kann, sind Zahlen, die meist mit den entsprechenden kleinen lateinischen Buchstaben bezeichnet werden:

$$e \xrightarrow{\;X\;} x, \tag{4.28}$$

die gegebenenfalls mit einem Index versehen werden.

> **Beispiel 4.22:** Bei einem Wurf mit einem Würfel ist die Zufallsvariable X die *Anzahl der geworfenen Augen bei einem Wurf mit einem Würfel*, und die möglichen Ergebnisse von X sind die Zahlen $x_j = j$ ($j = 1, 2, \ldots 6$).

Jede Zufallsvariable ist eine Abbildungsvorschrift, die in den bisherigen Beispielen etwas trivial erscheinen mag, i. allg. aber zu komplizierteren Berechnungen führen kann.

> **Beispiel 4.23:** Beim Lotto ist für den Lotteriespieler weder die Reihenfolge der gezogenen Zahlen interessant noch, welche der getippten Zahlen richtig bzw. falsch sind: Es interessiert meist nur die Anzahl z der richtig getippten Zahlen.

Mit jeder Zahl x und jedem Intervall I werden durch die Zufallsvariable X die Ereignisse

$$\{X = x\}, \{X \in I\}$$

definiert. Sie bestehen aus allen möglichen Ergebnissen, die durch die Zufallsvariable X auf die Zahl x bzw. auf eine Zahl im Intervall I abgebildet werden. Das Ereignis ist die leere Menge, wenn kein mögliches Ergebnis auf x bzw. I abgebildet wird. Wahrscheinlichkeiten lassen sich für solche Ereignisse aber nur dann angeben, wenn ein Modell mit Wahrscheinlichkeiten für die möglichen Ergebnisse vorliegt.

> **Beispiel 4.24:** Beim Wurf mit einem Würfel gilt $P(\{X = k\}) = \frac{1}{6}$ für $k = 1, 2, \ldots 6$ nur dann, wenn ein idealer Würfel vorliegt, dessen 6 Flächen mit $1, 2, \ldots, 6$ Augen markiert sind.

Im Moment mag es dem Leser noch so scheinen, als werde durch die Einführung des Begriffs der Zufallsvariablen nur die Möglichkeit geschaffen, einfache Sachverhalte kompliziert auszudrücken. Aber die Betrachtung von Zufallsvariablen ist sinnvoll, denn sie verdeutlichen den gemeinsamen Kern vieler Probleme, die auf den ersten Blick scheinbar nichts miteinander gemein haben.

> **Beispiel 4.25:** Bei einem Wurf mit einem Würfel ordne die Zufallsvariable Y dem möglichen Ergebnis „k geworfene Augen" die Zahl $y = 0$ zu, wenn k ungerade ist, und die Zahl $y = 1$ zu, wenn k gerade ist ($k = 1, 2, \ldots, 6$). Den Mathematiker interessiert nur, daß die Zufallsvariable Y genau zwei verschiedene Werte annehmen kann. Von diesem Standpunkt liegt hier das gleiche Problem wie beim Therapievergleich in Abschnitt 4.4.2 vor. Falls der Würfel „ideal" ist ($p = 0.5$), liegt der Spezialfall vor, der der Gleichwertigkeit der Therapien in Abschnitt 4.4.2 entspricht.

Bei der Zuordnung von Wahrscheinlichkeiten ist aber Vorsicht geboten. So kann man im Beispiel 4.23 für jeweils eine abgegebene Tippreihe mit Hilfe kombinatorischer Überlegungen leicht die Wahrscheinlichkeiten für $0, 1, \ldots, 6$ „Richtige" berechnen. Bei mehreren Tippreihen ist dies nur dann möglich, wenn man ein Modell zugrunde legt, das die möglichen Abhängigkeiten zwischen den Tippreihen berücksichtigt.

Da die Zufallsvariable als Werte Zahlen hat, hat man einfache Möglichkeiten der Darstellung der „Wahrscheinlichkeitsverteilung" durch die Funktion

$$F(x) = P(X \leq x), \tag{4.29}$$

die man auch Verteilungsfunktion der Zufallsvariablen X nennt. Die Definition und die Interpretation der Verteilungsfunktion ist bei diskreten und bei stetigen Zufallsvariablen identisch.

Das p-Quantil x_p einer diskreten Zufallsvariablen X mit der Verteilungsfunktion F ist der kleinste Wert x, für den gilt:

$$F(x) \geq p. \tag{4.30}$$

Das 0.5-Quantil $x_{0.5}$ heißt Median und wird üblicherweise mit $\tilde{\mu}$ bezeichnet. Eine Zufallsvariable nennt man diskret, wenn durch die Abbildungsvorschrift den möglichen Ergebnissen diskrete Werte zugewiesen werden.

Gibt es k mögliche Ergebnisse einer Zufallsvariablen X, so werden diese mit $x_1, x_2, \ldots, x_k$ und die zugehörigen Wahrscheinlichkeiten mit $p_1, p_2, \ldots p_k$ bezeichnet:

$$P(X = x_j) = p_j \quad (j = 1, 2, \ldots, k). \tag{4.31}$$

4.5.1 Wahrscheinlichkeits– und Verteilungsfunktion

Die Darstellung der Wahrscheinlichkeiten p_i in Abhängigkeit von den möglichen Werten x_i heißt Wahrscheinlichkeitsfunktion f der Zufallsvariablen X:

$$f(x) = P(X = x) = \left\{ \begin{array}{ll} p_j & \text{für } x = x_j \\ 0 & \text{für alle anderen Werte } x \end{array} \right\}. \tag{4.32}$$

Tabelle 4.4: Wahrscheinlichkeiten und Wahrscheinlichkeitssummen für die Zufallsvariable „Anzahl der Patienten, bei denen Miraculin besser wirkt als Ocultan" für $p = \frac{1}{2}$

i	0	1	2	3	4	5
$P(X = i)$	0.031	0.156	0.313	0.313	0.156	0.031
$P(X \leq i)$	0.031	0.187	0.500	0.813	0.969	1.000

Die Wahrscheinlichkeitssummen P_i erhält man durch:

$$P_i = \sum_{j=1}^{i} p_j \quad (i = 1, 2, \ldots, k). \tag{4.33}$$

Beispiel 4.26: Die Zufallsvariable X *Anzahl der Patienten, bei denen Miraculin besser wirkt als Ocultan* aus dem in Abschnitt 4.4.2 dargestellten klinischen Versuch hat die $k = 6$ verschiedenen möglichen Ergebnisse $j = 0, 1, \ldots, 5$. Es gilt

$$P(X = j) = \binom{n}{j} \cdot p^j \cdot (1 - p)^{(n-j)} \quad (j = 0, 1, \ldots, 5).$$

Für den Spezialfall, daß Miraculin und Ocultan gleich gut wirken ($p = \frac{1}{2}$), erhält man die in Tabelle 4.4 dargestellten Wahrscheinlichkeiten und Wahrscheinlichkeitssummen.

Die Verteilungsfunktion F ist die Darstellung der Wahrscheinlichkeitssummen P_i:

$$F(x) = P(X \leq x) = \left\{ \begin{array}{ll} P_i & \text{für } x = x_i \\ P_{i-1} & \text{für } x_{i-1} < x < x_i \end{array} \right\}. \tag{4.34}$$

Beispiel 4.27: In Abbildung 4.2 ist die Wahrscheinlichkeitsfunktion und in Abbildung 4.3 die Verteilungsfunktion für die Zufallsvariable *Anzahl der Patienten, bei denen Miraculin besser wirkt als Ocultan* für $p = \frac{1}{2}$ dargestellt.

4.5.2 Parameter einer diskreten Zufallsvariablen

In der deskriptiven Statistik wurden Eigenschaften der empirischen Verteilung eines Merkmals durch Maßzahlen beschrieben. In der

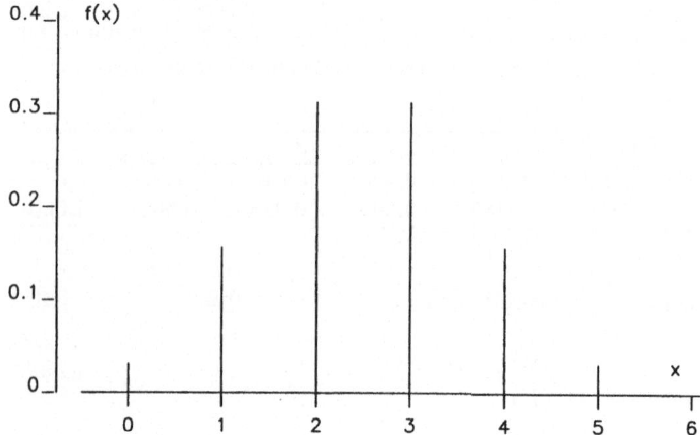

Abb. 4.2: Wahrscheinlichkeitsfunktion $f(x)$ für die Zufallsvariable *Anzahl der Patienten, bei denen Miraculin besser wirkt als Ocultan* für $p = \frac{1}{2}$

Wahrscheinlichkeitsrechnung werden Eigenschaften einer Zufallsvariablen durch Parameter ihrer Verteilungsfunktion beschrieben.
Der Erwartungswert $E(X) = \mu$ einer diskreten Zufallsvariablen X mit der Verteilungsfunktion F ist:

$$E(X) = \mu = \sum_{j=1}^{k} x_j \cdot p_j. \tag{4.35}$$

Die Varianz $V(X) = \sigma^2$ einer diskreten Zufallsvariablen X mit der Verteilungsfunktion F ist:

$$V(X) = \sigma^2 = \sum_{j=1}^{k} (x_j - \mu)^2 \cdot p_j. \tag{4.36}$$

Die Wurzel aus der Varianz ist die Standardabweichung σ. Die Berechnung von Erwartungswert, Varianz und Standardabweichung erfolgt nach den oben angegebenen Vorschriften.

Beispiel 4.28: Für die Zufallsvariable *Anzahl der Patienten, bei denen Miraculin besser wirkt als Ocultan* für $p = \frac{1}{2}$ erhält man:

$$E(X) \;=\; \mu$$

86

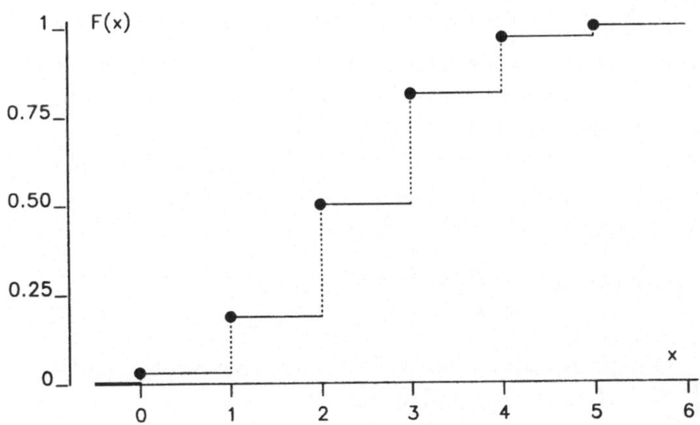

Abb. 4.3: Verteilungsfunktion für die Zufallsvariable *Anzahl der Patienten, bei denen Miraculin besser wirkt als Ocultan* für $p = \frac{1}{2}$

$$= 0 \cdot \frac{1}{32} + 1 \cdot \frac{5}{32} + 2 \cdot \frac{10}{32} + 3 \cdot \frac{10}{32} + 4 \cdot \frac{5}{32} + 5 \cdot \frac{1}{32}$$

$$= 2.5,$$

$$V(X) = \sigma^2$$

$$= (0 - 2.5)^2 \cdot \frac{1}{32} + (1 - 2.5)^2 \cdot \frac{5}{32} + (2 - 2.5)^2 \cdot \frac{10}{32} +$$

$$+ (3 - 2.5)^2 \cdot \frac{10}{32} + (4 - 2.5)^2 \cdot \frac{5}{32} + (5 - 2.5)^2 \cdot \frac{1}{32}$$

$$= 1.25.$$

Die Quantile kann man sowohl aus den Wahrscheinlichkeitssummen als auch aus der Verteilungsfunktion leicht bestimmen. Es gilt etwa:

$$x_{0.1} = 1, \quad x_{0.5} = \tilde{\mu} = 2.$$

4.5.3   Unabhängige Zufallsvariable

Zwei Zufallsvariable X_1 und X_2 sind unabhängig, wenn jedes durch X_1 definierbare Ereignis von jedem durch X_2 definierbaren Ereignis unabhängig ist (s. Abschnitt 4.2.4). Dies ist genau dann der Fall, wenn (bei einer diskreten Zufallsvariablen) die Ereignisse der jeweils feinsten Zerlegung paarweise unabhängig sind. Für die gemeinsame Verteilungsfunktion $F(x_1, x_2)$ gilt dann:

$$
\begin{aligned}
F(x_1, x_2) &= P(X_1 \leq x_1, X_2 \leq x_2) \\
&= P(X_1 \leq x_1) \cdot P(X_2 \leq x_2) = F(x_1) \cdot F(x_2)
\end{aligned} \tag{4.37}
$$

Beispiel 4.29: Beim Würfeln mit einem roten und einem blauen Würfel sind die Zufallsvariablen

• X_1: gewürfelte Augenzahl beim roten Würfel

und

• X_2: gewürfelte Augenzahl beim blauen Würfel

unabhängig, wenn keine „gegenseitige Beeinflussung" stattfindet.

Die Zufallsvariablen $X_1, X_2, \ldots, X_k$ heißen unabhängig, wenn entsprechend 4.37 gilt:

$$
F(x_1, x_2, \ldots, x_k) = F(x_1) \cdot F(x_2) \cdot \ldots \cdot F(x_k). \tag{4.38}
$$

Diese formal korrekte Definition ist wenig anschaulich, zumal aus der paarweisen Unabhängigkeit der Zufallsvariablen $X_1, X_2, \ldots, X_k$ noch nicht 4.38 folgt. Für alle praktischen Anwendungen genügt der folgende Zusammenhang: Sind die Zufallsvariablen $X_1, X_2, \ldots, X_{k-1}$ voneinander unabhängig und ist jedes durch $X_1, X_2, \ldots, X_{k-1}$ definierbare Ereignis von jedem durch X_k definierbaren Ereignis unabhängig, dann sind auch $X_1, X_2, \ldots, X_k$ voneinander unabhängig.

Beispiel 4.30: Es werden 3 Münzen (5 DM, 2 DM, 1 DM) geworfen. Nach jedem Wurf zeigt jede der 3 Münzen entweder *Wappen* oder *Zahl*, und es gibt 8 mögliche Ergebnisse. Die 3 Zufallsvariablen X_1, X_2 und X_3 sollen jedem der 8 möglichen Ergebnisse eine 1 zuordnen, wenn die betreffende Münze *Zahl* zeigt, und eine 0, wenn die betreffende Münze *Wappen* zeigt (Tabelle 4.5).

Die Zufallsvariablen X_1, X_2 und X_3 sind unter den üblichen Voraussetzungen unabhängig. Dazu muß man sich überlegen, daß X_1 und

Tabelle 4.5: Mögliche Ergebnisse und Zufallsvariable bei einem Spiel mit 3 Münzen (5 DM, 2 DM, 1 DM)

| | | | | | Wert der Zufallsvariablen | | |
e_j	5 DM	2 DM	1 DM	$P(e_j)$	X_1	X_2	X_3
e_1	W	W	W	1/8	0	0	0
e_2	W	W	Z	1/8	0	0	1
e_3	W	Z	W	1/8	0	1	0
e_4	W	Z	Z	1/8	0	1	1
e_5	Z	W	W	1/8	1	0	0
e_6	Z	W	Z	1/8	1	0	1
e_7	Z	Z	W	1/8	1	1	0
e_8	Z	Z	Z	1/8	1	1	1

X_2 unabhängig sind und daß die möglichen Ergebnisse von X_3 unabhängig von allen durch X_1 und X_2 festgelegten möglichen Ergebnissen sind.

4.5.4 Rechnen mit Zufallsvariablen

Mit Zufallsvariablen $X_1, X_2, \ldots, X_n$, die auf der gleichen Grundmenge S definiert sind, kann man beliebige arithmetische Ausdrücke $f(X_1, X_2, \ldots, X_n)$ bilden. Bildet die Zufallsvariable X_i das mögliche Ergebnis e_j auf die Zahl $X_i(e_j)$ ab, dann ist $Y = f(X_1, X_2, \ldots, X_n)$ ebenfalls eine Zufallsvariable und bildet das mögliche Ergebnis e_j auf die Zahl $f(X_1(e_j), X_2(e_j), \ldots, X_n(e_j))$ ab.

Beispiel 4.31: Für das Beispiel 4.29 ist die Summe $X_1 + X_2$ der Zufallsvariablen die Summe der gewürfelten Augenzahlen.

Beispiel 4.32: Das in Beispiel 4.30 beschriebene Zufallsexperiment kann man als Spiel formulieren: Der Einsatz vor jedem Wurf beträgt 5 DM, und der Spieler erhält nach jedem Spiel alle Münzen, die *Zahl* zeigen. Die Zufallsvariable Y („Gewinn" des Spiels) kann man einerseits direkt berechnen oder aber durch die Zufallsvariable

$$Y = 5 \cdot X_1 + 2 \cdot X_2 + 1 \cdot X_3 - 5$$

angeben.

Es gibt eine ganze Reihe von Sätzen, die das Rechnen mit solchen arithmetischen Ausdrücken erleichtern. Für Erwartungswert und Varianz einer Zufallsvariablen $a \cdot X + b$ gilt:

$$E(a \cdot X + b) = a \cdot E(X) + b, \tag{4.39}$$

$$V(a \cdot X + b) = a^2 \cdot V(X). \tag{4.40}$$

Dieser Zusammenhang wird bei der Standardisierung von Zufallsvariablen ausgenutzt: Besitzt eine Zufallsvariable X den Erwartungswert $E(X) = \mu$ und die Varianz $V(X) = \sigma^2$, dann kann man eine transformierte Zufallsvariable

$$U = \frac{X - \mu}{\sigma} \tag{4.41}$$

angeben, deren Erwartungswert $E(X)$ gleich 0 und deren Varianz $V(X)$ gleich 1 ist.

Alle bisherigen Überlegungen dieses Abschnitts waren inhaltlicher Art oder beruhten wie (4.39) und (4.40) auf formalen rechnerischen Zusammenhängen.

Sind die Zufallsvariablen X und Y unabhängig, dann sind es auch die Zufallsvariablen $f(X)$ und $g(Y)$, insbesondere also $a \cdot X + b$ und $c \cdot Y + d$, wobei a, b, c, d beliebige Zahlen sind. Für den Erwartungswert einer Zufallsvariablen $X + Y$ gilt:

$$E(X + Y) = E(X) + E(Y). \tag{4.42}$$

Für die Varianz einer Zufallsvariablen $X + Y$ gilt, wenn X und Y unabhängig sind:

$$V(X + Y) = V(X) + V(Y). \tag{4.43}$$

Beispiel 4.33: Erwartungswert und Varianz der Zufallsvariablen Y („Gewinn" des Spielers) kann man einerseits direkt berechnen oder aber mit Hilfe von (4.42) und (4.43) bestimmen: Die Zufallsvariablen X_1, X_2 und X_3 sind unabhängig, und es gilt:

$$
\begin{aligned}
E(X_i) &= 0.5, \quad V(X_i) = 0.25, \\
E(Y) &= 5 \cdot E(X_1) + 2 \cdot E(X_2) + 1 \cdot E(X_3) - 5 \\
&= 8 \cdot 0.5 - 5 = -1\,, \\
V(Y) &= 25 \cdot V(X_1) + 4 \cdot V(X_2) + 1 \cdot V(X_3) \\
&= 30 \cdot 0.25 = 7.5\,.
\end{aligned}
$$

4.6 Zufallsvariable in Versuchen

Die im Abschnitt 4.5.4 aufgeführten Rechenregeln werden für Berechnungen in statistischen Modellen häufig benutzt, und es wird vorausgesetzt, daß die Zufallsvariablen $X_1, X_2, \ldots, X_n$ unabhängig und identisch verteilt sind. Dabei bedeutet „identisch verteilt ", daß alle Zufallsvariablen $X_1, X_2, \ldots, X_n$ die gleiche Verteilung besitzen sollen. In einer Urne sei eine Menge von mit Zahlen gekennzeichneten Kugeln. Es werden nacheinander n Kugeln gezogen, die gezogene Kugel wird wieder zurückgelegt. Vor jeder Ziehung werden die Kugeln in der Urne gemischt (Urnenmodell mit Zurücklegen).

$X_1, X_2, \ldots, X_n$ bezeichne den Ziehvorgang, und $F(x)$ sei die (empirische) Verteilungsfunktion der Zahlen auf den Kugeln der Urne. Werden das Mischen und das Ziehen so durchgeführt, daß bei jeder Ziehung jede in der Urne liegende Kugel mit gleicher Wahrscheinlichkeit gezogen wird, dann sind die Zufallsvariablen $X_1, X_2, \ldots, X_n$ unabhängig und identisch verteilt mit der Verteilungsfunktion $F(x)$. In einem Versuch entsprechen den Kugeln in der Urne die Beobachtungseinheiten einer definierten Grundgesamtheit, und dem Ziehen von n Kugeln entspricht das Ziehen einer zufälligen Stichprobe vom Umfang n.

> **Beispiel 4.34:** Zur Bestimmung von Normwerten für den Blutdruck soll eine zufällige Stichprobe vom Umfang n der Einwohner einer Kleinstadt untersucht werden.

Jedes Verfahren zur Ziehung einer zufälligen Stichprobe muß dem Urnenmodell möglichst genau entsprechen, da man durch die empirische Verteilung in der Stichprobe die empirische Verteilung in der Grundgesamtheit nur dann richtig schätzen kann, wenn das Ziehen durch unabhängige und identisch verteilte Zufallsvariable $X_1, X_2, \ldots, X_n$ beschrieben werden kann.

Für jedes solche Verfahren muß man den Umfang N der Grundgesamtheit kennen. Im Prinzip kann man die Identifikationen der Beobachtungseinheiten auf N Kugeln einer Urne schreiben und dann entsprechend dem Urnenmodell die Stichprobe ziehen. Die Identifikationen kann man durch Zahlen von 1 bis N ersetzen, wenn die Identifikationen der Beobachtungseinheiten in einer Datei geordnet vorliegen.

Beispiel 4.35: Die Kleinstadt hat 14·376 gemeldete Einwohner, deren Personaldaten in einer durchnumerierten Datei vorliegen. Aus einer Urne mit 14·376 durchnumerierten Kugeln werden zufällig 300 Kugeln mit Zurücklegen gezogen und der Blutdruck der Einwohner, die in der Datei den gezogenen Zahlen entsprechen, bestimmt.

Das Verfahren mit der Urne kann man vereinfachen, indem man 10 von 0 bis 9 durchnumerierte Kugeln in eine Urne legt und durch mehrfaches Ziehen eine Zufallszahlentabelle entsprechend Tabelle 15.19 erzeugt. In dieser Tabelle wurden jeweils 4 solcher 1-stelligen Zufallszahlen zu einer 4-stelligen Zufallszahl zusammengefaßt, so daß die 4-stelligen Zahlen als Ziehungen aus einer Urne mit 10·000 Kugeln, die von 0 bis 9999 durchnumeriert sind, aufgefaßt werden können.

Beispiel 4.36: Es sind 5-stellige Zufallszahlen zu bilden. Fängt man links oben an und geht waagerecht weiter, dann erhält man:

81217 89682 25992 68186 97014 08900 86291 .

Alle Zahlen über 14·376 werden weggelassen. Man erhält als erste auszuwählende Person diejenige, die die Nummer 8900 hat.
Ein einfacheres Verfahren besteht etwa darin, daß man bei den 5-stelligen Zufallszahlen die erste Ziffer als 0 interpretiert, wenn diese gerade ist, und als 1, wenn sie ungerade ist. Man erhält dann:

01217 09682 05992 08186 17014 08900 06291 .

Oftmals dürfen oder können Beobachtungseinheiten höchstens einmal in der Stichprobe vorkommen. Die Zufallsvariablen $X_1, X_2, \ldots, X_n$ sind dann - dies entspricht dem Urnenmodell ohne Zurücklegen - nicht mehr als unabhängig anzusehen. Ist der Umfang der Stichprobe gegenüber dem Umfang der Grundgesamtheit klein, dann wird dieser Fehler vernachlässigt. Bei der Bestimmung der zufälligen Stichprobe durch Zufallszahlen wird dann eine Zahl, die schon einmal aufgetreten ist, weggelassen.

5 Diskrete Verteilungen

Zufallsvariable mit diskreter Verteilung treten bei der Behandlung diskreter und klassierter stetiger Merkmale auf. Die möglichen Realisationen der Zufallsvariablen sind diskret auf der Zahlengeraden liegende Punkte $x_1, x_2, \ldots$, die mit bestimmten Wahrscheinlichkeiten $p_1, p_2, \ldots$ angenommen werden, d. h.,

$$P(X = x_j) = p_j \ . \tag{5.1}$$

Gibt es genau k verschiedene Realisationen $x_1, x_2, \ldots, x_k$, so ist

$$\sum_{j=1}^{k} p_j = 1.$$

Mit diesen Bezeichnungen gilt für die diskrete Verteilungsfunktion F

$$F(x) = P(X \leq x) = \sum_{x_j \leq x} p_j \tag{5.2}$$

und für die Wahrscheinlichkeitsfunktion f

$$f(x) = P(X = x_j) = \begin{cases} p_j & x = x_j \\ 0 & \text{sonst} \ . \end{cases} \qquad (j = 1, 2, \ldots) \tag{5.3}$$

Diskrete Verteilungen beschreiben auch die Verteilung eines qualitativen Merkmals in der Grundgesamtheit. Die p_j aus (5.1) entsprechen dann dem Anteil der Beobachtungseinheiten an der Grundgesamtheit, die die Ausprägung A_j tragen ($j = 1, 2, \ldots, k$). Da die Numerierung der Ausprägungen beim qualitativen Merkmal aber beliebig ist, bietet die Verteilungsfunktion (5.2) i. allg. keine sinnvolle Beschreibung der Verhältnisse.

Die Wahrscheinlichkeiten p_j spezieller diskreter Verteilungen lassen sich sehr gut aus den in Abschnitt 4.3 eingeführten Urnenmodellen ableiten. Gegeben ist eine Urne, die Kugeln enthält. Die Kugeln sind Träger von Merkmalen, die jeweils spezifiziert werden. Der Urne können Kugeln einzeln entnommen werden, wobei immer vorausgesetzt wird, daß für jede Kugel in der Urne die gleiche Chance besteht, gezogen zu werden. Wie beim bekannten Zahlenlotto kann dies z. B. durch Mischen der Kugeln vor jeder Ziehung gesichert werden.

Der Wert der Urnenmodelle besteht darin, daß sie, wenn auch stark abstrahiert, eine einfache Beschreibung der Ausgangssituation bei der prospektiven Erhebung oder dem Experiment sind. Der Inhalt der Urne steht für die definierte Grundgesamtheit, die einzelnen Kugeln spielen die Rolle der Beobachtungseinheiten mit ihren Merkmalsausprägungen.

5.1 Diskrete Gleichverteilung

Auf den Kugeln in einer Urne steht jeweils eine der Zahlen $1, 2, \ldots, k$, und alle Zahlen kommen gleich oft vor, d. h. die Anzahl der Kugeln in der Urne ist ein Vielfaches von k. Eine Kugel wird gezogen. Unter diesen Voraussetzungen ist die Zahl auf der gezogenen Kugel die Realisation einer Zufallsvariablen X mit

$$P(X = j) = \frac{1}{k} \qquad (j = 1, 2, \ldots, k) \, . \tag{5.4}$$

Man sagt, X besitzt – oder auch: ist – eine diskrete Gleichverteilung, und schreibt abkürzend $X : DG(k)$. Die Verteilung ist durch den Parameter k, das ist die Anzahl der verschiedenen möglichen Realisationen, eindeutig festgelegt. Erwartungswert $E(X) = \mu$ und Varianz $V(X) = \sigma^2$ lassen sich in Abhängigkeit von k bestimmen. Die Rechnung ist etwas mühsam. Sie wird hier trotzdem ausgeführt, damit der Leser das Prinzip erkennt. Einer Formelsammlung entnimmt man:

$$\sum_{j=1}^{k} j = \frac{k \cdot (k + 1)}{2} \, ,$$

$$\sum_{j=1}^{k} j^2 = \frac{k \cdot (k + 1) \cdot (2k + 1)}{6} \, .$$

Daraus ergibt sich mit (5.4) aus der Definition (4.35)

$$\mu = \sum_{j=1}^{k} j \cdot \frac{1}{k} = \frac{k+1}{2} \tag{5.5}$$

und aus der Definition (4.36)

$$
\begin{aligned}
\sigma^2 &= \sum_{j=1}^{k} \left(j - \frac{k+1}{2} \right)^2 \cdot \frac{1}{k} \\[2mm]
&= \frac{1}{k} \left\{ \sum_{j=1}^{k} j^2 - (k+1) \cdot \sum_{j=1}^{k} j + \frac{k \cdot (k+1)^2}{4} \right\} \\[2mm]
&= \frac{(k+1)(2k+1)}{6} - \frac{(k+1)^2}{2} + \frac{(k+1)^2}{4} \\[2mm]
&= \frac{k^2 - 1}{12} .
\end{aligned}
\tag{5.6}
$$

Beispiel 5.1: Als bekanntestes Beispiel für das Auftreten einer diskreten Gleichverteilung gilt das Werfen eines „idealen" Würfels. In statistischer Hinsicht entspricht dieser Versuch genau dem Urnenmodell mit $k = 6$. (5.5) und (5.6) liefern Erwartungswert und Varianz für diesen Spezialfall:

$$\mu = \frac{6+1}{2} = 3.50 \;,$$

$$\sigma^2 = \frac{6^2 - 1}{12} = \frac{35}{12} \cong 2.92 \;.$$

Schon dieses einfache Beispiel zeigt, daß man sich an den Begriff des Erwartungswerts erst gewöhnen muß. In diesem Fall kann der Wert unter den Daten gar nicht vorkommen. Seine praktische Bedeutung besteht darin, daß der arithmetische Mittelwert aus einer großen Anzahl von Wiederholungen gegen den Erwartungswert tendiert. Diese Aussage kann aus dem Gesetz der großen Zahl (s. Abschn. 4.4.3) abgeleitet werden.

Wichtig wird der Erwartungswert z. B. im Zusammenhang mit der Frage, ob ein konkret vorgegebener Würfel ein idealer Würfel ist. Man wirft den Würfel z. B. 20–mal und errechnet den Mittelwert aus den

Einzelergebnissen. Wenn der Mittelwert „sehr weit" von dem theoretischen Wert 3.5 entfernt liegt, wird man diesen Würfel nicht für einen idealen Würfel halten. Diese Überlegungen werden im Kapitel 8 präzisiert.

Beispiel 5.2: Diskrete Gleichverteilungen werden in der Versuchsplanung bei der Randomisierung benötigt. In einem klinischen Versuch sollen vier verschiedene Therapien verglichen werden, die bei gleicher Diagnose zur Auswahl stehen. Um strukturgleiche Patientengruppen zu erhalten, beschließt der Versuchsleiter, die Therapie den Patienten zufällig zuzuteilen. Da er vier Therapien vergleichen will, benötigt er Realisationen von unabhängigen Zufallsvariablen $X_i : DG(4)$ $(i = 1, 2, \ldots)$. Er kann so vorgehen, daß er jeden Therapienamen auf einen Zettel schreibt und die vier Zettel in eine Urne legt. Immer dann, wenn er eine Zuteilung benötigt, zieht er verdeckt einen Zettel aus der Urne, notiert die Therapie und legt den Zettel wieder zurück (s. Kapitel 13).

Die diskrete Gleichverteilung ist Ausgangspunkt für viele interessante Fragen, die zu neuen Wahrscheinlichkeitsverteilungen führen. Wenn die Ziehungen wiederholt werden und die gezogene Kugel jedesmal wieder zurückgelegt wird, ist sichergestellt, daß die Versuchsbedingungen von Ziehung zu Ziehung gleich bleiben. Es ist daher gerechtfertigt, die Ergebnisse von n Ziehungen als Realisationen von n unabhängigen Zufallsvariablen $X_1, X_2, \ldots, X_n$ aufzufassen. Für sämtliche X_i gilt offenbar $X_i : DG(k)$. Man kann jetzt z. B. fragen, wie groß die Wahrscheinlichkeit ist, daß unter den gezogenen n Zahlen j Einsen vorkommen $(j = 0, 1, 2, \ldots, n)$. Diese Fragestellung führt zur Binomialverteilung, die schon in Beispiel 4.26 im Zusammenhang mit einem Therapievergleich auftrat.

Eine zweite Frage ist, wieviel Ziehungen benötig werden, bis zum erstenmal eine Eins gezogen wird. Diese Fragestellung führt zur negativen Binomialverteilung (s. Abschn. 5.4).

5.2 Bernoulli– und Binomialverteilung

Bernoulliverteilung

Auf den Kugeln in der Urne stehe jeweils entweder „0" oder „1", wobei
ausdrücklich nicht vorausgesetzt wird, daß Einsen und Nullen gleich
häufig vorkommen. Es sei p der Anteil der Einsen und entsprechend
$q = 1 - p$ der Anteil der Nullen ($0 \leq p \leq 1$). Die Anzahl der Kugeln
in der Urne ist unerheblich. Es wird eine Kugel gezogen. Unter diesen
Voraussetzungen ist die Zahl auf der gezogenen Kugel Realisation
einer Zufallsvariablen X mit

$$
\begin{aligned}
P(X = 1) &= p\,, \\
P(X = 0) &= q = 1 - p\,.
\end{aligned}
$$

Man sagt abkürzend, X ist eine Bernoulliverteilung mit Parameter p
und schreibt $X : B(1, p)$.
Erwartungswert und Varianz der $B(1, p)$–Verteilung sind leicht zu berechnen:

$$
\mu \;=\; 1 \cdot p + 0 \cdot (1 - p) = p\,,
$$

$$
\begin{aligned}
\sigma^2 &= (1 - p)^2 \cdot p + (0 - p)^2 \cdot (1 - p) \\
&= p \cdot (1 - p) \cdot ((1 - p) + p) \\
&= p \cdot (1 - p)\,.
\end{aligned}
$$

Die Bernoulliverteilung ist offenbar die einfachste Verteilung, die es
gibt. Sie ist von großer Bedeutung, denn sie ist ein Baustein für
die häufig vorkommende Binomialverteilung. Benannt ist die Verteilung nach dem Schweizer Mathematiker Jakob Bernoulli (1654 -1705).
Praktisch tritt die Bernoulliverteilung immer dann auf, wenn in einem
Versuch die Menge der möglichen Ergebnisse nur aus zwei Elementen
besteht.

> **Beispiel 5.3:** Der Münzwurf mit den beiden möglichen Ergebnis-
> sen „Kopf" und „Zahl" liefert das typische Beispiel einer Bernoulli-
> verteilung. Im Spezialfall $p = 1/2$ spricht man von einer idealen
> Münze. Die beiden möglichen Ergebnisse besitzen dann die gleiche
> Wahrscheinlichkeit.

Angewandt wird die Bernoulliverteilung nicht nur bei der Beobachtung von Merkmalen, die von vornherein nur zwei Ausprägungen haben – wie z.B. Geschlecht – , sondern oft auch dann, wenn bei der

Beobachtung eines stetigen Merkmals zwei Klassen gebildet werden. Diese Klassierung ist z. B. dann sinnvoll, wenn nur interessiert, ob der gemessene Wert medizinisch auffällig ist.

> **Beispiel 5.4:** Bei Neugeborenen wird regelmäßig das Geburtsgewicht bestimmt. Es interessiert nur, ob das Gewicht zwischen vorgegebenen Grenzen liegt oder nicht. Genauso interessiert bei der Bestimmung von Laborwerten oft nur, ob der gemessene Wert in einem vorgegebenen Normbereich liegt oder nicht.

Bei diesen Anwendungen der Bernoulliverteilung geht es dem Praktiker zumeist darum, den Parameter p der Bernoulliverteilung zu schätzen. Er will wie in Beispiel 5.4 wissen, wie groß in der von ihm betrachteten Grundgesamtheit der Anteil der Neugeborenen mit auffälligem Geburtsgewicht bzw. der Anteil der Patienten mit auffälligem Laborwert ist. Dieses Problem wird im Kapitel 7 behandelt.

Binomialverteilung

Gegeben ist eine Urne mit Kugeln, die mit „0" bzw. „1" markiert sind. Es werden n Kugeln gezogen. Damit die Ergebnisse der einzelnen Ziehungen voneinander unabhängig sind, wird die gezogene Kugel nach jeder Ziehung zurückgelegt. Unter diesen Voraussetzungen sind die Ziehungsergebnisse Realisationen von n unabhängigen, mit dem gleichen p bernoulliverteilten Zufallsvariablen X_i ($i = 1, 2, \ldots, n$). Die Anzahl der gezogenen Einsen ist ebenfalls Realisation einer Zufallsvariablen X. Diese Zufallsvariable, die offenbar nur die Werte $0, 1, \ldots, n$ annehmen kann, ist eine Binomialverteilung. Man schreibt abkürzend $X : B(n, p)$. Die Verteilung ist durch die zwei Parameter n und p festgelegt. n ist die Anzahl der Ziehungen, und p ist die Wahrscheinlichkeit, mit der eine Eins gezogen wird. Für $n = 1$ erhält man offenbar in Übereinstimmung mit der oben eingeführten Schreibweise wieder die Bernoulliverteilung $B(1, p)$.

Aus den Versuchsbedingungen lassen sich die Wahrscheinlichkeiten $P(X = j)$ für $j = 0, 1, 2, \ldots, n$ berechnen. Diese Berechnung soll wegen ihrer beispielhaften Bedeutung ausführlich dargestellt werden. Das Resultat ist die Formel (5.8) auf Seite 100. Der nur an dem Ergebnis, nicht aber an seiner Herleitung interessierte Leser kann gleich dort weiterlesen.

Das Ergebnis von n Ziehungen ist eine n–stellige Folge von Nullen

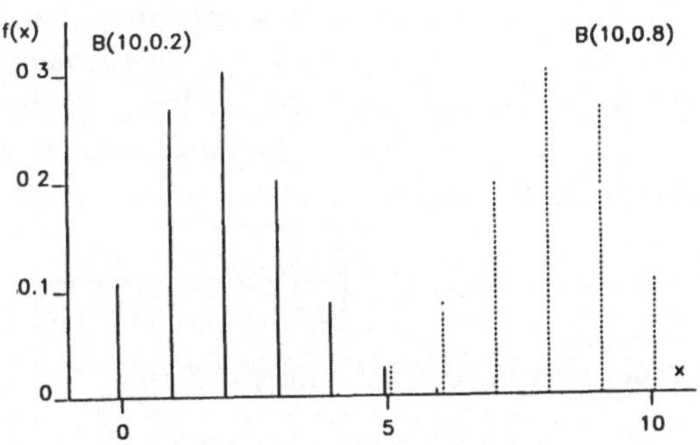

Abb. 5.1: Wahrscheinlichkeitsfunktionen der Binomialverteilungen $B(10, 0.2)$ und $B(10, 0.8)$

und Einsen, z. B. j Einsen und entsprechend $(n - j)$ Nullen ($j = 0, 1, 2, \ldots, n$). Bei $n = 5$ Ziehungen ist z. B. die fünfstellige Folge $e = (1, 0, 1, 1, 0)$ ein mögliches Ergebnis. Die erste gezogene Kugel trägt eine Eins, die zweite eine Null, die dritte eine Eins, usw. Hier ist $j = 3$ und $n - j = 2$.

Jede Eins hat die Wahrscheinlicheit p, jede Null die Wahrscheinlichkeit $q = 1 - p$. Wegen des Zurücklegens der Kugeln sind die Ergebnisse der einzelnen Ziehungen voneinander unabhängig. Daher muß man nach Gleichung (4.37) die Wahrscheinlichkeiten der Einzelergebnisse multiplizieren, um die Wahrscheinlichkeit des Gesamtergebnisses zu erhalten. Die Wahrscheinlichkeit $P(e)$ für das Gesamtergebnis $e = (1, 0, 1, 1, 0)$ ist demnach

$$P(e) = p \cdot q \cdot p \cdot p \cdot q = p^3 \cdot q^2 .$$

An diesem Beispiel wird auch der allgemeine Fall klar. Die Wahrscheinlichkeit für das Gesamtergebnis ist ein Produkt aus n Faktoren p oder q, wobei p so oft als Faktor auftritt, wie eine Eins, und q so oft, wie eine Null gezogen wird. Das bedeutet, daß jedes Ergebnis mit j Einsen und $(n - j)$ Nullen die Wahrscheinlichkeit $p^j \cdot q^{n-j}$ hat.

Um die gesuchte Wahrscheinlichkeit $P(X = j)$ zu berechnen, braucht man nur noch die Anzahl der *verschiedenen* Ergebnisse mit j Einsen und $(n - j)$ Nullen zu bestimmen. Im Falle $n = 5$ und $j = 3$ gibt es z. B. die 10 verschiedenen Ergebnisse

(1,1,1,0,0) (1,1,0,1,0) (1,1,0,0,1) (1,0,1,1,0) (1,0,1,0,1)
(1,0,0,1,1) (0,1,1,1,0) (0,1,1,0,1) (0,1,0,1,1) (0,0,1,1,1).

Wenn man dies nachprüft, bemerkt man, daß die Anzahl der verschiedenen Ergebnisse der Anzahl der Möglichkeiten entspricht, j Einsen auf n Plätze zu verteilen und die frei gebliebenen $(n - j)$ Plätze mit Nullen zu besetzen. Nach Abschnitt 4.3.1 ist diese Anzahl durch den Binomialkoeffizienten

$$\binom{n}{j} = \frac{n!}{j! \cdot (n - j)!} \tag{5.7}$$

gegeben. Im Falle $n = 5$ und $j = 3$ ist

$$\binom{5}{3} = \frac{5!}{3! \cdot 2!} = \frac{5 \cdot 4}{1 \cdot 2} = 10$$

in Übereinstimmung mit der expliziten Aufstellung. Zusammengefaßt ergibt sich:

- Bei n Ziehungen gibt es $\binom{n}{j}$ verschiedene Ergebnisse mit j Einsen und $(n - j)$ Nullen.
- Jedes einzelne dieser Ergebnisse hat die Wahrscheinlichkeit $p^j \cdot q^{n-j}$.

Durch Addition der Einzelwahrscheinlichkeiten nach (4.6) erhält man

$$P(X = j) = \binom{n}{j} \cdot p^j \cdot q^{n-j} \quad (j = 0, 1, 2, \ldots, n) \, . \tag{5.8}$$

Abbildung 5.1 zeigt die Wahrscheinlichkeitsfunktionen der Binomialverteilungen $B(10, 0.2)$ und $B(10, 0.8)$. Man erkennt, daß sich der Gipfel der Verteilung mit wachsendem p nach rechts verlagert. Die Verteilung heißt Binomialverteilung, weil man genau die Wahrscheinlichkeiten (5.8) als Summanden erhält, wenn man das Binom $(p + q)^n$ ausmultipliziert. Für $n = 2$ ergibt sich

$$(p + q)^2 = p^2 + 2 \cdot p \cdot q + q^2 .$$

Die auftretenden Summanden p^2, $2 \cdot p \cdot q$ und q^2 sind die Wahrscheinlichkeiten, bei $n = 2$ Ziehungen zwei, eine bzw. keine Eins zu ziehen. Nebenbei bemerkt, folgt aus dieser Eigenschaft, daß die Wahrscheinlichkeiten (5.8) sich zu Eins addieren, wie es durch die Axiome gefordert wird.

Erwartungswert $E(X)$ und Varianz $V(X)$ sollen jetzt bestimmt werden. Das geht einmal direkt, indem man in die Gleichungen (4.35) und (4.36) für $E(X)$ bzw. $V(X)$ die in (5.8) errechneten Wahrscheinlichkeiten einsetzt und die Summen ausrechnet. Dies führt zu einer mühsamen Rechnung, wie sie ähnlich bereits auf Seite 95 für die diskrete Gleichverteilung ausgeführt wurde.

Der elegantere Weg ist, die Bernoulliverteilung als Baustein der Binomialverteilung zu benutzen: Die Binomialverteilung ist nach Definition die Summe von n unabhängigen Bernoulliverteilungen

$$X = X_1 + X_2 + \ldots + X_n.$$

Da nach Voraussetzung nur Nullen oder Einsen gezogen werden, entspricht X, die Anzahl der gezogenen Einsen, der Summe der Einzelergebnisse. Aus dem Additionssatz (4.42) für den Erwartungswert folgt daher

$$\begin{aligned}
E(X) &= E(X_1 + X_2 + \ldots + X_n) \\
&= E(X_1) + E(X_2) + \ldots + E(X_n) \\
&= n \cdot p \ .
\end{aligned} \qquad (5.9)$$

Genauso folgt aus dem Additionssatz (4.43) für die Varianz von Summen unabhängiger Zufallsvariablen

$$\begin{aligned}
V(X) &= V(X_1 + X_2 + \ldots + X_n) \\
&= V(X_1) + V(X_2) + \ldots + V(X_n) \\
&= n \cdot p \cdot q \ .
\end{aligned} \qquad (5.10)$$

Wie schon erwähnt, erscheint die Binomialverteilung häufig im Zusammenhang mit der Aufgabe, den unbekannten Parameter p einer Bernoulliverteilung zu schätzen. Bei bekanntem p läßt sich (5.8) aber auch direkt zur Berechnung der interessierenden Wahrscheinlichkeit benutzen.

Beispiel 5.5: Ein Versuchsleiter weiß aus Erfahrung, daß 10% der gelieferten Versuchstiere für seine Versuche ungeeignet sind. Er möchte die Wahrscheinlichkeit ausrechnen, daß er mindestens 10 geeignete Tiere erhält, wenn er 12 bestellt. Zwar müßte er – genau genommen – mit einem Modell ohne Zurücklegen arbeiten, da aber die Anzahl der bestellten Mäuse gegenüber der Anzahl der Mäuse des Züchters verschwindend klein ist, kann er das vernachlässigen (vgl. Seite 104). Er faßt also die Anzahl der geeigneten Tiere als binomialverteilte Zufallsvariable auf. Wenn er 12 bestellt, ist $X : B(12, 0.9)$. Unter dieser Voraussetzung ist die gesuchte Wahrscheinlichkeit nach (5.8)

$$P(X \geq 10) \; = \; P(X = 10) + P(X = 11) + P(X = 12)$$
$$= \; 0.230 + 0.377 + 0.282 = 0.889.$$

Entscheidend für die bisherigen Überlegungen ist die Unabhängigkeit der einzelnen Ziehungen gewesen, die durch das Modell mit Zurücklegen gewährleistet wurde. Für das Modell ohne Zurücklegen ergibt sich eine andere Verteilung, die sogenannte hypergeometrische Verteilung.

5.3   Hypergeometrische Verteilung*

Gegeben ist eine Urne mit Kugeln, die mit „0" bzw. „1" markiert sind. Es werden n Kugeln gezogen. Die jeweils gezogene Kugel wird nicht zurückgelegt. Dadurch ändert sich bei jeder Ziehung das anteilige Verhältnis von Nullen und Einsen in der Urne. In welcher Weise es sich ändert, hängt von der gezogenen Kugel und der Anzahl der Kugeln in der Urne ab. Sei also N die Anzahl der Kugeln bei Beginn der Ziehungen, davon seien s mit „1" und $w = N - s$ mit „0" markiert. Für den Anteil p der Einsen bzw. den Anteil $q = 1 - p$ der Nullen bei Beginn der Ziehungen gilt

$$p = \frac{s}{N}, \qquad q = \frac{w}{N}.$$

Wieder ist die Anzahl der gezogenen Einsen bei insgesamt n Ziehungen Realisation einer Zufallsvariablen X. Diese Zufallsvariable, die offenbar nur die Werte $max(0, n + s - N), \ldots, min(n, s)$ annehmen kann, ist eine hypergeometrische Verteilung. Man schreibt abkürzend $X : HG(n; N, s)$. Sie ist durch die drei Parameter n, N und s festgelegt:

* n ist die Anzahl der Ziehungen,
* N ist die Anzahl der Kugeln, die vor der ersten Ziehung in der Urne sind, und
* s ist die Anzahl der Kugeln, die mit einer „1" markiert sind.

Zur Berechnung der Wahrscheinlichkeiten $P(X = j)$ sind im Prinzip die gleichen Überlegungen wie bei der Binomialverteilung erforderlich.

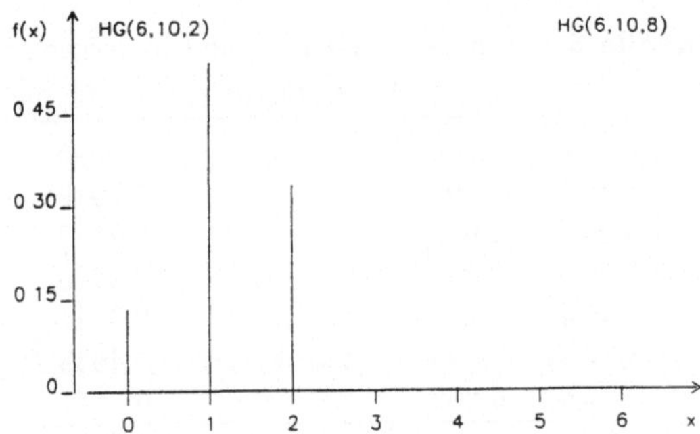

Abb. 5.2: Wahrscheinlichkeitsfunktionen der hypergeometrischen Verteilungen $HG(6; 10, 2)$ und $HG(6; 10, 8)$.

- Für j aus dem zulässigen Wertebereich von X gibt es

$$\binom{n}{j} = \frac{n!}{j!(n-j)!}$$

verschiedene Ziehungsergebnisse mit j Einsen und $(n-j)$ Nullen.
- Jedes Ergebnis e mit j Einsen und $(n-j)$ Nullen hat die Wahrscheinlichkeit

$$\begin{aligned}
P(e) \;=\; & \frac{s}{N} \cdot \frac{s-1}{N-1} \cdot \ldots \cdot \frac{s-j+1}{N-j+1} \times \\
\times\; & \frac{w}{N-j} \cdot \frac{w-1}{N-j-1} \cdot \ldots \cdot \frac{w-(n-j)+1}{N-n+1} \;.
\end{aligned}$$

Faßt man dies nach dem Additionssatz (4.6) zusammen und benutzt die Formel (5.7), so ergibt sich durch geschicktes Zusammenfassen der Binomialkoeffizienten

$$P(X = j) = \frac{\binom{s}{j} \cdot \binom{N-s}{n-j}}{\binom{N}{n}} \tag{5.11}$$

für alle j aus dem zulässigen Wertebereich. Beachtet man, daß für $j > n$ der Binomialkoeffizient $\binom{n}{j}$ schon per Definition Null ist, dann kann man (5.11) für alle j anwenden und erhält für die unmöglichen Werte von j automatisch die Wahrscheinlichkeit 0. Abbildung 5.2

Tabelle 5.1: Binomialverteilung und hypergeometrische Verteilung

X :	$B(6, 0.8)$	$HG(6; 10, 8)$	$HG(6; 100, 80)$	$HG(6; 1000, 800)$
$P(X = 0)$	0.0001	0	0.0000	0.0001
$P(X = 1)$	0.0015	0	0.0010	0.0015
$P(X = 2)$	0.0154	0	0.0128	0.0151
$P(X = 3)$	0.0819	0	0.0786	0.0816
$P(X = 4)$	0.2458	0.3333	0.2521	0.2464
$P(X = 5)$	0.3932	0.5333	0.4033	0.3942
$P(X = 6)$	0.2621	0.1333	0.2521	0.2612
$E(X)$	4.8	4.8	4.8	4.8
$V(X)$	1.6000	0.7111	1.5192	1.5920

zeigt die Wahrscheinlichkeitsfunktionen der hypergeometrischen Verteilungen $HG(6; 10, 2)$ und $HG(6; 10, 8)$. Erwartungswert und Varianz werden aus den allgemeinen Formeln (4.35) und (4.36) durch Einsetzen berechnet. Es folgt

$$E(X) \;=\; n \cdot p \,, \tag{5.12}$$

$$V(X) \;=\; \frac{N - n}{N - 1} \cdot n \cdot p \cdot q \,. \tag{5.13}$$

Den Erwartungswert kann man genauso elegant wie den der Binomialverteilung berechnen: X ist die Summe der X_i, die die Ergebnisse der n einzelnen Ziehungen beschreiben. Jedes der X_i hat den Erwartungswert p, X also den Erwartungswert $n \cdot p$.

$V(X)$ läßt sich nicht aus der Summe der einzelnen Varianzen berechnen. Der entsprechende Schluß bei der Binomialverteilung erforderte die Unabhängigkeit der X_i $(i = 1, 2, \ldots, n)$, die hier nicht gegeben ist. Der Vergleich von (5.13) mit (5.10) zeigt, daß die Varianz der hypergeometrischen Verteilung gegenüber der der Binomialverteilung um den Faktor $\frac{(N-n)}{(N-1)}$ reduziert ist: Mit wachsender Anzahl N der Kugeln in der Urne, aber gleichbleibender Anzahl n der Ziehungen verliert der Unterschied zwischen Binomial- und hypergeometrischer Verteilung an Bedeutung und kann vernachlässigt werden. Tabelle 5.1 zeigt als Beispiel den Vergleich der Binomialverteilung $B(6, 0.8)$ mit den hypergeometrischen Verteilungen $HG(6; 10, 8)$, $HG(6; 100, 80)$ und $HG(6; 1000, 800)$. Für die Anwendung folgt daraus, daß man bei entsprechend großen Grundgesamtheiten auch dann mit dem Modell der

Binomialverteilung arbeiten kann, wenn man die zufällig ausgewähl-
ten Beobachtungseinheiten nicht wieder „zurücklegt". Die Verteilung
heißt hypergeometrisch, weil die Wahrscheinlichkeiten $P(X = j)$ als
Koeffizienten in einer Reihe auftreten, die in der Mathematik als hypergeometrische Reihe bekannt ist.

5.4   Negative Binomialverteilung*

Gegeben ist eine Urne mit Kugeln, die mit „0" bzw. „1" markiert sind.
Wie bisher sei p der Anteil der Einsen und $q = 1 - p$ der Anteil der
Nullen. Die Anzahl der Kugeln in der Urne ist unerheblich. Die Kugeln
werden einzeln gezogen und wieder zurückgelegt. Dadurch sind die
Ergebnisse der einzelnen Ziehungen voneinander unabhängig.
Es wird solange gezogen, bis eine vorgegebene Anzahl r von Einsen
erreicht wird. Die Anzahl der Ziehungen, die man braucht, bis man die
geforderten r Einsen erreicht hat, ist Realisation einer Zufallsvariablen
X. Die Zufallsvariable X besitzt eine negative Binomialverteilung.
Man schreibt abkürzend $X : NB(r, p)$. Die Verteilung ist durch die
beiden Parameter r und p festgelegt:
- r ist die vorgegebene Anzahl der zu ziehenden Einsen, und
- p ist der Anteil der Einsen in der Urne.
Die Zufallsvariable X hat die Realisationen $j = r,\, r + 1,\, r + 2,\, \ldots$.
Das Ereignis $\{X = r\}$ z. B. bedeutet, daß bei den ersten r Ziehungen
nur Einsen gezogen werden.
Die Berechnung der Wahrscheinlichkeiten $P(X = j)$ erfolgt nach dem
bekannten Muster in zwei Schritten:
- Es gibt $\binom{j-1}{r-1}$ verschiedene Ziehungsergebnisse, bei denen die r-te
  Eins erst in der j-ten Ziehung erreicht wird.
- Jedes einzelne dieser Ergebnisse hat die Wahrscheinlichkeit $p^r\, q^{j-r}$.
Nach dem Additionssatz (4.6) ergeben beide Überlegungen zusam-
mengefaßt

$$P(X = j) = \binom{j - 1}{r - 1} p^r q^{j-r} \qquad (j = r, r + 1, \ldots). \qquad (5.14)$$

Abbildung 5.3 zeigt die Wahrscheinlichkeitsfunktionen der negativen Binomialverteilungen $NB(10, 0.8)$ und $NB(10, 0.6)$ bis zur Stelle

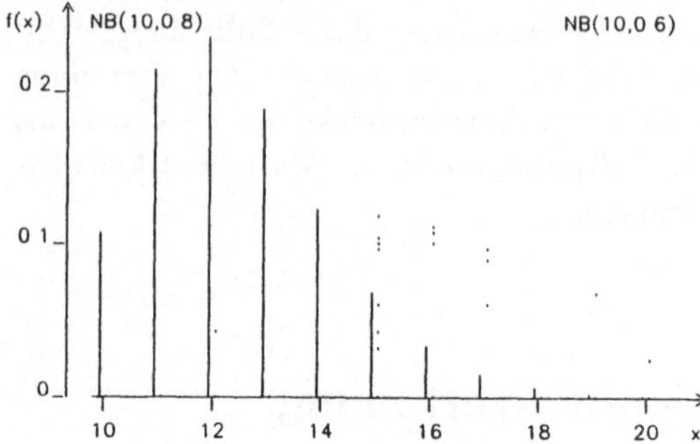

Abb. 5.3: Wahrscheinlichkeitsfunktionen der negativen Binomialverteilungen $NB(10, 0.8)$ und $NB(10, 0.6)$.

$x = 20$. Für $p \to 0$ verlagert sich die Verteilung immer weiter nach rechts. Das bedeutet, daß die Wahrscheinlichkeit für viele Ziehungen bis zur r-ten Eins größer wird.

Erwartungswert $E(X)$ und Varianz $V(X)$ der negativen Binomialverteilung sollen zunächst für den Spezialfall $r = 1$ berechnet werden. In diesem Fall wird aus (5.14)

$$P(X = j) = p \cdot q^{j-1} \qquad (j = 1, 2, \ldots) \tag{5.15}$$

und damit

$$E(X) \;=\; \sum_{j=1}^{\infty} j \cdot p \cdot q^{j-1} = \frac{1}{p}, \tag{5.16}$$

$$V(X) \;=\; \sum_{j=1}^{\infty} \left(j - \frac{1}{p} \right)^2 p \cdot q^{j-1} = \frac{1-p}{p^2}. \tag{5.17}$$

Der allgemeine Fall folgt, wenn man bedenkt, daß jede Zufallsvariable $X : NB(r, p)$ die Summe von r unabhängigen negativen Binomialverteilungen $NB(1, p)$ ist. Denn ein Versuch, in dem r Einsen gezogen werden, entspricht r unabhängigen Versuchen, in denen jeweils nach der ersten gezogenen Eins abgebrochen wird. Deswegen können für $E(X)$ und $V(X)$ die Additionssätze (4.42) bzw. (4.43) angewandt werden. Sie liefern

$$E(X) \;=\; \frac{r}{p}, \tag{5.18}$$

$$V(X) \; = \; \frac{r(1-p)}{p^2} \, . \qquad\qquad (5.19)$$

Die negative Binomialverteilung ist auch unter dem Namen Pascalverteilung bekannt, benannt nach dem französischen Mathematiker B. Pascal (1623 - 1662). Im Spezialfall $r = 1$ heißt die Verteilung auch geometrische Verteilung, weil die Wahrscheinlichkeiten als Summanden in einer Reihe auftreten, die in der Mathematik als geometrische Reihe bekannt ist.

Der Vergleich zwischen den Formeln (5.9) bzw. (5.18) für den Erwartungswert der Binomial- bzw. der negativen Binomialverteilung ist recht aufschlußreich. Werden z. B. aus einer Urne, die 20% Einsen enthält, Kugeln mit Zurücklegen gezogen, dann folgt aus (5.9), daß man bei 10 Ziehungen 2 Einsen erwarten darf, während aus (5.18) folgt, daß man bis zur zweiten Eins mit 10 Ziehungen rechnen muß.

Beispiel 5.6: Der Versuchsleiter aus Beispiel 5.5 denkt noch immer über seine Bestellungen nach. Er braucht 10 geeignete Tiere. Nach der negativen Binomialverteilung rechnet er die Wahrscheinlichkeit aus, daß er höchstens 12 Tiere bestellen muß , und erhält

$$
\begin{aligned}
P(X = 10) \;&= \; 0.90^{10} &&= \; 0.349, \\
P(X = 11) \;&= \; \tbinom{10}{9} \cdot 0.90^{10} \cdot 0.1 &&= \; 0.349; \quad P(x \leq 11) = 0.697 \, , \\
P(X = 12) \;&= \; \tbinom{11}{9} \cdot 0.90^{10} \cdot 0.1^2 &&= \; 0.192; \quad P(x \leq 12) = 0.889 \, .
\end{aligned}
$$

Die Wahrscheinlichkeit, daß er nicht mehr als 12 Tiere bestellen muß , ist demnach 0.889 und damit gleich der in Beispiel 5.5 berechneten Wahrscheinlichkeit, bei 12 bestellten Tieren mindestens 10 geeignete zu erhalten. Die Gleichheit dieser Wahrscheinlichkeiten ist kein Zufall, wie der interessierte Leser sich überlegen wird.

5.5 Poissonverteilung*

Gegeben ist eine Urne, die Kugeln enthält, die mit „0" bzw. „1" markiert sind. Der Anteil der Einsen sei p $(0 \leq p \leq 1)$. Es wird mit Zurücklegen gezogen, d. h. der Versuchsaufbau ist der gleiche wie bei der Binomialverteilung.

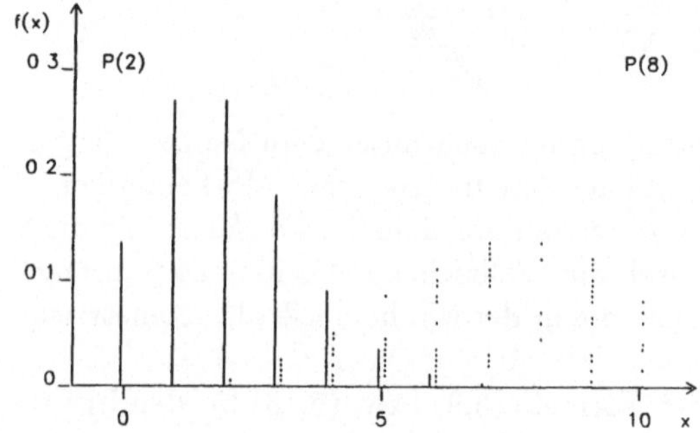

Abb. 5.4: Wahrscheinlichkeitsfunktionen der Poissonverteilungen $P(2)$ und $P(8)$

Der französische Mathematiker S. D. Poisson (1781-1840) hat die Binomialverteilung für den Fall untersucht, daß der Anteil der Einsen sehr klein, dafür aber die Anzahl der Ziehungen sehr groß ist. Mathematisch formuliert hat er untersucht: Wie verhalten sich die Wahrscheinlichkeiten der Binomialverteilung für $n \rightarrow \infty$ und $p_n \rightarrow 0$, falls $n \cdot p_n$ konstant bleibt, etwa $n \cdot p_n = \lambda$. Er hat gefunden, daß sich die Wahrscheinlichkeiten der Binomialverteilung einer Grenzverteilung nähern, die heute den Namen Poissonverteilung trägt: Eine Zufallsvariable X ist mit dem Parameter $\lambda(\lambda > 0)$ poissonverteilt, wenn gilt

$$P(X = j) = e^{-\lambda} \cdot \frac{\lambda^j}{j!} \qquad (j = 0, 1, 2 \ldots) . \tag{5.20}$$

Hierfür schreibt man abkürzend $X : P(\lambda)$. Abbildung 5.4 zeigt die Wahrscheinlichkeitsfunktionen der Poissonverteilungen $P(2)$ und $P(8)$ bis zur Stelle $x = 10$. Man erkennt, daß sich die Verteilung mit wachsendem λ nach rechts verlagert. Für $X : P(8)$ gilt $P(X \leq 10) = 0.955$, d. h., der Anteil 0.045 dieser Verteilung ist nicht abgebildet. Für Erwartungswert und Varianz der Poissonverteilung ergibt sich

$$E(X) = \lambda , \tag{5.21}$$

$$V(X) = \lambda . \tag{5.22}$$

Tabelle 5.2: Theoretisch erwartete und tatsächlich beobachtete Anzahl der Aufnahmen pro Monat

pro Monat aufgenommene Patienten j	theoretische Wahrscheinlichkeit (in %) $P(X = j) = e^{-\lambda} \cdot \frac{\lambda^j}{j!}$	tatsächlich beobachtete rel. Häufigkeit (in %)
≤ 3	1. 6748	0. 0000
4	2. 7959	4. 1667
5	5. 2190	6. 2500
6	8. 1184	8. 3333
7	10. 8246	12. 5000
8	12. 6287	8. 3333
9	13. 0964	14. 5833
10	12. 2233	18. 7500
11	10. 3713	6. 2500
12	8. 0666	6. 2500
13	5. 7914	2. 0833
14	3. 8609	2. 0833
15	2. 4024	4. 1667
16	1. 4014	6. 2500
≥ 17	1. 5249	0. 0000

Die Poissonverteilung wird vielfach als die Verteilung seltener Ereignisse bezeichnet. Dies ergibt sich aus ihrer Herleitung. Als Beispiel einer poissonverteilten Zufallsvariablen wird in der Literatur häufig die Anzahl der Todesfälle durch Hufschlag pro Jahr und Kavallerieregiment in der preußischen Armee zitiert. Dieses Beispiel wurde 1898 von L. v. Bortkiewicz (1868 - 1931) publiziert. Es zeigt eine erstaunlich gute Übereinstimmung der tatsächlich registrierten mit den erwarteten Anzahlen. Eine ähnliche Anwendung ist im folgenden Beispiel beschrieben:

Beispiel 5.7: In die AML–Studie (s. Beispiel 2.1) wurden in den 4 Jahren 1982 bis 1985 $n=448$ Patienten aufgenommen. Die Anzahl der pro Monat aufgenommenen Patienten wird als poissonverteilte Zufallsvariable $X : P(\lambda)$ interpretiert. Für λ wird die durchschnittliche monatliche Rate der 4 betrachteten Jahre eingesetzt, d.h. $\lambda = \frac{448}{48} = 9.33$. Die sich hieraus nach (5.20) ergebenden theoretischen Wahrscheinlichkeiten $P(X = j)$ dafür, daß in einem

Monat j Patienten aufgenommen werden, sind in Tabelle 5.2 den tatsächlich beobachteten relativen Häufigkeiten gegenübergestellt. Vergleiche dieser Art sind wichtig, wenn man prüfen will, ob die beobachteten Schwankungen in den Aufnahmezahlen den zu erwartenden entsprechen. In Abschnitt 12.3 wird ein statistisches Testverfahren, ein sogenannter Anpassungstest, besprochen, der prüft, ob die tatsächlich beobachtete Häufigkeitsverteilung eine theoretisch vorgegebene Wahrscheinlichkeitsverteilung widerlegt oder nicht.

6 Stetige Verteilungen

Eine Zufallsvariable und deren Verteilungsfunktion nennt man stetig, wenn die Verteilungsfunktion keine Sprungstellen besitzt. Abbildung 6.1 zeigt ein typisches Beispiel. In der Realität gibt es allein schon wegen der begrenzten Meßgenauigkeit keine wirklich stetigen Zufallsvariablen. In Modellen ist dies aber durchaus erlaubt und sinnvoll. Will man ein Modell mit stetigen Zufallsvariablen auf die Realität anwenden, muß man absichern, daß die Verteilungen der stetigen Zufallsvariablen eine genügend genaue Näherung der realen Verteilungen sind.

Der einfache Grund dafür, daß in vielen Modellen Zufallsvariable als stetig vorausgesetzt werden, ist, daß dann die notwendigen mathematischen Berechnungen vereinfacht oder gar erst ermöglicht werden. So kann man beweisen, daß unter geringen Voraussetzungen die Summe unabhängiger Zufallsvariablen gegen eine spezielle stetige Verteilung, die Normalverteilung, konvergiert (zentraler Grenzwertsatz, Abschnitt 6.1.2).

Beispiel 6.1: Wird der in Abschnitt 4.4.2 dargestellte klinische Versuch nicht mit 5 oder 10, sondern 100 Patienten durchgeführt, dann ist es numerisch äußerst aufwendig, wenn die Wahrscheinlichkeiten für die Zufallsvariable X *Anzahl der Patienten, bei denen Miraculin besser wirkt als Ocultan*, exakt durch

$$P(X = k) = \binom{n}{k} \cdot p^k \cdot (1 - p)^{(n-k)}$$

berechnet werden sollen. Es ist bekannt, daß für $0.1 \leq p \leq 0.9$ die entsprechende Normalverteilung, d. h., die mit gleichem Erwartungswert und gleicher Varianz, eine genügend genaue Berechnung der Wahrscheinlichkeiten erlaubt.

Die Stetigkeit der Verteilungsfunktion hat eine scheinbar widersinnige Konsequenz. Sie bedeutet, daß für jeden beliebigen Wert a gilt:

$$P(X = a) = 0 \ .$$

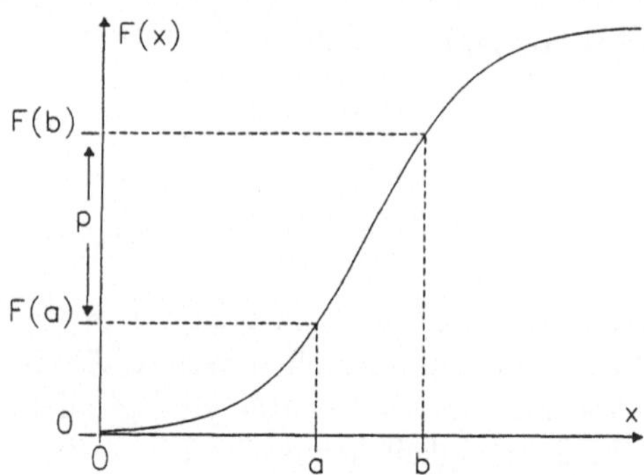

Abb. 6.1: Graph einer stetigen Verteilungsfunktion

Für jede stetige Zufallsvariable ist die Wahrscheinlichkeit, irgendeinen Wert a anzunehmen, gleich Null, d. h., ihre Wahrscheinlichkeitsfunktion ist identisch gleich Null. Dies scheint der Anschauung zu widersprechen, denn für das stetige Merkmal *Körpergröße* z. B. ist die Angabe $180cm$ durchaus üblich. Der scheinbare Widerspruch löst sich auf, wenn man bedenkt, daß die Aussage *Körpergröße* $= 180cm$ nicht die mathematisch exakte Gleichheit bedeutet, sondern nur besagt, daß die Körpergröße in einem Intervall um den Wert $180cm$ liegt, wobei die Länge des Intervalls von der Meßgenauigkeit abhängt. Für Intervalle besitzen aber auch stetige Verteilungsfunktionen durchaus von Null verschiedene Wahrscheinlichkeiten.

Als Ersatz für die bei stetigen Zufallsvariablen uninteressant gewordene Wahrscheinlichkeitsfunktion wird der Begriff der Dichtefunktion f – kurz: Dichte – eingeführt. Völlig analog zum Begriff der (Massen)dichte in der Physik definiert man

$$f(x) = \frac{d}{dx} F(x) = F'(x) \tag{6.1}$$

für alle x des Wertebereichs von X. Diese Definition, die Kenner der Infinitesimalrechnung verständnisinnig akzeptieren, soll ein wenig erläutert werden.

Man geht von der Wahrscheinlichkeit $P(x < X \leq x + h)$ aus, daß die Zufallsvariable X im Intervall $(x, x+h]$ der Länge h liegt. Diese Wahrscheinlichkeit geht bei stetigen Verteilungen gegen Null, wenn die Intervallänge h gegen Null strebt. Daher bezieht man die Wahrschein-

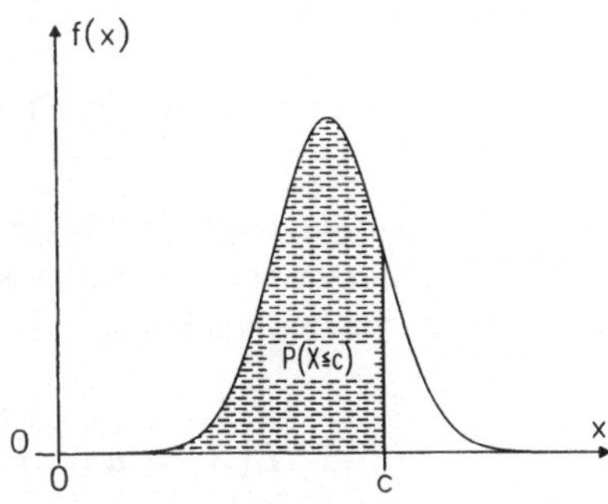

Abb. 6.2: Wahrscheinlichkeit als Fläche unter der Dichte

lichkeit auf die Intervallänge und bildet den Quotienten

$$\frac{P\left(x < X \leq x+h\right)}{h} = \frac{F\left(x+h\right) - F(x)}{h} \; .$$

Der Grenzwert dieses Quotienten für $h \to 0$ ist definitionsgemäß die Dichte im Punkt x. Mathematisch ist die Dichte damit nichts anderes als der Anstieg $F'(x)$ der Verteilungsfunktion F im Punkt x. Nach den Regeln der Differential- und Integralrechnung ist (6.1) die Umkehrung von

$$F(x) = \int\limits_{-\infty}^{x} f(t)dt \; , \tag{6.2}$$

d. h., ausgehend von der Dichte f erhält man die Verteilungsfunktion F als das Integral der Dichte.

Aus (6.2) ergibt sich die bildliche Darstellung der Wahrscheinlichkeit $F(x) = P(X \leq x)$ als Inhalt der Fläche, die links von x zwischen der x-Achse und dem Graphen der Dichte f liegt (Abb. 6.2). Damit stehen zur Darstellung einer stetigen Wahrscheinlichkeitsverteilung zwei Hilfsmittel zur Verfügung,

- die Verteilungsfunktion F, bei der die Wahrscheinlichkeit $P(X \leq x)$ als Funktionswert an der Stelle x dargestellt wird:

$$P(X \leq x) = F(x) \; ,$$

- die Dichte f, bei der die Wahrscheinlichkeit $P(X \leq x)$ als Fläche unter dem Graphen der Funktion „links von der Stelle x" dargestellt wird:

$$P(X \leq x) = \int\limits_{-\infty}^{x} f(t)dt \ .$$

Die in den Anwendungen wichtigen Parameter Erwartungswert und Varianz der hier zu besprechenden stetigen Verteilungen werden nach folgenden Formeln berechnet:

$$E(X) = \mu = \int\limits_{-\infty}^{+\infty} t \cdot f(t)dt \ , \tag{6.3}$$

$$V(X) = \sigma^2 = \int\limits_{-\infty}^{+\infty} (t - \mu)^2 f(t)dt \ . \tag{6.4}$$

Im folgenden werden einige wichtige stetige Verteilungen dargestellt. Es bleibt dem Leser überlassen, ob er die manchmal etwas mühseligen Rechnungen zur Ermittlung von Erwartungswert und Varianz mit Bleistift und Papier nachvollziehen will. Für das weitere Verständnis sind nur die Ergebnisse erforderlich.

6.1   Normalverteilung

Unter allen stetigen Wahrscheinlichkeitsverteilungen nimmt die Normalverteilung eine besondere Stellung ein. Dies ist in der Theorie durch den zentralen Grenzwertsatz begründet, der in Abschnitt 6.1.2 besprochen wird. In der Praxis ist die Normalverteilung wichtig, weil sie bei der Anwendung einiger bekannter Schätz- und Testverfahren vorausgesetzt werden muß.

Der Name Normalverteilung darf nicht zu der Annahme verleiten, daß diese Verteilung etwa die „normale" Verteilung sei oder auch die Verteilung, die ein stetiges Merkmal in einer Grundgesamtheit von „normalen" Beobachtungseinheiten hat.

Nach dem deutschen Mathematiker C. F. Gauß (1777 - 1855) wird die Verteilung in der Literatur auch häufig Gaußverteilung genannt.

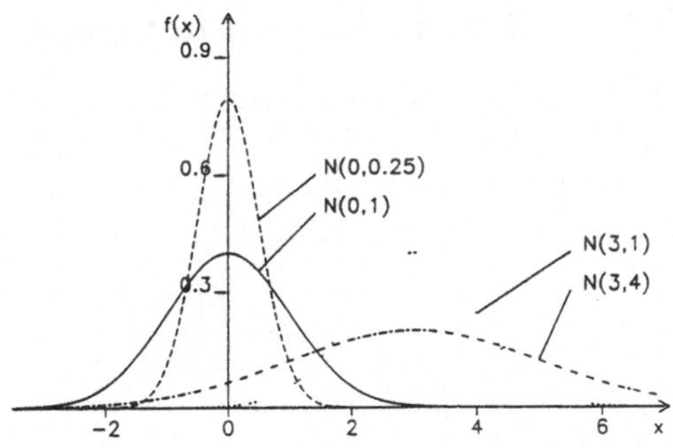

Abb. 6.3: Dichten verschiedener Normalverteilungen

Eine Zufallsvariable X heißt mit Erwartungswert μ und Varianz σ^2 normalverteilt, man schreibt abkürzend $X : N(\mu, \sigma^2)$, wenn für ihre Verteilungsfunktion F gilt

$$F(x) = \frac{1}{\sigma\sqrt{2\pi}} \int_{-\infty}^{x} e^{-\frac{1}{2}\left(\frac{t-\mu}{\sigma}\right)^2} dt, \tag{6.5}$$

oder äquivalent, wenn für die Dichte f

$$f(x) = \frac{1}{\sigma\sqrt{2\pi}} e^{-\frac{1}{2}\left(\frac{x-\mu}{\sigma}\right)^2} \tag{6.6}$$

gilt. Hierbei ist $e \approx 2.72$ die Basis des natürlichen Logarithmus und $\pi \approx 3.14$ die bekannte Kreiskonstante.

Im Grunde ist die Normalverteilung über ihre Dichte definiert. Die Formel (6.5) für die Verteilungsfunktion ist nur Ausdruck des allgemein gültigen Zusammenhangs (6.2) zwischen Dichte und Verteilungsfunktion. Leider läßt sich (6.5) nicht vereinfachen.

Der Graph der Dichte ist symmetrisch und eingipflig mit dem Erwartungswert μ als Wert maximaler Dichte und mit Wendepunkten an den Stellen $\mu - \sigma$ und $\mu + \sigma$. Abbildung 6.3 verdeutlicht die Rolle von μ als Lage- und σ^2 als Streuungsparameter.

Eine Normalverteilung gibt es für jeden Erwartungswert μ und jede Varianz σ^2. Wegen der Integraldarstellung (6.5) kann man den Wert $F(x)$ der Verteilungsfunktion F an der Stelle x nicht direkt berechnen. Man benötigt eine Tabelle der sogenannten Standardnormalverteilung $N(0,1)$. Damit kann man den Wert jeder anderen Normalverteilung an jeder beliebigen Stelle ausrechnen.

6.1.1   Standardnormalverteilung

Die spezielle Normalverteilung $N(0,1)$ mit Erwartungswert $\mu = 0$ und Varianz $\sigma^2 = 1$ heißt Standardnormalverteilung. Ihre Verteilungsfunktion wird mit einem großen griechischen Φ und ihre Dichte mit einem kleinen griechischen φ bezeichnet, d. h.

$$\Phi(u) = \frac{1}{\sqrt{2\pi}} \int_{-\infty}^{u} e^{-\frac{1}{2}t^2}\, dt, \tag{6.7}$$

$$\varphi(u) = \frac{1}{\sqrt{2\pi}} e^{-\frac{1}{2}u^2}. \tag{6.8}$$

Mit einer Tabelle der Standardnormalverteilung erhält man den Wert der Verteilungsfunktion F einer beliebigen Normalverteilung $N(\mu, \sigma^2)$ als

$$F(x) = \Phi\left(\frac{x - \mu}{\sigma}\right). \tag{6.9}$$

Der Übergang von x nach u

$$x \to u = \frac{x - \mu}{\sigma} \tag{6.10}$$

wird Standardisieren genannt.

> **Beispiel 6.2:**   Das Körpergewicht von Neugeborenen nach unauffälliger Schwangerschaft sei mit Erwartungswert $\mu = 3500g$ und Standardabweichung $\sigma = 500g$ normalverteilt. Ein Kinderarzt fragt nach der Wahrscheinlichkeit dafür, daß ein Neugeborenes aus dieser Grundgesamtheit nicht mehr als $4200g$ wiegt, d. h., er fragt nach dem Wert der Verteilungsfunktion F der Normalverteilung $N(3500, 500^2)$ an der Stelle $x = 4200$. Nach (6.9) gilt
>
> $$F(4200) = \Phi\left(\frac{4200 - 3500}{500}\right) = \Phi\left(\frac{700}{500}\right) = \Phi(1.4).$$
>
> In Tabelle 15.3 der Standardnormalverteilung findet er
>
> $$\Phi(1.4) = 0.9192,$$
>
> d. h., wenn die Voraussetzungen stimmen, wiegen etwa 92% der Neugeborenen nicht mehr als $4200g$.

Durch das Standardisieren wird das Arbeiten mit der Normalverteilung vereinfacht. Es folgt z.B. unabhängig vom speziellen Wert von μ
bzw. σ für jede normalverteilte Zufallsvariable X

$$P(\mu - \sigma < X \leq \mu + \sigma) \quad = \quad \Phi(1) - \Phi(-1) \quad = \quad 0.6826,$$

$$P(\mu - 2\sigma < X \leq \mu + 2\sigma) \quad = \quad \Phi(2) - \Phi(-2) \quad = \quad 0.9544,$$

$$P(\mu - 3\sigma < X \leq \mu + 3\sigma) \quad = \quad \Phi(3) - \Phi(-3) \quad = \quad 0.9974,$$

d. h., die Wahrscheinlichkeiten der Bereiche der einfachen, zweifachen
bzw. dreifachen Standardabweichung um μ sind für alle Normalverteilungen gleich.

Beispiel 6.3: Wenn das Körpergewicht von Neugeborenen nach
unauffälliger Schwangerschaft mit Erwartungswert $\mu = 3500g$ und
Standardabweichung $\sigma = 500g$ normalverteilt ist, dann liegt das
Gewicht von etwa 68% dieser Neugeborenen zwischen $3000g$ und
$4000g$, das Gewicht von etwa 95% der Neugeborenen zwischen
$2500g$ und $4500g$ und das Gewicht von über 99% der Neugeborenen
zwischen $2000g$ und $5000g$.

Quantile

Über die Umrechnungsformel (6.10) erhält man das p-Quantil einer
beliebigen Normalverteilung, wenn man eine Tabelle der Quantile der
Standardnormalverteilung hat. Sei u_p das p-Quantil der Standardnormalverteilung, dann ist

$$x_p = \sigma u_p + \mu \tag{6.11}$$

das p-Quantil der Normalverteilung $N(\mu, \sigma^2)$.

Beispiel 6.4: Das Geburtsgewicht von Neugeborenen nach unauffälliger Schwangerschaft sei wie bisher mit $\mu = 3500g$ und
$\sigma = 500g$ normalverteilt. Gesucht wird das Geburtsgewicht, das nur
von etwa 5% der Neugeborenen überschritten wird. Dazu muß das
0.95-Quantil der Normalverteilung $N(3500, 500^2)$ bestimmt werden.
Mit $u_{0.95} = 1.6449$ (Tabelle 15.4) erhält man:

$$x_{0.95} = 500 \cdot 1.6449 + 3500 = 4322.45.$$

| Unter den genannten Voraussetzungen werden nur etwa 5% der Neugeborenen bei der Geburt mehr als $4322g$ wiegen.

6.1.2 Zentraler Grenzwertsatz

Sind $Y_1, Y_2, \ldots, Y_n$ unabhängige Zufallsvariable mit gleichem Erwartungswert μ und gleicher Varianz σ^2, dann ist die Zufallsvariable

$$X_n = \sum_{i=1}^{n} Y_i$$

asymptotisch normalverteilt mit dem Erwartungswert $n \cdot \mu$ und der Varianz $n \cdot \sigma^2$. Standardisiert man die Zufallsvariable X_n, dann ist die resultierende Zufallsvariable

$$U_n = \frac{X_n - n \cdot \mu}{\sqrt{n} \cdot \sigma}$$

asymptotisch $N(0,1)$-verteilt. Dies ist ein Spezialfall des zentralen Grenzwertsatzes. Es gibt allgemeinere Formulierungen, bei denen die unabhängigen Zufallsvariablen Y_i nicht die gleiche Verteilungsfunktion besitzen müssen.

Der zentrale Grenzwertsatz sagt aus, daß unter den genannten Voraussetzungen an jeder Stelle x der Abstand der Verteilungsfunktion $F_n(x)$ der Zufallsvariablen U_n von der Verteilungsfunktion $\Phi(x)$ der Standardnormalverteilung mit wachsendem n gegen 0 konvergiert. Daß man die Verteilung der Summe U_n unter so allgemeinen Voraussetzungen mathematisch so genau beschreiben kann, ist eines der erstaunlichsten und wichtigsten Ergebnisse der Wahrscheinlichkeitsrechnung sowohl für die Praxis als auch für die Theorie. Dieser Satz ist z. B. die theoretische Erklärung für das praktische Phänomen, daß das Histogramm von Meßfehlern häufig glockenförmig aussieht und durch die Dichte einer Normalverteilung ausreichend gut beschrieben werden kann: Der Meßfehler setzt sich additiv aus einer Vielzahl von unabhängigen Einzelfehlern zusammen.

Wie schnell mit wachsendem n die Zufallsvariablen X_n bzw. U_n gegen eine Normalverteilung konvergieren, hängt von der Verteilung der Zufallsvariablen Y_i ab. Sind diese z.B. $B(n,p)$-verteilt, dann konvergieren X_n bzw. U_n um so schneller gegen eine Normalverteilung, je symmetrischer die Verteilung der Y_i ist, d. h., je näher p dem Wert 0.5 ist.

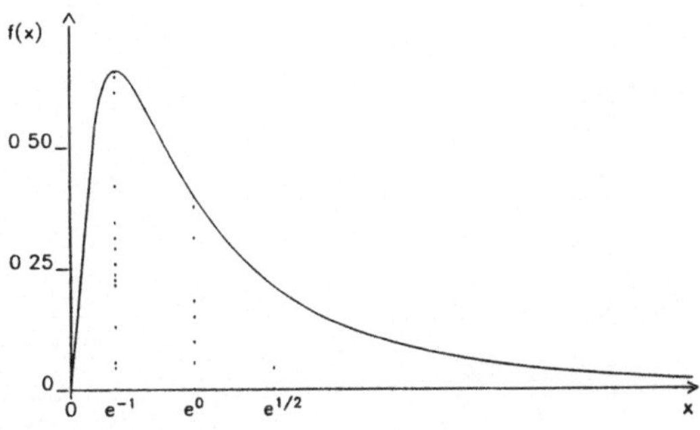

Abb. 6.4: Dichte der Lognormalverteilung $LN(0,1)$

6.1.3 Lognormalverteilung*

Die Normalverteilung ist Voraussetzung für die Anwendbarkeit verschiedener Schätz- und Testverfahren. Wenn die Daten nicht normalverteilt sind, besteht u. U. die Möglichkeit, sie mathematisch in eine Normalverteilung zu transformieren und mit den transformierten Daten weiterzuarbeiten. Die Logarithmus-Transformation ist ein Beispiel.

Eine positive Zufallsvariable X heißt mit den Parametern μ und σ^2 lognormalverteilt, man schreibt abkürzend $X : LN(\mu, \sigma^2)$, wenn die Zufallsvariable $Y = \log(X)$ mit Erwartungswert μ und Varianz σ^2 normalverteilt ist, d.h. $Y : N(\mu, \sigma^2)$. An dieser Stelle ist zu beachten, daß die Parameter μ und σ^2 der Lognormalverteilung Erwartungswert und Varianz der aus der Logarithmus-Transformation resultierenden Normalverteilung sind. Erwartungswert μ_X und Varianz σ_X^2 der Lognormalverteilung X selbst müssen erst noch berechnet werden.

Mit $y = \log(x)$ ist der natürliche Logarithmus, d.h der Logarithmus zur Basis $e \approx 2.72$ gemeint. Bekanntlich ist die Transformation nur für positive x möglich. Daraus folgt, daß eine lognormalverteilte Zufallsvariable stets postiv sein muß.

Aus der angegebenen Definition lassen sich Verteilungsfunktion F und

119

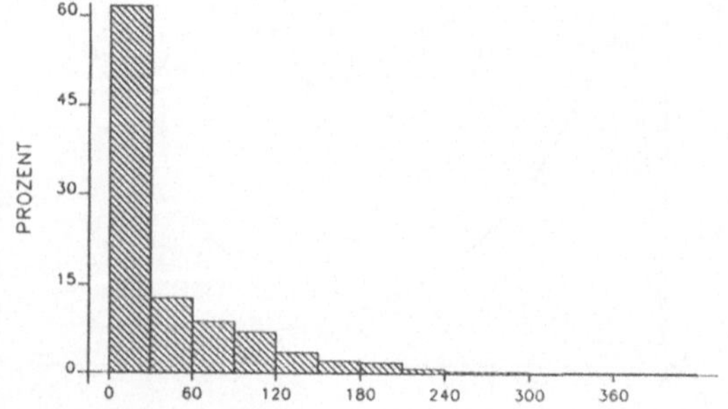

Abb. 6.5: Histogramm für die Anzahl der Leukozyten vor der Logarithmus-Transformation

Dichte f der Lognormalverteilung X unmittelbar ableiten. Es ist

$$
\begin{aligned}
F(x) \;&=\; P(X \leq x) \\[2mm]
&=\; P(\log(X) \leq \log(x)) \\[2mm]
&=\; \Phi\left(\frac{\log(x) - \mu}{\sigma}\right) .
\end{aligned}
\tag{6.12}
$$

Φ ist die oben eingeführte Verteilungsfunktion der Standardnormalverteilung $N(0,1)$. Die Dichte f erhält man nach Anwendung der Kettenregel der Differentialrechnung. Es ist

$$
\begin{aligned}
f(x) \;&=\; \frac{d}{dx}F(x) \\[2mm]
&=\; \frac{d}{dx}\Phi\left(\frac{\log(x) - \mu}{\sigma}\right) \\[2mm]
&=\; \frac{1}{\sigma x}\cdot \varphi\left(\frac{\log(x) - \mu}{\sigma}\right) \\[2mm]
&=\; \frac{1}{x\cdot\sigma\sqrt{2\pi}}e^{-\frac{1}{2}\left(\frac{\log(x)-\mu}{\sigma}\right)^2} .
\end{aligned}
\tag{6.13}
$$

Aus (6.13) erhält man durch Einsetzen in die bekannten Formeln und nach ausschweifender Anwendung von Sätzen der Integralrechnung

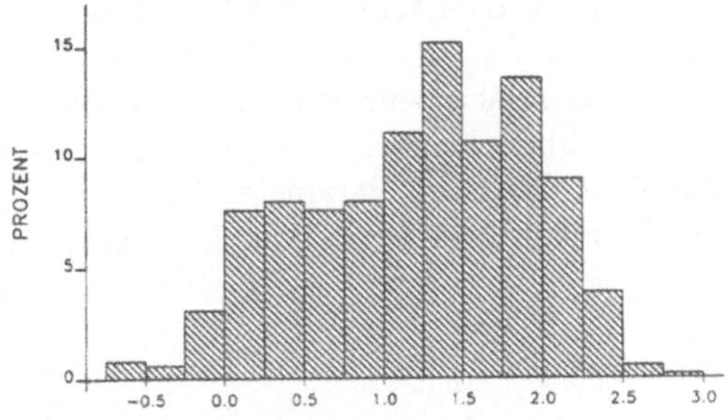

Abb. 6.6: Histogramm für die Anzahl der Leukozyten nach der Logarithmus-Transformation

Erwartungswert und Varianz der Lognormalverteilung:

$$E(X) = e^{\mu + \frac{1}{2}\sigma^2} \quad , \tag{6.14}$$

$$V(X) = e^{2\mu + \sigma^2} \cdot \left(e^{\sigma^2} - 1\right) \quad . \tag{6.15}$$

Da der Logarithmus eine monoton steigende Funktion ist, ist der Median $\tilde{\mu}_X$ der Lognormalverteilung einfach zu bestimmen:

$$\tilde{\mu}_X = e^{\mu}.$$

Es ist aufschlußreich, die Lage von Erwartungswert und Median der Lognormalverteilung $LN(0,1)$ in Abbildung 6.4 genauer zu betrachten. Weil die Dichte rechtsschief ist, ist der Erwartungswert $e^{1/2}$ gegenüber dem Median e^0 nach rechts verschoben. Nach (6.14) ist diese Verschiebung ein Maß für die Varianz der nach der Transformation resultierenden Normalverteilung. Der Median wiederum liegt rechts vom Punkt $e^{\mu - \sigma^2} = e^{-1}$, der seinerseits die größte Dichte besitzt. Bei der Normalverteilung fallen diese drei Lageparameter alle zusammen. Es liegt nahe, bei Daten, die in der beschriebenen Weise rechtsschief verteilt sind, zu versuchen, durch Übergang zum Logarithmus eine Normalverteilung herzustellen.

Beispiel 6.5: In der AML-Studie wurde prätherapeutisch die Anzahl der Leukozyten in Tausend pro ml erfaßt. Abbildung 6.5 und 6.6 zeigen die Häufigkeitsverteilung vor und nach der Logarithmus-Transformation.

6.2 Exponentialverteilung*

Die Exponentialverteilung wird häufig bei der statistischen Auswertung von Überlebenszeiten herangezogen. Eine nichtnegative Zufallsvariable X heißt mit Parameter λ exponentialverteilt ($\lambda > 0$), man schreibt abkürzend $X : EXP(\lambda)$, wenn für ihre Verteilungsfunktion gilt

$$F(x) = \begin{cases} 0 & x < 0 \\ 1 - e^{-\lambda \cdot x} & x \geq 0 \end{cases} . \tag{6.16}$$

Durch Differenzieren ergibt sich hieraus für die Dichte

$$f(x) = \begin{cases} 0 & x < 0 \\ \lambda \cdot e^{-\lambda \cdot x} & x \geq 0 \end{cases} . \tag{6.17}$$

Für Median $\tilde{\mu}$, Erwartungswert μ und Varianz σ^2 der Exponentialverteilung ergeben sich nach der üblichen Rechnung die Formeln

$$\tilde{\mu} = \frac{\log 2}{\lambda} , \tag{6.18}$$

$$\mu = \frac{1}{\lambda} , \tag{6.19}$$

$$\sigma^2 = \frac{1}{\lambda^2} . \tag{6.20}$$

Die Exponentialverteilung hat die bemerkenswerte Eigenschaft

$$P(X > x + h \mid X > x) = P(X > h) , \tag{6.21}$$

wie man aus (6.16) leicht nachrechnen kann. Interpretiert man X als Überlebenszeit, dann besagt (6.21), daß in jedem Zeitpunkt x die bedingte Wahrscheinlichkeit dafür, daß auch das auf x folgende Zeitintervall der Länge h überlebt wird, nur von h, aber nicht von x abhängt. In diesem Sinne ist die Aussage zu verstehen, daß exponentialverteiltes Überleben kein Altern und auch keine Regeneration kennt. Aus dieser Eigenschaft der Exponentialverteilung ergibt sich, daß sie sich als mathematisches Modell für biologische Prozesse nur sehr begrenzt eignet.

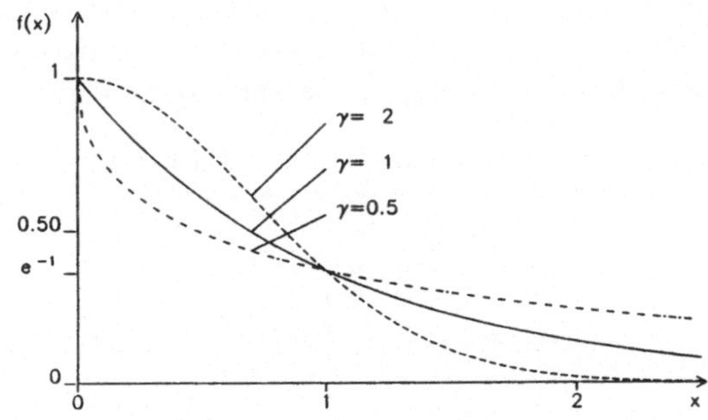

Abb. 6.7: Überlebensfunktion der Weibullverteilung $WB(1,\gamma)$ für verschiedene γ

6.3 Weibullverteilung*

Wenn man für eine Überlebenszeit X im mathematischen Modell die Möglichkeit des Alterns oder der Regeneration berücksichtigen will, greift man besser auf die flexiblere Weibullverteilung zurück, von der die oben besprochene Exponentialverteilung lediglich ein Spezialfall ist. Eine nichtnegative Zufallsvariable heißt weibullverteilt mit den Parametern λ und γ (λ, $\gamma > 0$), man schreibt abkürzend $X : WB(\lambda,\gamma)$, wenn für ihre Verteilungsfunktion F

$$F(x) = \begin{cases} 0 & x < 0 \\ 1 - e^{-\lambda \cdot x^{\gamma}} & x \geq 0 \end{cases} \tag{6.22}$$

gilt. Die Verteilung ist durch die beiden positiven Parameter λ und γ eindeutig festgelegt. Durch Differenzieren ergibt sich aus (6.22) die Dichte f

$$f(x) = \begin{cases} 0 & x < 0 \\ \lambda \cdot \gamma \cdot x^{\gamma-1} e^{-\lambda x^{\gamma}} & x \geq 0. \end{cases} \tag{6.23}$$

Den Median $\tilde{\mu}$ von X erhält man wie üblich nach Auflösung der Gleichung $F(\tilde{\mu}) = \frac{1}{2}$. Es ergibt sich nach elementarer Rechnung

$$\tilde{\mu} = \left(\frac{\log 2}{\lambda}\right)^{1/\gamma} . \tag{6.24}$$

Die Berechnung des Erwartungswerts μ und der Varianz σ^2 von X ist eine weniger elementare Aufgabe der Integralrechnung. Das Ergebnis wird der Vollständigkeit halber angegeben:

$$E(X) = \frac{\Gamma\left(\frac{1}{\gamma} + 1\right)}{\lambda^{1/\gamma}}\,, \tag{6.25}$$

$$V(X) = \frac{1}{\lambda^{2/\gamma}}\left[\Gamma\left(\frac{2}{\gamma} + 1\right) - \Gamma\left(\frac{1}{\gamma} + 1\right)^2\right]\,, \tag{6.26}$$

wobei

$$\Gamma(t) = \int\limits_0^\infty x^{t-1}e^{-x}dx \tag{6.27}$$

die sogenannte Gammafunktion ist, die man in einschlägigen Formelsammlungen tabelliert findet. Für positives ganzzahliges t gilt

$$\Gamma(t) = (t - 1)!\,.$$

Benannt ist die Verteilung nach dem schwedischen Ingenieur W. Weibull, der sie im Zusammenhang mit seinen Untersuchungen über die Bruchfestigkeit von Werkstoffen betrachtete. Im medizinischen Zusammenhang ist die Weibullverteilung besonders bei der Analyse von Überlebensraten

$$P(X > x) = 1 - F(x) = e^{-\lambda x^\gamma} \tag{6.28}$$

interessant. Die Darstellung (6.28) heißt Überlebensfunktion. Durch ihre Abhängigkeit von zwei Parametern ist sie flexibler als die Exponentialverteilung, die man als spezielle Weibullverteilung mit $\gamma = 1$ wiedererkennt.

- Für $\gamma > 1$ beschreibt die Weibullverteilung ein Überleben mit Altern, d. h., je älter die Beobachtungseinheit wird, desto kleiner wird mit wachsendem x die bedingte Wahrscheinlichkeit, einen auf den Zeitpunkt x folgenden Zeitraum der Länge h zu überleben.
- Für $0 < \gamma < 1$ beschreibt die Weibullverteilung ein Überleben mit Regeneration, d. h., je älter eine Beobachtungseinheit wird, desto größer wird mit wachsendem x die bedingte Wahrscheinlichkeit, einen auf den Zeitpunkt x folgenden Zeitraum der Länge h zu überleben.

124

Diese Aussagen sollen zum besseren Verständnis anhand konkreter Zahlen nachgerechnet werden.

Beispiel 6.6: Seien $X_1 : WB(1,2)$ und $X_2 : WB(1,0.5)$ zwei konkrete Weibullverteilungen. Ihre jeweiligen Überlebensfunktionen sind zusammen mit der der Exponentialverteilung $WB(1,1)$ in Abbildung 6.7 dargestellt. Zur Überprüfung der Aussage über die Weibullverteilung wird ein Zeitraum der Länge $h = 1$ betrachtet. Die beiden Zeitpunkte $x_1 = 1$ und $x_2 = 4$ werden willkürlich herausgegriffen, um die entsprechenden bedingten Wahrscheinlichkeiten auszurechnen. Mit Hilfe eines Taschenrechners erhält man

$$P(X_1 > 2 \mid X_1 > 1) \;=\; \frac{e^{-2^2}}{e^{-1^2}} \;=\; e^{-3} \qquad =\; 0.0498,$$

$$P(X_1 > 5 \mid X_1 > 4) \;=\; \frac{e^{-5^2}}{e^{-4^2}} \;=\; e^{-9} \qquad =\; 0.0001,$$

$$P(X_2 > 2 \mid X_2 > 1) \;=\; \frac{e^{-\sqrt{2}}}{e^{-\sqrt{1}}} \;=\; e^{-0.414} \;=\; 0.6609,$$

$$P(X_2 > 5 \mid X_2 > 4) \;=\; \frac{e^{-\sqrt{5}}}{e^{-\sqrt{4}}} \;=\; e^{-0.236} \;=\; 0.7897.$$

Für $X_1 : WB(1,2)$ ist die interessierende bedingte Wahrscheinlichkeit zum Zeitpunkt $x_2 = 4$ kleiner als zum Zeitpunkt $x_1 = 1$ („Altern"). Für $X_2 : WB(1,0.5)$ ist die interessierende bedingte Wahrscheinlichkeit zum Zeitpunkt $x_2 = 4$ größer als zum Zeitpunkt $x_1 = 1$ („Regeneration").
Zusätzlich kann man sich noch einmal davon überzeugen, daß für die Exponentialverteilung, die der Weibullverteilung $X : WB(1,1)$ entspricht, zu beiden Zeitpunkten gilt:

$$P(X > 2 \mid X > 1) = P(X > 5 \mid X > 4) = e^{-1} = 0.3679.$$

Beispiel 6.7: In der AML–Studie (Beispiel 2.1) wurde die Überlebenszeit der 500 Patienten betrachtet (s. Beispiel 2.15 auf Seite 37). Den Überlebensraten wurde eine Weibullverteilung angepaßt. Ohne auf Einzelheiten des Anpassungsverfahrens einzugehen, soll hier das Ergebnis vorgestellt werden. Abbildung 6.8 zeigt die Kaplan–Meier–Schätzung für das rezidivfreie Überleben und die angepaßte Weibullverteilung. Das Anpassungsverfahren ergab, daß mit

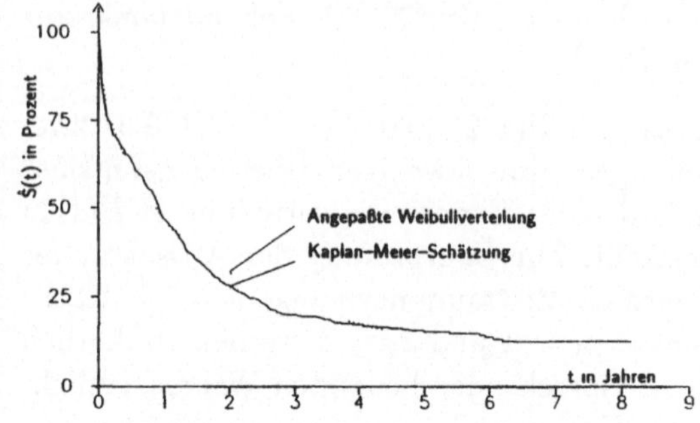

Abb. 6.8: Überlebensraten mit angepaßter Weibull–
verteilung $WB(0.02, 0.61)$

$WB(0.02, 0.61)$ die beste Anpassung zu erzielen ist. Da das ermit-
telte γ kleiner als 1 ist, sprechen die Daten für ein Überleben mit
Regeneration.

6.4   Prüfverteilungen

In Abschnitt 5.2 wurde die Binomialverteilung X als Summe von n
unabhängigen Bernoulliverteilungen $X_1, X_2, \ldots, X_n$ hergeleitet. Dies
war nur ein Beispiel für die Lösung einer Aufgabe, vor der man häufig
steht:

- Aus n unabhängigen Zufallsvariablen $X_1, X_2, \ldots, X_n$ wird eine neue
  Zufallsvariable – etwa $X = t(X_1, X_2, \ldots, X_n)$ – berechnet. Die X_i
  besitzen alle die gleiche Verteilungsfunktion F. Wie sieht die Verteilungsfunktion von X aus?

Tritt diese Aufgabe im Zusammenhang mit dem Prüfen von Hypothesen auf, dann nennt man die Verteilung, die sich ergibt, auch Prüfver-
teilung. Im folgenden sollen drei besonders wichtige Prüfverteilungen
beschrieben werden. Ihre Berechnung beruht auf Integraltransforma-
tionen, die von geistreichen Mathematikern und Statistikern Ende des
vorigen und im ersten Drittel dieses Jahrhunderts erdacht wurden.

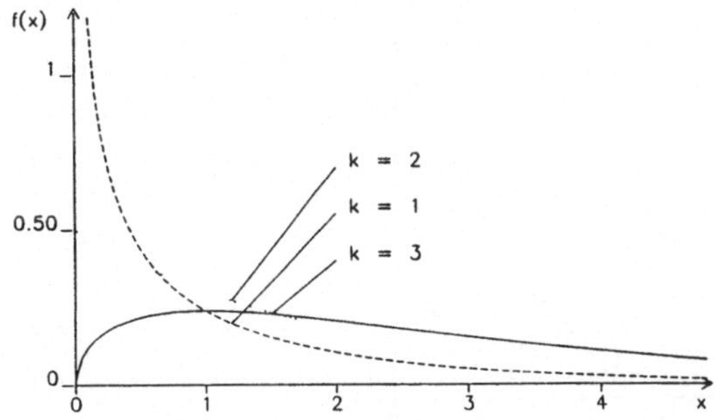

Abb. 6.9: Dichte der χ_k^2–Verteilung für verschiedene k

Mit $\Gamma(t)$ wird wie oben das Integral (6.27)

$$\Gamma(t) = \int\limits_0^\infty x^{t-1} \cdot e^{-x} dx \qquad (6.29)$$

bezeichnet. Der Leser braucht nicht zu erschrecken. Für das weitere Verständnis reicht es zu wissen, daß $\Gamma(t)$ eine Funktion von t ist, deren Werte man in einer Tabelle nachschlagen kann.

6.4.1 χ^2–Verteilung*

Die χ^2–Verteilung ist die Verteilung der Summe

$$Y = \sum_{i=1}^k U_i^2 \,, \qquad (6.30)$$

wobei die U_i unabhängige Standardnormalverteilungen sind:

$$U_i : N(0,1) \qquad (i = 1, 2, \ldots, k) \,.$$

Da die Verteilung von der Anzahl k der Summanden abhängt, spricht man auch genauer von einer χ_k^2–Verteilung, einer χ^2–Verteilung mit k Freiheitsgraden. Die Formel für die Dichte f der χ_k^2–Verteilung ist

$$f(x) = \begin{cases} 0 & x < 0 \\[2ex] \dfrac{1}{2^{\frac{k}{2}} \cdot \Gamma\left(\frac{k}{2}\right)} \cdot e^{-\frac{x}{2}} \cdot x^{\frac{k}{2}-1} & x \geq 0. \end{cases} \qquad (6.31)$$

127

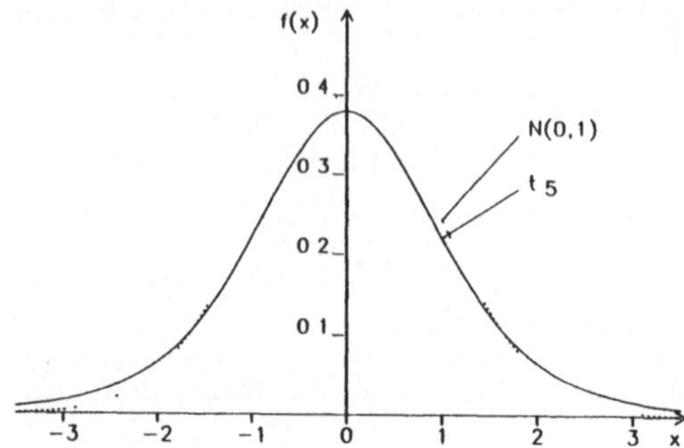

Abb. 6.10: Dichte der t–Verteilung mit $f = 5$ Freiheitsgraden und Dichte der Standardnormalverteilung

Abbildung 6.9 zeigt die Dichte der χ_k^2–Verteilung für verschiedene k.
- Für $k = 1$ erhält man eine monoton fallende Funktion, die für $x \to 0$ über alle Grenzen wächst.
- Für $k = 2$ erhält man die Dichte der Exponentialverteilung $EXP(1/2)$.
- Für $k \geq 3$ erhält man eine eingipflige rechtsschiefe Dichte. Der Gipfel liegt bei $x_0 = k - 2$.

Die χ_k^2–Verteilung wurde 1876 von F. R. Helmert eingeführt.

6.4.2 t–Verteilung

Die t–Verteilung ist die Verteilung des Quotienten

$$T = \frac{\sqrt{n} \cdot (\overline{X} - \mu)}{\sqrt{\frac{1}{n-1} \sum (X_i - \overline{X})^2}} \, , \qquad (6.32)$$

wobei die Zufallsvariablen X_i unabhängig sind und alle die gleiche Normalverteilung besitzen:

$$X_i : N(\mu, \sigma^2) \qquad (i = 1, 2, \ldots, n) \, .$$

$\overline{X}$ ist der Mittelwert der n Zufallsvariablen $X_1, X_2, \ldots, X_n$. (6.32) ist die Teststatistik der t–Tests. Da die Verteilung von der Anzahl n der Summanden im Nenner abhängt, spricht man auch genauer von einer t_f–Verteilung, einer t–Verteilung mit $f = n - 1$ Freiheitsgraden. Als

Anzahl der Freiheitsgrade wird $n - 1$ und nicht n angegeben. Dies erklärt sich aus der Analogie zur χ^2-Verteilung. Man kann zeigen, daß die Summe

$$Y = \sum_{i=1}^{n}(U_i - \overline{U})^2$$

der Abstandsquadrate von n Standardnormalverteilungen um ihren Mittelwert wie die Summe von $n - 1$ Quadraten von Standardnormalverteilungen verteilt ist.

Mit wachsendem n wird die t-Verteilung der Standardnormalverteilung immer ähnlicher. Ihre Dichte ist genau wie die der Standardnormalverteilung symmetrisch zur y-Achse. Sie besitzt ebenfalls ihr Maximum bei $x = 0$, fällt aber zu den Enden der x-Achse hin nicht ganz so rasch ab. Die Formel für die Dichte f der t-Verteilung mit $(n - 1)$ Freiheitsgraden ist

$$f(x) = \frac{\Gamma\left(\frac{n}{2}\right)}{\sqrt{(n-1)\cdot\pi}\cdot\Gamma\left(\frac{n-1}{2}\right)} \cdot \frac{1}{\left(1 + \frac{x^2}{n-1}\right)^{\frac{n}{2}}} \ . \qquad (6.33)$$

Abbildung 6.10 zeigt die Dichte der t-Verteilung mit 5 Freiheitsgraden. Die Dichte der Standardnormalverteilung ist zum Vergleich mit eingezeichnet. Die t-Verteilung wurde im Jahre 1908 von W. S. Gosset eingeführt. Er schrieb unter dem Pseudonym „Student". Deswegen wird die Verteilung auch Studentverteilung genannt.

Sie ist für die Anwendung so wichtig, weil sie – wie man an Gleichung (6.33) erkennt – nicht von der Varianz σ^2 der X_i abhängt. Man kann also die Verteilung der in (6.32) definierten Zufallsvariablen T berechnen, ohne die Varianz der X_i zu kennen ($i = 1, 2, \ldots, n$). Insbesondere kann man die Wahrscheinlichkeit ausrechnen, daß T gewisse vorgegebene Schranken übersteigt. Darauf beruhen die t-Tests, die in den Kapiteln 9 und 10 besprochen werden.

6.4.3 F-Verteilung*

Die F-Verteilung ist die Verteilung des Quotienten

$$Y = \frac{\frac{1}{m_1}\sum_{i=1}^{m_1} U_i^2}{\frac{1}{m_2}\sum_{i=m_1+1}^{m_1+m_2} U_i^2}, \qquad (6.34)$$

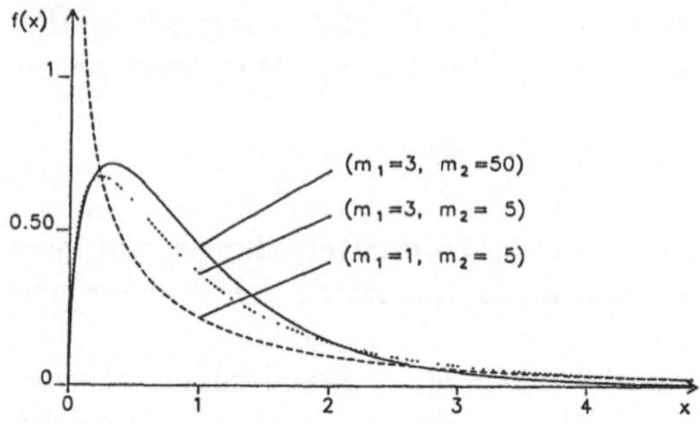

Abb. 6.11: Dichte der F_{m_1,m_2}-Verteilung für verschiedene Paare (m_1, m_2)

wobei die U_i unabhängige Standardnormalverteilungen sind:

$$U_i : N(0,1) \qquad i = 1, 2, \ldots, m_1 + m_2 \ .$$

Dieser Quotient ist im wesentlichen die Teststatistik der Varianzanalyse bei Einfachklassifikation (s. Abschn. 11.2.1).

Da die Verteilung von der Anzahl der Summanden im Zähler und der Anzahl der Summanden im Nenner abhängt, spricht man auch von einer F_{m_1,m_2}-Verteilung. Die Formel für die Dichte f der F_{m_1,m_2}-Verteilung ist

$$f(x) = \begin{cases} 0 & x < 0 \\[2ex] \dfrac{m_1^{\frac{m_1}{2}} \cdot m_2^{\frac{m_2}{2}} \cdot \Gamma\left(\frac{m_1+m_2}{2}\right)}{\Gamma\left(\frac{m_1}{2}\right) \cdot \Gamma\left(\frac{m_2}{2}\right)} \cdot \dfrac{x^{\frac{m_1}{2}-1}}{(m_1 x + m_2)^{\frac{m_1+m_2}{2}}} & x \geq 0 \ . \end{cases} \tag{6.35}$$

Abbildung 6.11 zeigt die Dichte der F_{m_1,m_2}-Verteilung für verschiedene Paare (m_1, m_2). Die Dichten sind eingipflig und rechtsschief. Bei festem m_1 verlagert sich der Gipfel mit wachsendem m_2 nach rechts. Im Spezialfall $m_1 = 1$ erkennt man aus der Definition, daß die F_{1,m_2}-Verteilung die Verteilung einer quadrierten t_{m_2}-Verteilung ist.
Die F-Verteilung wurde im Jahre 1924 von R. A. Fisher eingeführt.

7 Schätzverfahren

Das statistische Schätzen hat eine ehrwürdige Geschichte. Es ist bekannt, daß schon vor etwa zweitausend Jahren ein Gebot von dem damaligen römischen Kaiser Augustus ausging, „daß alle Welt geschätzet würde". Auch im heutigen Alltag begegnet man Schätzungen:

- Ein Veranstalter schätzt die Zahl der Teilnehmer an seiner Veranstaltung auf 15·000, die Polizei schätzt 10·000 Teilnehmer.
- Ein Mikrobiologe schätzt, daß in der Bundesrepublik Deutschland jeder Siebte an Fußpilz leidet.
- Das Alter einer Person wird auf 25 Jahre geschätzt.

In all diesen Beispielen wird aufgrund von Beobachtungen ein Schätzwert für einen festen, aber unbekannten, wahren Wert angegeben. Ein offenkundiger Nachteil der alltäglichen Schätzungen ist, daß verschiedene Beobachter selbst bei gleichen Ausgangsdaten zu unterschiedlichen Schätzwerten kommen.

7.1 Punktschätzung

In der statistischen Theorie des Schätzens wird durch Angabe einer Vorschrift, der sogenannten Schätzfunktion, der Weg von der Beobachtung zum Schätzwert festgelegt und nachvollziehbar gemacht. Aus einer definierten Grundgesamtheit wird eine zufällige Stichprobe gezogen. Sie liefert die Daten $x_1, x_2, \ldots, x_n$, aus denen der Schätzwert berechnet wird.

Im mathematischen Modell sind die Daten Realisationen von unabhängigen Zufallsvariablen $X_1, X_2, \ldots, X_n$, die alle die gleiche Verteilungsfunktion F besitzen. Die Parameter von F, wie z. B. Erwartungswert, Median oder Varianz, sind durch die Versuchsbedingungen festgelegt, aber i. allg nicht bekannt. Sie sind die oben erwähnten festen, aber unbekannten, wahren Werte, die geschätzt werden sollen.

Tabelle 7.1: Körpergewichte von 20 Neugeborenen in g und Schätzwerte für Lage- und Streuungsparameter

3560	4500	3850	3450	4110
3400	3710	3340	4090	4360
3780	3530	4250	2800	3410
3530	3610	3200	4560	3490

$x_{\min} = 2800$	$x_{\max} = 4560$	$\bar{x} = 3726.5$	$\tilde{x} = 3560$	$s = 459.33$

Beispiel 7.1: Im Einzugsbereich einer Klinik soll das mittlere Körpergewicht von gesunden Neugeborenen nach unauffälliger Schwangerschaft bei Ausschluß von Mehrlingsgeburten geschätzt werden. Es wird eine zufällige Stichprobe von 20 Neugeborenen gezogen (Tabelle 7.1). Im mathematischen Modell sind die 20 Geburtsgewichte Realisationen von 20 unabhängigen und identisch verteilten Zufallsvariablen $X_1, X_2, \ldots, X_{20}$. Ihre gemeinsame Verteilungsfunktion F beschreibt die Verteilung des Geburtsgewichts in der Grundgesamtheit.

Das mittlere Körpergewicht, das geschätzt werden soll, wird im Modell durch den Erwartungswert von F oder – was dasselbe ist – den Erwartungswert der X_i dargestellt. Die Schätzfunktion für den Erwartungswert der Grundgesamtheit ist der Mittelwert aus der Stichprobe. Als Schätzwert für den Erwartungswert μ nimmt man den arithmetischen Mittelwert $\bar{x}$, d.h. die Realisation der Zufallsvariablen

$$\bar{X} = \frac{1}{20} \cdot \sum_{i=1}^{20} X_i.$$

Der Tabelle 7.1 entnimmt man als Schätzwert für das mittlere Körpergewicht $\bar{x} = 3726.5g$.

Allgemein formuliert, wird aus den Daten $x_1, x_2, \ldots, x_n$ der zufälligen Stichprobe anhand der Vorschrift t der Schätzwert $t(x_1, x_2, \ldots, x_n)$ berechnet. Dieser Schätzwert ist eine Realisation der Zufallsvariablen $T(X_1, X_2, \ldots, X_n)$, die man erhält, wenn man die gleiche Vorschrift auf die Zufallsvariablen $X_1, X_2, \ldots, X_n$ anwendet. Einer allgemeinen Konvention dieses Buches entsprechend wird die Vorschrift t bei Anwendung auf Zufallsvariable mit dem Großbuchstaben T bezeichnet. In der Schätztheorie werden für die Parameter der Grundgesamt-

Tabelle 7.2: Parameter der Grundgesamtheit und ihre Schätzfunktionen

Parameter	Schätzfunktion
Wahrscheinlichkeit $P(A)$	relative Häufigkeit des Ereignisses A
Erwartungswert μ	Mittelwert $\bar{X}$
Median $\tilde{\mu}$	empirischer Median $\tilde{X}$
Varianz σ^2	empirische Varianz S^2
Standardabweichung σ	empirische Standardabweichung S
Verteilungsfunktion F	empirische Verteilungsfunktion F_n

heit Schätzfunktionen konstruiert. Außerdem werden Kriterien formuliert und begründet, nach denen man aus mehreren vorgeschlagenen Schätzfunktionen die beste aussucht.

Hier interessieren nur die Ergebnisse dieser theoretischen Überlegungen. Tabelle 7.2 enthält für einige wichtige Parameter der Grundgesamtheit die gebräuchlichen Schätzfunktionen. Zwei häufig benutzte Kriterien bei der Bewertung von Schätzfunktionen sind Erwartungstreue und Konsistenz.

7.1.1 Erwartungstreue und Konsistenz

Erwartungstreue

Eine Schätzfunktion $T(X_1, X_2, \ldots, X_n)$ ist erwartungstreu für den Parameter τ, wenn der Erwartungswert von $T(X_1, X_2, \ldots, X_n)$ gleich τ ist, d. h., wenn gilt

$$E\left(T(X_1, X_2, \ldots, X_n)\right) = \tau. \tag{7.1}$$

Eine erwartungstreue Schätzfunktion nennt man auch unverzerrt. Sie entspricht in etwa dem, was man im Alltag unter richtiger Eichung eines Meßinstruments versteht. Wenn man auf eine Küchenwaage ein Pfund Zucker legt, wird man bei mehrfacher Messung feststellen, daß die Meßwerte um einen bestimmten Wert streuen, der nur bei richtig geeichter Waage dem wahren Wert $500g$ entspricht.

Genauso streuen bei Versuchswiederholung die Schätzwerte um den Erwartungswert der benutzten Schätzfunktion, und nur bei einer erwartungstreuen Schätzungfunktion stimmt dieser mit dem Wert, der geschätzt werden soll, überein. Um die Definition richtig zu verstehen,

ist es wichtig zu bemerken, daß i. allg. beide Seiten der Gleichung
(7.1) unbekannt sind. Um die Erwartungstreue einer Schätzfunktion
zu zeigen, muß man also die Gleichheit von zwei unbekannten Größen
beweisen. Das ist manchmal erstaunlich einfach.

> **Beispiel 7.2:** Der in Beispiel 7.1 bereits betrachtete arithmetische
> Mittelwert aus 20 Messungen ist eine erwartungstreue Schätzung.
> Am mathematischen Modell erkennt man das unmittelbar. Danach
> sind die Daten $x_1, x_2, \ldots, x_{20}$ Realisationen von Zufallsvariablen
> $X_1, X_2, \ldots, X_{20}$ mit $E(X_i) = \mu$, und μ wird durch $\bar{x}$ geschätzt.

Allgemein gilt:

$$E(\bar{X}) = E(\frac{1}{n} \cdot \sum_{i=1}^{n} X_i) = \frac{1}{n} \cdot \sum_{i=1}^{n} E(X_i) = \mu.$$

Es folgt, daß $T(X_1, X_2, \ldots, X_n) = \bar{X}$ eine erwartungstreue Schätzfunktion für μ ist. Nach Definition ist übrigens jede Zufallsvariable eine erwartungstreue Schätzfunktion für ihren Erwartungswert.
Diese Bemerkung ist ebenso richtig wie praktisch nutzlos. Sie verdeutlicht aber, daß die Erwartungstreue nicht vom Stichprobenumfang abhängt.

Konsistenz

Die Erwartungstreue einer Schätzfunktion ist zwar wünschenswert,
aber sie allein macht den Anwender nicht glücklich. Er möchte zusätzlich, daß die Schätzung mit wachsendem Stichprobenumfang n immer
besser wird: Eine Schätzfunktion $T(X_1, X_2, \ldots, X_n)$ ist konsistent für
den Parameter τ, wenn mit wachsendem Stichprobenumfang n große
Unterschiede zwischen dem Schätzwert $t(x_1, x_2, \ldots, x_n)$ für τ und dem
wahren τ immer unwahrscheinlicher werden, d. h., wenn gilt

$$P\left(|T(X_1, X_2, \ldots, X_n) - \tau| \geq \epsilon\right) \to 0 \tag{7.2}$$

für $n \to \infty$ und jedes beliebige $\epsilon > 0$. Die Varianz einer Schätzfunktion ist nach Definition der Varianz die erwartete quadratische
Abweichung vom Erwartungswert der Schätzung. Bei einer erwartungstreuen Schätzung ist sie also die erwartete quadratische Abweichung vom wahren Wert. Aus diesem Grunde ist es einleuchtend –

und kann auch mathematisch bewiesen werden – , daß eine erwartungstreue Schätzung jedenfalls dann konsistent ist, wenn ihre Varianz mit wachsendem Stichprobenumfang gegen Null konvergiert. Das folgende Beispiel zeigt, daß sowohl die relative Häufigkeit als auch der arithmetische Mittelwert diese Eigenschaft haben.

Beispiel 7.3: Sind $X_1, X_2, \ldots, X_n$ unabhängige binomialverteilte Zufallsvariable mit

$$X_i = \begin{cases} 1 & \text{falls das Ereignis } A \text{ eintritt} \\ 0 & \text{falls das Ereignis } A \text{ nicht eintritt,} \end{cases}$$

dann ist

$$H = \frac{1}{n} \cdot \sum_{i=1}^{n} X_i$$

die Schätzfunktion für die relative Häufigkeit von A, und es gilt

$$V(H) = V(\frac{1}{n} \cdot \sum_{i=1}^{n} X_i) = \frac{1}{n^2} \cdot \sum_{i=1}^{n} V(X_i)$$

$$= \frac{1}{n^2} \cdot n \cdot p \cdot q = \frac{p \cdot q}{n}.$$

Sind $X_1, X_2, \ldots, X_n$ unabhängige Zufallsvariable mit Erwartungswert μ und Varianz σ^2 $(i = 1, 2, \ldots, n)$, dann ist

$$\bar{X} = \frac{1}{n} \cdot \sum_{i=1}^{n} X_i$$

die Schätzfunktion für den arithmetischen Mittelwert, und es gilt

$$V(\bar{X}) = V(\frac{1}{n} \cdot \sum_{i=1}^{n} X_i) = \frac{1}{n^2} \cdot \sum_{i=1}^{n} V(X_i)$$

$$= \frac{1}{n^2} \cdot n \cdot \sigma^2 = \frac{\sigma^2}{n}.$$

Sowohl die relative Häufigkeit als auch der arithmetische Mittelwert sind also nicht nur erwartungstreue, sondern auch konsistente Schätzungen. Für die relative Häufigkeit ist diese Aussage allerdings nur eine Abschwächung des Gesetzes der großen Zahl (Abschn. 4.4.3), sie wird daher auch „schwaches" Gesetz der großen Zahl genannt. Nach Definition der Varianz ist es außerdem einleuchtend, bei mehreren erwartungstreuen Schätzfunktionen für denselben Parameter diejenige vorzuziehen, die die kleinere Varianz besitzt.

7.1.2 Spezielle Schätzfunktionen

Im folgenden werden die Eigenschaften der Schätzfunktionen aus Tabelle 7.2 von Seite 133 zusammengestellt:

- Die relative Häufigkeit eines Ereignisses A in n Beobachtungen ist nach Beispiel 7.3 eine erwartungstreue und konsistente Schätzung für die Wahrscheinlichkeit $P(A)$.

- Die empirische Verteilungsfunktion F_n ist für jedes feste x eine Schätzung für $F(x) = P(X \leq x)$. Es handelt sich hier um die Schätzung der Wahrscheinlichkeit $F(x)$ durch die entsprechende relative Häufigkeit $F_n(x)$. Daher ist $F_n(x)$ ebenfalls eine erwartungstreue und konsistente Schätzung für $F(x)$.

- Der arithmetische Mittelwert $\bar{X}$ ist nach Beispiel 7.2 und 7.3 eine erwartungstreue und konsistente Schätzung für den Erwartungswert.

- Beim empirischen Median $\tilde{X}$ sind die Verhältnisse nicht ganz so einfach. Man braucht zusätzliche Voraussetzungen über die Verteilungsfunktion F, deren Median geschätzt werden soll. Man kann zeigen: Falls F stetig ist, ist $\tilde{X}$ eine konsistente Schätzfunktion für den Median $\tilde{\mu}$. Falls F zusätzlich symmetrisch ist, ist $\tilde{X}$ auch eine erwartungstreue Schätzfunktion für $\tilde{\mu}$. In diesem Fall gilt aber $\mu = \tilde{\mu}$, und $\tilde{X}$ konkurriert mit der ebenfalls erwartungstreuen und konsistenten Schätzfunktion $\bar{X}$ für μ. Man kann zeigen, daß die Varianz von $\bar{X}$ niemals größer wird als die von $\tilde{X}$. Daher wird man unter der Voraussetzung der Stetigkeit und der Symmetrie von F immer $\bar{X}$ als Schätzfunktion für den Erwartungswert vorziehen.

- Die empirische Varianz

$$S^2 = \frac{1}{n-1} \cdot \sum_{i=1}^{n} (X_i - \bar{X})^2$$

aus n unabhängigen und identisch verteilten Zufallsvariablen $X_1, X_2, \ldots, X_n$ ist als Schätzung für σ^2 ebenfalls erwartungstreu und konsistent. Gerade um die Erwartungstreue zu erzielen, dividiert man die Summe durch $n - 1$ und nicht durch n.

Beispiel 7.4: In einer zufälligen Stichprobe von 98 Probanden aus einer definierten Grundgesamtheit findet man 59 Probanden mit Blutgruppe 0. Dann ist $59/98 \simeq 0.6$ eine erwartungstreue und konsistente Schätzung für den Anteil der Personen mit Blutgruppe 0 in der Grundgesamtheit.

Um zu zeigen, daß S^2 eine erwartungstreue Schätzung für σ^2 ist, muß man

$$E(S^2) = \sigma^2$$

oder, gleichbedeutend,

$$E\left(\sum_{i=1}^{n}(X_i - \bar{X})^2\right) = (n-1) \cdot \sigma^2$$

nachweisen. Das ist nicht schwer, und wer sich überzeugen will, mag die folgenden Formelzeilen mit Bleistift und Papier nachvollziehen; wem das zu zeitraubend ist, darf sie überspringen. Zunächst wird die Summe umgeformt. Dabei bewährt sich wieder der Trick, etwas – hier μ – zu addieren und scheinbar sinnlos gleich wieder zu subtrahieren, um mit dem so entstandenen Ausdruck weiterzurechnen. Es ist

$$\begin{aligned}
\sum_{i=1}^{n}(X_i - \bar{X})^2 &= \sum_{i=1}^{n}((X_i - \mu) - (\bar{X} - \mu))^2 \\
&= \sum_{i=1}^{n}(X_i - \mu)^2 - n \cdot (\bar{X} - \mu)^2.
\end{aligned}$$

Hiervon ist der Erwartungswert zu berechnen:

$$\begin{aligned}
E\left(\sum_{i=1}^{n}(X_i - \bar{X})^2\right) &= E\left(\sum_{i=1}^{n}(X_i - \mu)^2 - n \cdot (\bar{X} - \mu)^2\right) \\
&= \sum_{i=1}^{n}E\left((X_i - \mu)^2\right) - n \cdot E\left((\bar{X} - \mu)^2\right) \\
&= \sum_{i=1}^{n}V(X_i) - n \cdot V(\bar{X}) \\
&= n \cdot \sigma^2 - n \cdot \frac{\sigma^2}{n} \\
&= (n-1) \cdot \sigma^2.
\end{aligned}$$

In der vierten Zeile wird $V(\bar{X})$ durch σ^2/n ersetzt. An dieser Stelle braucht man die Unabhängigkeit der X_i, denn die Umformung gilt nur für unabhängige X_i. Damit ist die Erwartungstreue von S^2 gezeigt. So überflüssig die Rechnung für den Anwender auch zu sein scheint, sie zeigt, wo das Problem liegt: Die Varianz ist nach Definition der Erwartungswert der Abweichungsquadrate $(X_i - \mu)^2$. Da man μ i. allg. nicht kennt, ersetzt man es bei der Schätzung durch $\bar{X}$. Durch $(X_i - \bar{X})^2$ unterschätzt man aber die Abweichungsquadrate $(X_i - \mu)^2$. Nebenbei bemerkt, zeigt die Rechnung, daß

$$S_\mu^2 = \frac{1}{n} \cdot \sum_{i=1}^{n} (X_i - \mu)^2$$

eine erwartungstreue Schätzfunktion für σ^2 ist, die allerdings nur anwendbar ist, wenn μ bekannt ist. Für große n ist der Unterschied zwischen der Division durch n und der durch $n - 1$ bedeutungslos. Man erkennt, daß für große n auch die Schätzfunktion

$$\tilde{S}^2 = \frac{1}{n} \cdot \sum_{i=1}^{n} (X_i - \bar{X})^2$$

als Schätzung für σ^2 vernünftig ist. Sie ist zwar nicht erwartungstreu, aber sie ist konsistent.

Es ist naheliegend, für die Standardabweichung σ die positive Wurzel S aus der empirischen Varianz S^2 als Schätzfunktion zu nehmen. Diese Schätzung ist konsistent, aber sie ist nicht erwartungstreu. Da allgemein für jede Zufallsvariable das Quadrat des Erwartungswerts kleiner als der Erwartungswert des Quadrats der Zufallsvariablen ist, gilt insbesondere für die Zufallsvariable S

$$(E(S))^2 < E(S^2) = \sigma^2$$

und daher

$$E(S) < \sigma.$$

Man muß also damit rechnen, daß man σ durch s eher unterschätzt, und das, obwohl s^2 eine erwartungstreue Schätzung für σ^2 ist.

7.2 Intervallschätzung

In der Schätztheorie unterscheidet man zwischen Konfidenzintervall und Toleranzintervall. Liegen Daten $x_1, x_2, \ldots, x_n$ einer zufälligen Stichprobe vor, dann ist

- ein Konfidenzintervall ein Intervall, das mit einer vom Versuchsleiter vorzugebenden Wahrscheinlichkeit einen festen Parameter der Verteilung des Merkmals enthält,
- ein Toleranzintervall ein Intervall, das mit einer vom Versuchsleiter vorzugebenden Wahrscheinlichkeit einen vorgegebenen Anteil zukünftiger Beobachtungen enthält.

Diese Definitionen werden in den folgenden beiden Abschnitten ein wenig vertieft.

7.2.1 Konfidenzintervalle

Prinzipiell weiß man beim Schätzen nicht, wie weit der Schätzwert vom wahren Wert entfernt liegt. Mit dem Konfidenzintervall gibt man zu vorgegebener Konfidenzwahrscheinlichkeit $(1-\alpha)$ ein Intervall um den ermittelten Schätzwert an, das den wahren Wert mit dieser Konfidenzwahrscheinlichkeit enthält. $(1-\alpha)$ bezeichnet man als Konfidenzwahrscheinlichkeit, α als Irrtumswahrscheinlichkeit. Das Konstruktionsprinzip soll hier am Beispiel der Binomial- und der Normalverteilung beschrieben werden.

Binomialverteilung $B(n,p)$
Zur vorgegebenen Konfidenzwahrscheinlichkeit $(1-\alpha)$ soll ein zweiseitiges Konfidenzintervall für die Grundwahrscheinlichkeit p einer Binomialverteilung $X : B(n,p)$ konstruiert werden. Nach Definition der Quantile $x_{\alpha/2}$ und $x_{1-\alpha/2}$ liegt jede Realisation k von X mindestens mit Wahrscheinlichkeit $(1-\alpha)$ zwischen den Quantilen $x_{\alpha/2}$ und $x_{1-\alpha/2}$:

$$P\left(x_{\alpha/2} \leq X \leq x_{1-\alpha/2}\right) \geq 1-\alpha.$$

Die Quantile hängen von dem wahren, aber unbekannten p ab. Daher schreibt man besser

$$P\left(x_{\alpha/2}(p) \leq X \leq x_{1-\alpha/2}(p)\right) \geq 1-\alpha. \tag{7.3}$$

Man berechnet die untere Grenze p_u und die obere Grenze p_o aus den Gleichungen

$$P(X \geq k) = \sum_{j=k}^{n} \binom{n}{j} p_u{}^{j}(1-p_u)^{n-j} \;=\; \alpha/2, \quad (1 \leq k \leq n)$$

$$p_u = 0 \qquad \text{für} \qquad k = 0 \tag{7.4}$$

139

bzw.

$$P(X \leq k) = \sum_{j=0}^{k} \binom{n}{j} p_o^{\,j}(1 - p_o)^{n-j} = \alpha/2, \quad (0 \leq k \leq n-1)$$

$$p_o = 1 \qquad \text{für} \qquad k = n, \qquad (7.5)$$

die allerdings nicht mit elementaren Methoden zu lösen sind. p_u und p_o werden in Abhängigkeit von der Realisation k der Zufallsvariablen X berechnet, sie sind also selber Realisationen von Zufallsvariablen. Diese werden zweckmäßig mit $p_u(X)$ bzw. $p_o(X)$ bezeichnet:

$$p_u(X) \leq p \leq p_o(X).$$

Man kann zeigen, daß

$$P(p_u(X) \leq p \leq p_o(X)) = P(x_{\alpha/2}(p) \leq X \leq x_{1-\alpha/2}(p))$$
$$\geq 1 - \alpha$$

das Konfidenzintervall für p zur Konfidenzwahrscheinlichkeit $(1 - \alpha)$ ist. Konkrete Werte für p_u und p_o entnimmt man dem Nomogramm in Abbildung 7.1.

Beispiel 7.5: In Beispiel 7.4 wurde für eine definierte Grundgesamtheit der Anteil p der Personen mit Blutgruppe 0 geschätzt. Es ergab sich der Schätzwert $\hat{p} = 59/98 \simeq 0.6$. Die Grenzen des 95%-Konfidenzintervalls für p findet man, wenn man im Nomogramm (Abb. 7.1) durch $\hat{p} = 0.6$ eine Parallele zur Ordinate einzeichnet und die y-Koordinaten der Schnittpunkte mit den zum Stichprobenumfang $n = 98$ gehörenden Nomogrammlinien abliest:

$$p_u = 0.49 \text{ und } p_o = 0.69.$$

Das Intervall [0.49, 0.69] enthält mit einer Konfidenzwahrscheinlichkeit von 95% den Anteil p der Personen, die die Blutgruppe 0 haben.

Für große n, etwa $n > 40$, macht man sich die aus dem zentralen Grenzwertsatz folgende Approximation der Binomialverteilung durch die Normalverteilung zunutze. Man behandelt die standardisierte Zufallsvariable

$$U = \frac{X - np}{\sqrt{npq}}$$

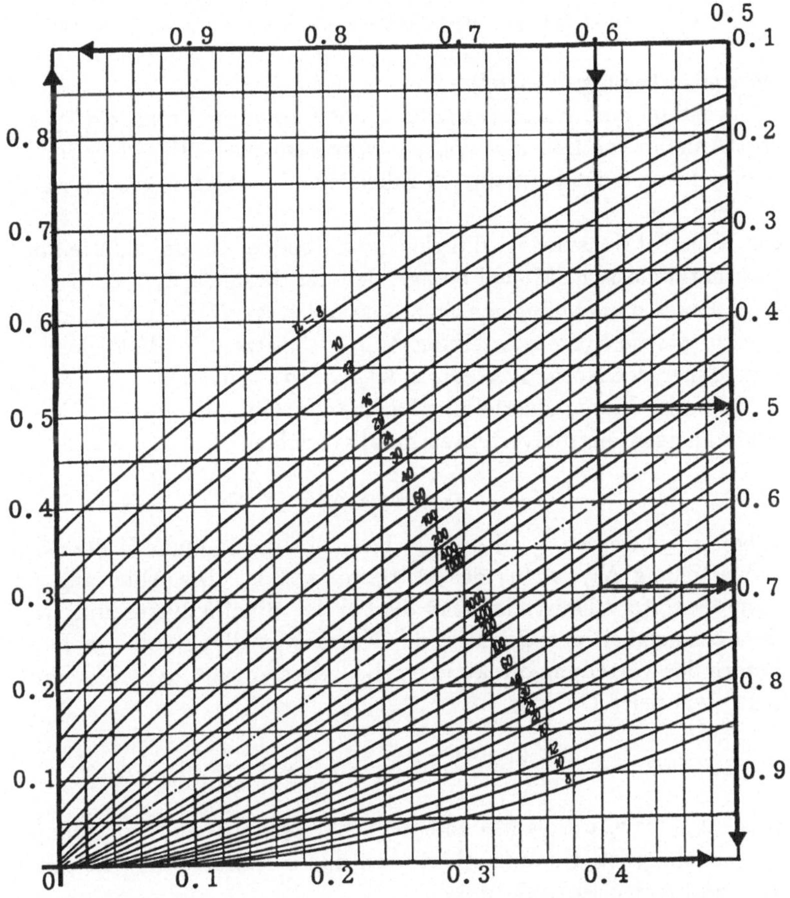

Abb. 7.1: Nomogramm zur Bestimmung des Konfidenzintervalls für den Parameter p einer Binomialverteilung ($\alpha = 0.05$)

als standardnormalverteilt und bestimmt das Konfidenzintervall für die Normalverteilung.

Einseitige Konfidenzintervalle

Einseitige Konfidenzintervalle, d.h. Konfidenzintervalle der Form $[p_u, 1]$ bzw. $[0, p_o]$ zur Konfidenzwahrscheinlichkeit $(1 - \alpha)$, ergeben sich, wenn man in (7.4) bzw. (7.5) $\alpha/2$ durch α ersetzt und entsprechend nur p_u oder nur p_o ausrechnet.

Normalverteilung $N(\mu, \sigma^2)$

Zunächst sei eine Normalverteilung mit bekannter Varianz σ^2 gegeben. Anhand von Daten $x_1, x_2, \ldots, x_n$ soll ein zweiseitiges Konfidenzintervall zur Konfidenzwahrscheinlichkeit $(1 - \alpha)$ für μ konstruiert werden.

Die Konstruktionsidee ist die gleiche wie bei der Binomialverteilung. Das mathematische Modell besagt, daß die Daten $x_1, x_2, \ldots, x_n$ Realisationen von unabhängigen Zufallsvariablen $X_1, X_2, \ldots, X_n$ sind, die alle die gleiche Normalverteilung $N(\mu, \sigma^2)$ besitzen. Ihr Mittelwert $\bar{X}$ folgt daher der Normalverteilung $N(\mu, \sigma^2/n)$. Analog zur Gleichung (7.3) bei der Binomialverteilung hat man für den Mittelwert $\bar{X}$ aus n unabhängigen, normalverteilten Zufallsvariablen $X_t : N(\mu, \sigma^2)$

$$P(x_{\alpha/2} \leq \bar{X} \leq x_{1-\alpha/2}) = 1 - \alpha, \tag{7.6}$$

wobei $x_{\alpha/2}$ bzw. $x_{1-\alpha/2}$ das $\alpha/2$- bzw. $(1 - \alpha/2)$-Quantil der Normalverteilung $N(\mu, \sigma^2/n)$ des Mittelwerts $\bar{X}$ ist. Die Ableitung des Konfidenzintervalls ist einfacher als bei der Binomialverteilung, weil die Abhängigkeit der Quantile der Normalverteilung von den Parametern der Verteilung direkt angegeben werden kann. Aus Gleichung (6.11) von Seite 117 folgt

$$x_{\alpha/2} = \mu - \frac{\sigma}{\sqrt{n}} \cdot u_{1-\alpha/2}, \quad x_{1-\alpha/2} = \mu + \frac{\sigma}{\sqrt{n}} \cdot u_{1-\alpha/2},$$

wobei $u_{\alpha/2}$ bzw. $u_{1-\alpha/2}$ das entsprechende Quantil der Standardnormalverteilung ist. Hieraus erhält man durch Einsetzen in Gleichung (7.6) und einfaches Umformen

$$P(\mu - \frac{\sigma}{\sqrt{n}} \cdot u_{1-\alpha/2} \leq \bar{X} \leq \mu + \frac{\sigma}{\sqrt{n}} \cdot u_{1-\alpha/2}) \;=\; 1 - \alpha,$$

$$P(\bar{X} - \frac{\sigma}{\sqrt{n}} \cdot u_{1-\alpha/2} \leq \mu \leq \bar{X} + \frac{\sigma}{\sqrt{n}} \cdot u_{1-\alpha/2}) \;=\; 1 - \alpha.$$

Aus dieser Gleichung kann man die Untergrenze T_u bzw. die Obergrenze T_o des zweiseitigen Konfidenzintervalls für den Erwartungswert μ der Normalverteilung unmittelbar ablesen:

$$T_u = \bar{X} - \frac{\sigma}{\sqrt{n}} \cdot u_{1-\alpha/2}, \quad T_o = \bar{X} + \frac{\sigma}{\sqrt{n}} \cdot u_{1-\alpha/2}.$$

Wenn die Varianz σ^2 der Normalverteilung unbekannt ist, muß man sie durch die empirische Varianz s^2 schätzen. Beim Ersetzen von σ durch S muß man berücksichtigen, daß aus der Normalverteilung, wie in Abschnitt 6.4.2 beschrieben, eine t-Verteilung wird. Man erhält daher die Grenzen des zweiseitigen Konfidenzintervalls für μ als

$$T_u = \bar{X} - \frac{S}{\sqrt{n}} \cdot t_{f;1-\alpha/2}, \quad T_o = \bar{X} + \frac{S}{\sqrt{n}} \cdot t_{f;1-\alpha/2}, \qquad (7.7)$$

wobei $f = n - 1$ ist und $t_{f;1-\alpha/2}$ das zugehörige Quantil der t-Verteilung ist.

Beispiel 7.6: Für den in Beispiel 7.1 geschätzten Erwartungswert des Geburtsgewichts soll das zweiseitige 95%-Konfidenzintervall angegeben werden. Die Varianz des Geburtsgewichts ist unbekannt, daher müssen die Gleichungen (7.7) angewandt werden. Der Tabelle 7.1 entnimmt man

$$n = 20, \quad \bar{x} = 3726.5 \quad \text{und} \quad s = 459.33.$$

Da das 95%-Konfidenzintervall bestimmt werden soll, ist $\alpha = 0.05$ vorgegeben und daher $(1 - \alpha/2) = 0.975$. Das erforderliche t-Quantil $t_{19;0.975} = 2.093$ entnimmt man der Tabelle 15.5. Aus diesen Vorgaben erhält man

$$t_u = 3726.5 - \frac{459.33}{\sqrt{19}} \cdot 2.093 = 3505.94,$$
$$t_o = 3726.5 + \frac{459.33}{\sqrt{19}} \cdot 2.093 = 3947.06.$$

Mit einer Konfidenzwahrscheinlichkeit von 95% ist der Erwartungswert des Geburtsgewichts im Intervall von $3500g$ bis $3950g$ enthalten.

Einseitige Konfidenzintervalle

Wenn nur eine untere Grenze oder nur eine obere Grenze für den Erwartungswert μ der Normalverteilung gesucht ist, bestimmt man das entsprechende einseitige Konfidenzintervall, d. h.

$$P(T_u \leq \mu) = 1 - \alpha$$

für die untere Grenze T_u bzw.

$$P(\mu \leq T_o) = 1 - \alpha$$

für die obere Grenze T_o. Analog zu den Gleichungen (7.7) erhält man die einseitige Grenze aus

$$T_u = \bar{X} - \frac{S}{\sqrt{n}} \cdot t_{f;1-\alpha}$$

bzw.

$$T_o = \bar{X} + \frac{S}{\sqrt{n}} \cdot t_{f;1-\alpha}.$$

7.2.2 Toleranzintervalle*

Toleranzintervalle sind sorgfältig von Konfidenzintervallen zu unterscheiden. Im Gegensatz zum Konfidenzintervall, das einen festen Parameter mit vorgegebener Wahrscheinlichkeit enthält, soll das Toleranzintervall zukünftige Beobachtungen enthalten und zwar einen vorgegebenen Anteil p mit vorzugebender Wahrscheinlichkeit γ.
Wenn die Verteilung des betrachteten Merkmals bekannt ist, kann ein solches Intervall sogar für $\gamma = 1$ leicht angegeben werden. Seine untere bzw. obere Grenze ist einfach das $(1-p)/2$- bzw. $(1+p)/2$-Quantil der Verteilungsfunktion F .

> **Beispiel 7.7:** Es sei bekannt, daß das Geburtsgewicht von Neugeborenen nach unauffälliger Schwangerschaft mit den Parametern $\mu = 3500g$ und $\sigma = 500g$ normalverteilt ist. Dann liegen nach Gleichung (6.11) von Seite 117 95% der Geburtsgewichte im Intervall $[3500 - 1.96 \cdot 500, \ 3500 + 1.96 \cdot 500]$, d. h., das Intervall von $2520g$ bis $4480g$ ist ein Toleranzintervall für $\gamma = 1$ und $p = 0.95$. $u_{0.975} = 1.96$ ist das 0.975-Quantil der Standardnormalverteilung. Da die Verteilung des betrachteten Merkmals *Geburtsgewicht* die bekannte Normalverteilung $N(\mu = 3500, \sigma^2 = 500^2)$ ist, kann $\gamma = 1$ als Toleranzwahrscheinlichkeit gewählt werden.

Sind die Parameter μ und σ der Normalverteilung nicht bekannt, dann müssen die Grenzen des Toleranzintervalls geschätzt werden. Genau wie die Grenzen des Konfidenzintervalls sind sie dann Realisationen von Zufallsvariablen, die wieder T_u bzw. T_o heißen sollen. Für Normalverteilungen kann man zeigen, daß diese Grenzen durch

$$
\begin{aligned}
T_u &= \bar{X} - k \cdot S, &\quad (7.8)\\
T_o &= \bar{X} + k \cdot S &\quad (7.9)
\end{aligned}
$$

gegeben sind. $\bar{X}$ und S sind die üblichen Schätzfunktionen für μ und σ, während k in Abhängigkeit vom Stichprobenumfang n und den gewählten p und γ in Tabelle 15.17 abgelesen werden kann.

Beispiel 7.8: Von den Geburtsgewichten in Beispiel 7.7 sei nur bekannt, daß sie normalverteilt sind, μ und σ^2 seien unbekannt. Es soll ein Intervall angegeben werden, das mit 95-prozentiger Sicherheit 95% der Geburtsgewichte der Grundgesamtheit enthält. Es wird also das Toleranzintervall für $\gamma = 0.95$ und $p = 0.95$ gesucht. Es wird wieder die zufällige Stichprobe aus Tabelle 7.1 betrachtet. Der Stichprobenumfang ist $n = 20$. Tabelle 15.17 entnimmt man

$$k = k(n = 20, p = 0.95, \gamma = 0.95) = 2.752.$$

Mit $\bar{x} = 3726.5$ und $s = 459.33$ errechnet man die Intervallgrenzen

$$
\begin{aligned}
t_u &= 3726.5 - 2.752 \cdot 459.33 = 2462.4, \\
t_o &= 3726.5 + 2.752 \cdot 459.33 = 4990.6.
\end{aligned}
$$

Mit 95-prozentiger Sicherheit liegen 95% der Geburtsgewichte einer zukünftigen, zufälligen Stichprobe aus der betrachteten Grundgesamtheit im Intervall von $2462g$ bis $4990g$ oder, etwas großzügiger, von $2450g$ bis $5000g$.

7.3 Schätzung bedingter Wahrscheinlichkeiten

Jede relative Häufigkeit ist die Schätzung einer Wahrscheinlichkeit und nur in dem Maße sinnvoll interpretierbar wie die zugehörige Wahrscheinlichkeit. Dies gilt insbesondere auch für alle im Abschnitt 2.6 behandelten Häufigkeitsmaße der Bevölkerungsstatistik. Verschiedene Wahrscheinlichkeiten oder ihre Schätzwerte können nur dann sinnvoll zueinander in Beziehung gebracht werden, wenn sie sich auf gleiche oder vergleichbare Grundmengen bzw. Grundgesamtheiten beziehen.

7.3.1 Häufigkeitsmaße in der Epidemiologie

Eine in der Epidemiologie häufige Fragestellung ist, ob ein bestimmtes, zumeist unerwünschtes Ereignis E (etwa das Auftreten einer Erkrankung) von einer Exposition F abhängt.

Mit E bezeichnet man sowohl das unerwünschte Ereignis als auch die Menge der Beobachtungseinheiten der Grundmenge, bei denen dieses Ereignis eintritt bzw. eingetreten ist. Entsprechend bezeichnet man mit F nicht nur die Exposition, sondern auch die Menge der Exponierten, also die Menge der Beobachtungseinheiten der Grundmenge, bei denen diese Exposition vorhanden ist.

Die bedingte Wahrscheinlichkeit $P(E \mid F)$ heißt Risiko für das Auftreten eines Ereignisses E unter der Bedingung F und wird geschätzt durch die entsprechende relative Häufigkeit

> **Beispiel 7.9:** Das Risiko R einer Komplikation innerhalb von 5 Tagen nach einer bestimmten Operation wird geschätzt durch:
>
> $$r = \frac{\text{Anzahl der operierten Patienten mit Komplikation(en)}}{\text{Anzahl der operierten Patienten}}.$$

F heißt Risikofaktor für das Auftreten des Ereignisses E, wenn

$$P(E \mid F) > P(E).$$

Für zwei solcher Risiken $R_1 = P(E \mid F_1)$ und $R_2 = P(E \mid F_2)$ ist das relative Risiko

$$R_r = R_1/R_2.$$

Ist F_1 ein Risikofaktor und ist F_2 das Fehlen einer Exposition, dann ist R_1 das Risiko für Exponierte und R_2 das Risiko für Nichtexponierte. Das zuschreibbare Risiko ist durch

$$R_z = R_1 - R_2$$

definiert. R_r und R_z können durch den Quotienten bzw. die Differenz der jeweiligen relativen Häufigkeiten geschätzt werden.

> **Beispiel 7.10:** Das Risiko für Raucher, an Lungenkarzinom zu erkranken, sei $R_1 = 0.005$ und das für Nichtraucher $R_2 = 0.0005$. Dann ist das relative Risiko $R_r = 10$, und das zuschreibbare Risiko ist $R_z = 0.0045$.

Tabelle 7.3: Vierfeldertafel für das Auftreten von Lungenkarzinom in Abhängigkeit vom Rauchen

	Lungenkarzinom	
Exposition	ja (E)	nein $(\overline{E})$
Raucher (F_1)	n_{11}	n_{12}
Nichtraucher (F_2)	n_{21}	n_{22}
Spaltensumme	$n_{.1} = n_{11} + n_{22}$	$n_{.2} = n_{12} + n_{22}$

Risiken sind bedingte Wahrscheinlichkeiten. Bei ihrer Schätzung muß man darauf achten, daß das richtige Modell gewählt wird.

Beispiel 7.11: Das Risiko für Raucher, an Lungenkarzinom zu erkranken, kann man aus den in Tabelle 7.3 angegebenen absoluten Häufigkeiten nur dann richtig durch die relative Häufigkeit

$$r = n_{11}/(n_{11} + n_{12})$$

schätzen, wenn eine zufällige Stichprobe von Rauchern gezogen und an diesen beobachtet wurde, ob sie an Lungenkarzinom erkrankten oder nicht. Dies ist praktisch kaum durchzuführen.

Wie im Beispiel 7.11 ist es bei vielen anderen epidemiologischen Fragestellungen nur möglich, zu einer Stichprobe von Erkrankten eine strukturgleiche Stichprobe von Nichterkrankten (Kontrollgruppe) zu ziehen und beide Stichproben daraufhin zu untersuchen, ob die Exposition vorgelegen hat oder nicht. Für das Risiko gilt dann entsprechend der Bayesschen Formel (4.18):

$$R_1 = P(E \mid F_1) = P(F_1 \mid E) \cdot P(E) : P(F_1) .$$

Zur Schätzung dieses Risikos benötigt man außer den in Tabelle 7.3 angegebenen Häufigkeiten Schätzungen für $P(E)$ und $P(F_1)$ und entsprechend für die Schätzung des Risikos $R_2 = P(E \mid F_2)$ Schätzungen für $P(E)$ und $P(F_2)$.

Bei vielen Anwendungen sind Schätzungen für $P(F_1), P(F_2)$ und $P(E)$ kaum oder nur sehr ungenau möglich. Das relative Risiko

$$R_r = \frac{P(E \mid F_1)}{P(E \mid F_2)} = \frac{P(F_1 \mid E)}{P(F_2 \mid E)} : \frac{P(F_1)}{P(F_2)}$$

Tabelle 7.4: Vierfeldertafel zur Veranschaulichung von Maßzahlen für die Güte eines diagnostischen Verfahrens

Erkrankung	Ergebnis des diagnostischen Verfahrens positiv (D^+)	negativ (D^-)	Zeilensumme
ja (E)	n_{11}	n_{12}	$n_1 = n_{11} + n_{12}$
nein $(\overline{E})$	n_{21}	n_{22}	$n_2 = n_{21} + n_{22}$

kann durch das „Odd's Ratio"

$$OR = \frac{P(F_1 \mid E)}{P(F_2 \mid E)} : \frac{P(F_1 \mid \overline{E})}{P(F_2 \mid \overline{E})}$$

angenähert werden, wenn das Ereignis E selten eintritt. Ist diese Voraussetzung erfüllt, dann ist der Schätzwert für das „Odd's Ratio"

$$or = \frac{n_{11} \cdot n_{22}}{n_{21} \cdot n_{12}}$$

auch eine gute Schätzung des relativen Risikos R_r.

7.3.2 Maßzahlen für diagnostische Verfahren

Die bedingte Wahrscheinlichkeit $P(D^+ \mid E)$, daß bei einem Patienten mit einer Erkrankung E ein bestimmtes diagnostisches Verfahren D ein positives Ergebnis D^+ hat, heißt Empfindlichkeit oder Sensitivität des diagnostischen Verfahrens D. Die bedingte Wahrscheinlichkeit $P(D^- \mid \overline{E})$, daß bei einem nichterkrankten Patienten das diagnostische Verfahren D ein negatives Ergebnis D^- hat, heißt Spezifität des diagnostischen Verfahrens D. Die bedingte Wahrscheinlichkeit $P(D^+ \mid \overline{E})$, daß bei einem nichterkrankten Patienten das diagnostische Verfahren D ein positives Ergebnis D^+ hat, ist die Wahrscheinlichkeit einer falsch positiven Diagnose.

Zur Berechnung dieser Parameter wird das diagnostische Verfahren an einer zufälligen Stichprobe von erkrankten Patienten und an einer zufälligen Stichprobe von Gesunden als Kontrollgruppe angewandt. Schätzwerte für Sensitivität und Spezifität erhält man durch die entsprechenden relativen Häufigkeiten (Tabelle 7.4). Schätzwert für

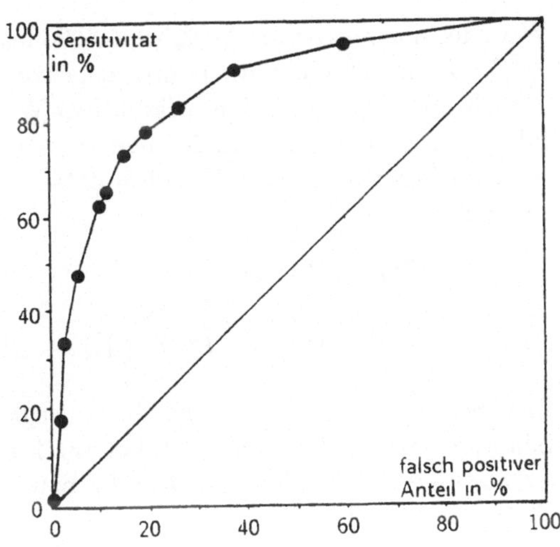

Abb. 7.2: Beispiel einer ROC-Kurve

- die Sensitivität ist $\frac{n_{11}}{n_1}$,

- für die Spezifität ist $\frac{n_{22}}{n_2}$ und

- für den Anteil der falsch positiv Diagnostizierten ist $\frac{n_{21}}{n_2}$.

Ergibt das diagnostische Verfahren ein quantitatives Ergebnis, dann kann die Entscheidung, ob das Ergebnis positiv oder negativ gewertet wird, abhängig von einem kritischen Wert τ betrachtet werden. Es sind dann n_{11} und n_{22} und damit auch Sensitivität, Spezifität und falsch positiver Anteil abhängig von τ. Die graphische Darstellung der Sensitivität, abhängig vom falsch positiven Anteil für verschiedene Werte von τ, heißt ROC-Kurve (engl.: Receiver Operating Characteristic). Abbildung 7.2 zeigt ein Beispiel.

Die Eignung eines diagnostischen Verfahrens für die praktische Anwendung kann allein aufgrund von Sensitivität und Spezifität nicht hinreichend gut beurteilt werden, da die Wahrscheinlichkeit von falsch (oder richtig) positiven bzw. negativen Befunden von dem Anteil der Erkrankten an den Personen, an denen das diagnostische Verfahren angewandt wird, abhängt.

Die bedingte Wahrscheinlichkeit $P(E \mid D^+)$, daß ein Patient mit positivem Befund die Erkrankung E hat, heißt positiver prädiktiver

Wert des diagnostischen Verfahrens. Die bedingte Wahrscheinlichkeit $P(\overline{E} \mid D^-)$, daß ein Patient mit negativem Befund die Erkrankung E nicht hat, heißt negativer prädiktiver Wert des diagnostischen Verfahrens. Den positiven und den negativen prädiktiven Wert berechnet man aus Sensitivität und Spezifität entsprechend der Bayesschen Formel durch:

$$P(E \mid D^+) \;=\; P(D^+ \mid E) \;\cdot\; P(D^+) \;:\; P(E)$$

$$P(\overline{E} \mid D^-) \;=\; P(D^- \mid \overline{E}) \;\cdot\; P(D^-) \;:\; P(\overline{E})$$

Zur Schätzung des positiven bzw. negativen prädiktiven Werts benötigt man außer den in Tabelle 7.4 angegegeben Häufigkeiten Schätzungen für $P(E)$ und $P(D^+)$ bzw. $P(\overline{E}) = 1 - P(E)$ und $P(D^-) = 1 - P(D^+)$.

8 Statistischer Test

Ein statistischer Test liefert nach bestimmten Regeln die Entscheidung darüber, ob eine vorgegebene Hypothese anhand von Daten verworfen werden muß oder nicht verworfen werden kann. Letzteres bedeutet, daß die Entscheidung offen bleibt: Eine Hypothese, die nicht verworfen werden kann, ist nicht bewiesen.

Das logische Prinzip des statistischen Tests entspricht etwa dem des indirekten Beweises. Zum indirekten Beweis einer Hypothese H_1 nimmt man an, die Verneinung H_0 von H_1 sei richtig. Wenn es gelingt, aus dieser Annahme einen Widerspruch abzuleiten, ist der indirekte Beweis gelungen, und H_1 ist bewiesen.

Beispiel 8.1: Nach dem AB0-System der Blutgruppen ist es ausgeschlossen, daß Eltern, die beide die Blutgruppe 0 haben, ein Kind mit Blutgruppe A bekommen. Wenn eine Mutter M mit Blutgruppe 0 ein Kind K mit Blutgruppe A hat, steht die Annahme, V mit Blutgruppe 0 sei der Vater, im Widerspruch zu dieser Tatsache. Die Hypothese

$$H_0: \text{V ist der Vater von K}$$

ist widerlegt, und die Verneinung

$$H_1: \text{V ist nicht der Vater von K}$$

ist bewiesen.

8.1   Grundlagen

Beim statistischen Test wird das Prinzip des indirekten Beweises dahingehend abgeschwächt, daß nicht der logische Widerspruch, sondern das Eintreten eines unter H_0 unwahrscheinlichen Ereignisses in einem entsprechend geplanten Versuch zum Verwerfen von H_0 führt.

Beispiel 8.2: Es soll geprüft werden, ob ein bestimmter Würfel W ein idealer Würfel ist, d. h., ein Würfel, der alle sechs möglichen Augenzahlen mit der gleichen Wahrscheinlichkeit 1/6 zeigt. Die Nullhypothese ist

$$H_0 : \text{Der Würfel } W \text{ ist ideal.}$$

Die Verneinung ist die Gegenhypothese

$$H_1 : \text{Der Würfel } W \text{ ist nicht ideal.}$$

Es wird festgelegt, dreimal zu würfeln. Immer dann, wenn der Würfel in allen drei Würfen die gleiche Augenzahl zeigt, wird H_0 verworfen. Hier ist das dreimalige Werfen der gleichen Augenzahl das unter H_0 unwahrscheinliche Ereignis, das zum Verwerfen von H_0 führt.

Der Vergleich der Beispiele 8.1 und 8.2 verdeutlicht den Unterschied zwischen den beiden Prinzipien:

- In Beispiel 8.1 ist die Vaterschaft von V ausgeschlossen.
- In Beispiel 8.2 ist es nicht ausgeschlossen, daß der geprüfte Würfel ideal ist, denn auch mit einem idealen Würfel kann man in drei aufeinander folgenden Würfen dreimal die gleiche Augenzahl erzielen.

Die Irrtumswahrscheinlichkeit ist

$$p = 6 \cdot \left(\frac{1}{6}\right)^3 = \left(\frac{1}{6}\right)^2 \simeq 0.0278.$$

Nach der angegebenen Entscheidungsregel ist dieses p die Wahrscheinlichkeit dafür, daß ein idealer Würfel nach Durchführung des Versuchs aufgrund des Versuchsergebnisses für nicht ideal gehalten wird, d. h., p ist die Wahrscheinlichkeit für einen Irrtum.

Dies ist der entscheidende Punkt. Eine Fehlentscheidung kann nicht ausgeschlossen werden, aber durch ein geeignetes Entscheidungsverfahren wird dafür gesorgt, daß die Wahrscheinlichkeit dafür nicht größer ist als eine vom Versuchsleiter nach eigenem Ermessen festzulegende obere Schranke.

Wenn dem Versuchsleiter die Irrtumswahrscheinlichkeit des Entscheidungsverfahrens in Beispiel 8.2 zu groß ist, kann er festlegen, daß H_0 erst dann verworfen wird, wenn viermal hintereinander die gleiche Zahl gewürfelt wird. Dann ist $p = 0.0046$.

Es ist wichtig, die Bedeutung von p richtig zu verstehen. Durch p wird das Testverfahren gekennzeichnet, nicht die einzelne Testentscheidung. Die einzelne Entscheidung ist entweder richtig oder falsch.

> **Beispiel 8.3:** Ein bestimmter Würfel W ist entweder ideal oder nicht. Entsprechend ist die Entscheidung für einen bestimmten Würfel W entweder richtig oder falsch.

Eine anschauliche Bedeutung erhält p erst dann, wenn man sich vorstellt, daß man den Versuch unter gleichen Umständen beliebig oft wiederholt. Dann wird sich nach dem Gesetz der großen Zahl der Anteil der Versuche, bei denen eine richtige Nullhypothese fälschlich verworfen wird, dem vorgegebenen p annähern.

> **Beispiel 8.4:** Mit dem in Beispiel 8.2 vorgeschlagenen Verfahren geht man z. B. das Risiko ein, 2.78% aller idealen Würfel fälschlich für nicht ideal zu halten.

Die bisherigen Überlegungen berücksichtigen nur den Fehler, einen idealen Würfel fälschlich für nicht ideal zu halten. Es ist aber auch möglich, daß ein nicht-idealer Würfel geprüft wird und dies nicht erkannt wird. Mit der Entscheidungsregel aus Beispiel 8.2 geschieht das genau dann, wenn ein nicht-idealer Würfel in drei aufeinander folgenden Würfen nicht dreimal die gleiche Augenzahl zeigt. Diese Irrtumswahrscheinlichkeit ist nicht so einfach zu berechnen, denn Abweichungen von der Idealität, d. h., Abweichungen von der Gleichverteilung, sind auf vielerlei Weise möglich.

> **Beispiel 8.5:** Das Würfeln einer 6 könnte wahrscheinlicher sein als das Würfeln einer der fünf anderen Zahlen, die ihrerseits alle die gleiche Wahrscheinlichkeit besitzen könnten. Andererseits wäre es auch denkbar, daß die drei ungeraden Zahlen 1, 3 und 5 jeweils die Wahrscheinlichkeit 1/9 und die drei geraden Zahlen jeweils die Wahrscheinlichkeit 2/9 besitzen. In beiden Fällen ergeben sich unterschiedliche Irrtumswahrscheinlichkeiten.

Daran erkennt man den grundsätzlichen Unterschied zwischen den beiden Fehlermöglichkeiten.

- Beim idealen Würfel legt man sich auf eine ganz bestimmte Wahrscheinlichkeitsverteilung fest, nämlich die diskrete Gleichverteilung $DG(6)$.

Tabelle 8.1: Entscheidungsschema beim statistischen Test

Test- entscheidung	Wirklichkeit: H_0	H_1
H_0	richtig	Fehler 2. Art
H_1	Fehler 1. Art	richtig

- Beim nicht-idealen Würfel gibt es viele verschiedene Wahrscheinlichkeitsverteilungen.

Die beiden Hypothesen und die beiden Irrtumsmöglichkeiten müssen daher unterschiedlich behandelt werden. In der statistischen Literatur haben sich einheitlich die Bezeichnungen der Tabelle 8.1 eingebürgert. Man unterscheidet zwischen der Nullhypothese H_0 (*Der Würfel W ist ideal*) und der Gegen– oder Alternativhypothese H_1 (*Der Würfel W ist nicht ideal*).

Die Gegenhypothese ist die Verneinung der Nullhypothese. Nullhypothese und Gegenhypothese zusammen bilden die Alternative, die im statistischen Test geprüft wird.

Fehler 1. Art

Der Fehler 1. Art ist der Fehler, eine in Wirklichkeit richtige Nullhypothese nicht als richtig zu erkennen und fälschlich zu verwerfen. Eine obere Schranke für die Wahrscheinlichkeit des Fehlers 1. Art wird vorgegeben und mit α bezeichnet. Diese bei jedem Test vorzugebende obere Schranke ist das Signifikanzniveau α des Tests.

In der Praxis übliche Werte für α sind 0.01, 0.05 und 0.1. Im Prinzip entscheidet der Versuchsleiter – abhängig von den zu erwartenden Konsequenzen einer falschen Entscheidung – über die Größe des vorzugebenden α.

Beispiel 8.6: Das Entscheidungsverfahren aus Beispiel 8.2 wäre ein Test zum Signifikanzniveau $\alpha = 0.05$. Bei einem Signifikanzniveau $\alpha = 0.01$ muß das entsprechende Entscheidungsverfahren mit 4 Würfen gewählt werden.

Fehler 2. Art

Der Fehler 2. Art ist der Fehler, eine in Wirklichkeit richtige Gegenhypothese nicht als richtig zu erkennen und die Nullhypothese nicht zu verwerfen. Es ist üblich, die Wahrscheinlichkeit für diesen Fehler mit β zu bezeichnen.

Der Unterschied bei der Kontrolle der Irrtumswahrscheinlichkeiten besteht darin, daß der Versuchsleiter α explizit angibt, während er β nur indirekt mit den Hilfsmitteln der Versuchsplanung beeinflussen kann. Dies geschieht z. B. durch Wahl eines geeigneten, speziellen statistischen Tests oder durch Wahl eines ausreichend großen Stichprobenumfangs.

Die Wahrscheinlichkeit, eine richtige Gegenhypothese im Test auch tatsächlich als richtig zu erkennen, ist $(1 - \beta)$. Man nennt diese Wahrscheinlichkeit Güte, Schärfe oder auch Macht (engl.: power) des Tests.

Auf den ersten Blick mag es so aussehen, als ob man durch Vertauschen von H_0 und H_1 auch die Fehler 1. und 2. Art austauschen könne. Die Bemerkungen im Anschluß an Beispiel 8.5 zeigen aber, daß das i. allg. nicht möglich ist. Durch die Formulierung von H_0 muß eindeutig eine Wahrscheinlichkeitsverteilung ausgezeichnet werden, die es gestattet, die Wahrscheinlichkeit für den Fehler 1. Art zu berechnen. Bei den Alternativen, die mit den in diesem Buch betrachteten statistischen Tests geprüft werden, trifft dies immer nur für eine der beiden Hypothesen zu. Diese muß im Test die Nullhypothese sein.

> **Beispiel 8.7:** Eine bestimmte bösartige Erkrankung wird mit einer massiven hochdosierten Chemotherapie behandelt, die erhebliche Nebenwirkungen auslösen kann. Eine Reduktion der Dosis würde dieses Risiko verringern. Neuere Ergebnisse lassen vermuten, daß eine Dosisreduktion möglich ist, ohne das eigentliche Behandlungsziel zu gefährden. Unter diesen Umständen soll folgende Alternative geprüft werden:
>
> H' : Die Erfolgsaussichten werden durch die Dosisreduktion nicht verschlechtert.
>
> H'' : Die Erfolgsaussichten werden durch die Dosisreduktion verschlechtert.
>
> Der Versuchsleiter möchte den Fehler, die Dosis zu reduzieren, obwohl dadurch der Therapieerfolg gefährdet wird, unter Kontrolle halten. Deswegen will er, daß dieser Fehler im statistischen Test der Fehler 1. Art wird. Dann müßte H'' die Nullhypothese sein.

Mit den hier betrachteten Tests kann er das nicht erreichen, denn
nur unter H' kann er explizit Wahrscheinlichkeiten berechnen, wie
er das zur Bestimmung der Wahrscheinlichkeit für den Fehler 1. Art
braucht.

Die notwendige unterschiedliche Behandlung der Irrtumswahrscheinlichkeiten hat Konsequenzen auf die Formulierung des Testergebnisses. Grundsätzlich gibt es zwei Möglichkeiten (s. Tabelle 8.1):

- Der Versuch endet damit, daß H_0 verworfen wird. Diese Entscheidung ist entweder richtig oder falsch. Ist sie falsch, kann nur der
  Fehler 1. Art vorliegen, und dessen Wahrscheinlichkeit ist höchstens
  gleich dem vom Versuchsleiter gewählten α.
- Der Versuch endet damit, daß H_0 nicht verworfen werden kann.
  Wieder ist diese Entscheidung entweder richtig oder falsch. Ist sie
  falsch, dann kann diesmal nur der Fehler 2. Art vorliegen, und dessen Wahrscheinlichkeit β ist nicht unter Kontrolle. Für β gibt es
  in der Regel nur die in der Praxis wenig nützliche obere Schranke
  $(1-\alpha)$. Bei $\alpha = 5\%$ kann also die Wahrscheinlichkeit für den Fehler
  2. Art bis auf 95% ansteigen.

Diesen Unterschied in der Verläßlichkeit der Ergebnisse bringt man
üblicherweise durch folgende Formulierungen zum Ausdruck:

- Im ersten Fall formuliert man: Die Nullhypothese kann auf dem
  Signifikanzniveau α verworfen werden.
- Im zweiten Fall formuliert man: Auf dem Signifikanzniveau α ergab
  sich kein Widerspruch zur Nullhypothese.

Mit der zweiten Formulierung läßt man die Entscheidung offen, inso-
fern ist das Ergebnis unbefriedigend. Es wäre aber falsch, solche nicht-
signifikanten Ergebnisse grundsätzlich zu ignorieren und gar nicht erst
zu veröffentlichen. Eine solche Strategie würde dazu führen, daß unter den veröffentlichten Ergebnissen der Anteil fälschlich verworfener
Nullhypothesen größer ist, als aufgrund der vorgegebenen Irrtumswahrscheinlichkeiten zu erwarten wäre.

8.2 Einseitige und zweiseitige Alternativen

Der Versuchsleiter muß vor der Durchführung des Versuchs entscheiden, wie die Fragestellung als Alternative für den statistischen Test formuliert werden soll. Diese Entscheidung erfolgt nicht unter statistischen Gesichtspunkten, sondern aufgrund inhaltlicher Überlegungen.

> **Beispiel 8.8:** Zur Behandlung einer bestimmten Erkrankung stehen zwei Medikamente A und B zur Verfügung, die beide in der Praxis angewandt werden. Im einfachen Fall einer qualitativen Zielgröße, die nur die Ausprägungen *Erfolg* und *Mißerfolg* hat, ist es naheliegend, den Anteil p_A der Patienten, die mit Medikament A erfolgreich behandelt werden, mit dem entsprechenden Anteil p_B bei Medikament B zu vergleichen.

Zweiseitige Alternative

Der Versuchsleiter hat a priori keine Vorkenntnisse darüber, ob p_A größer, kleiner oder auch gleich p_B ist. Daher prüft er zweckmäßig die Alternative

$$H_0 : \quad p_A \ = \ p_B,$$
$$H_1 : \quad p_A \ \neq \ p_B$$

oder gleichwertig

$$H_0 : \quad p_A - p_B \ = \ 0,$$
$$H_1 : \quad p_A - p_B \ \neq \ 0.$$

Man nennt diese Alternative zweiseitig, weil die interessierende Differenz $p_A - p_B$ der Erfolgswahrscheinlichkeiten unter H_1 sowohl positiv als auch negativ sein kann, d. h. auf beiden Seiten des unter H_0 möglichen Werts liegen kann.

Einseitige Alternative

Medikament B ist eine Weiterentwicklung von Medikament A, und es ist aufgrund pharmakologischer Überlegungen von vornherein klar, daß p_B mindestens gleich p_A ist oder sein sollte. Der Versuchsleiter möchte prüfen, ob p_B tatsächlich größer ist als p_A. Unter diesen Voraussetzungen prüft er zweckmäßig die Alternative

$$H_0 : \quad p_A \ \geq \ p_B,$$
$$H_1 : \quad p_A \ < \ p_B$$

oder gleichwertig

$$H_0 : \quad p_A - p_B \ \geq \ 0,$$
$$H_1 : \quad p_A - p_B \ < \ 0.$$

Man nennt diese Alternative einseitig, weil die interessierende Differenz $p_A - p_B$ der Erfolgswahrscheinlichkeiten unter H_1 nur auf einer
Seite der unter H_0 möglichen Werte liegen kann.

Von der einseitigen Alternative gibt es zwei Versionen. Wenn die Voraussetzungen bezüglich der beiden Medikamente A und B genau umgekehrt sind, muß der Versuchsleiter die einseitige Alternative

$$H_0 : \quad p_A \ \leq \ p_B,$$
$$H_1 : \quad p_A \ > \ p_B$$

oder gleichwertig

$$H_0 : \quad p_A - p_B \ \leq \ 0,$$
$$H_1 : \quad p_A - p_B \ > \ 0$$

prüfen. Falls sich der Versuchsleiter nicht sicher ist, ob die Voraussetzungen für eine einseitige Alternative vorliegen, wählt er zweckmäßig
die zweiseitige Alternative. Der gröbste Fehler ist, die Frage offen zu
lassen und erst nach Durchführung des Versuchs diejenige einseitige
Alternative zu wählen, die zum Verwerfen der Nullhypothese führt.
Man kann sich überlegen, daß durch ein solches Vorgehen das vorgegebene Signifikanzniveau α nicht eingehalten wird: Statt des angegebenen Signifikanzniveaus α ist tatsächlich 2α das zutreffende Niveau.

Überschreitungswahrscheinlichkeiten

In den Ausdrucken der gängigen Statistikprogrammsysteme wird
häufig statt des Signifikanzniveaus α die ein- bzw. zweiseitige (engl.:
one- bzw. two-tailed) Überschreitungswahrscheinlichkeit (oft auch p-
Wert genannt) angegeben. Man macht von dieser Angabe sinnvoll Gebrauch, wenn man als Versuchsleiter vor Durchführung des Versuchs
die Alternative und die Irrtumswahrscheinlichkeit α festlegt und nach
dem Versuch prüft, ob die ausgedruckte ein- bzw. zweiseitige Überschreitungswahrscheinlichkeit kleiner ist als das zuvor festgelegte α.
Wenn das der Fall ist, wird H_0 auf dem vorgegebenen Signifikanzniveau verworfen. Anderenfalls besteht auf dem vorgegebenen Signifikanzniveau kein Widerspruch zu H_0.

Interpretation der statistischen Signifikanz

Bei der Lektüre statistischer Diskussionen in medizinischen Publikationen entsteht häufig der Eindruck, als sei das Signifikanzniveau ein Maß für die Bedeutung des Ergebnisses: Je kleiner α, desto bedeutender das Ergebnis. Das ist eine Fehlinterpretation. Das Signifikanzniveau ist allein eine Kennzeichnung des Entscheidungsverfahrens, das der getroffenen Entscheidung zugrunde liegt, ein Maß für seine Anfälligkeit gegenüber dem Fehler 1. Art. Ob die nach den Regeln dieses Verfahrens getroffene Entscheidung nun ihrerseits medizinisch von Bedeutung ist, steht auf einem anderen Blatt. Ein Test kann aufgrund eines großen Stichprobenumfangs eine so große Schärfe bekommen, daß auch medizinisch unbedeutende Unterschiede statistisch signifikant werden. Umgekehrt ist es auch möglich, daß medizinisch wichtige Hinweise, die in den Daten enthalten sind, aufgrund geringer Fallzahlen statistisch nicht signifikant sind.

Beispiel 8.9: In einer Untersuchung an ca. 2000 Mädchen im Alter zwischen 8 und 10 Jahren mit orthopädisch unauffälligen Hüftgelenken wurde der Pfannendachwinkel des rechten und des linken Hüftgelenks im Röntgenbild vermessen. Im t–Test für verbundene Stichproben (Abschn. 10.1.1) konnte die Nullhypothese der Gleichheit beider Winkel auf dem Signifikanzniveau $\alpha = 0.01$ verworfen werden.

Das Ergebnis ist wegen des großen Stichprobenumfangs statistisch „hoch"–signifikant. Es ist aber bedeutungslos, da nur kleine, medizinisch belanglose Unterschiede bestehen.

In einer Studie über akute lymphatische Leukämie (ALL) war nach Protokoll in der Induktionsphase eine ZNS-Bestrahlung vorgesehen. Aus unterschiedlichen Gründen unterblieb diese Bestrahlung in einigen Fällen. In diesen Fällen wurde ein ZNS-Rezidiv der ALL häufiger festgestellt als in den übrigen Fällen. Diese Beobachtung war medizinisch sehr wichtig, aber wegen der geringen Anzahl der Fälle war sie statistisch nicht einmal auf dem 10%–Niveau signifikant.

8.3 Spezielle Testverfahren

In den folgenden Kapiteln werden einige ausgewählte statistische
Tests nach einem einheitlichen Schema beschrieben. Zunächst wird
allgemein die Fragestellung dargestellt, für die der Test angemessen ist. Sie wird jeweils durch ein einfaches medizinisches Beispiel
erläutert.

Die Fragestellung muß in ein mathematisches Modell übersetzt werden. Dieser Schritt erfordert die enge Zusammenarbeit von Mediziner
und Statistiker. Die wesentlichen Aspekte des medizinischen Problems
müssen angemessen mathematisch beschrieben werden.

Im mathematischen Modell wird die medizinische Fragestellung im
Hinblick auf den Test auf eine aus Null- und Gegenhypothese be-
stehende Alternative reduziert. Dabei muß auch entschieden werden,
ob die Alternative einseitig oder zweiseitig zu formulieren ist. Ansch-
ließend wird die Durchführung des Tests erklärt. Sie besteht aus

- der Wahl der Irrtumswahrscheinlichkeit α,
- der Bestimmung der zugehörigen Quantile, die die Grenzen des Verwerfungsbereichs bilden,
- der Berechnung der Prüfgröße,
- der Feststellung, ob die Prüfgröße im Verwerfungsbereich liegt oder
  nicht, und
- der Formulierung des Testergebnisses.

Dies alles wird am jeweiligen Beispiel erläutert. Für den Anwender
ist es wichtig zu wissen, welchen Test er bei gegebenem Problem anwenden darf. Um die Suche nach dem geeigneten Test zu erleichtern,
sind die Tests nach bestimmten Kriterien geordnet:

- Nach der Anzahl der zu vergleichenden Stichproben unterscheidet
  man zwischen Ein-, Zwei- und Mehrstichprobentests.
- Abhängig davon, ob im Versuch eine Blockbildung durchgeführt
  wurde, unterscheidet man zwischen Tests für verbundene und Tests
  für unverbundene Stichproben.
- Sind die Hypothesen Aussagen über Parameter einer Verteilungsfunktion von bekanntem Typ, spricht man von parametrischen
  Tests, andernfalls spricht man von nichtparametrischen Tests.

9 Einstichprobenproblem

Mit den folgenden Einstichprobentests wird geprüft, ob ein Parameter der Verteilung eines quantitativen Merkmals mit einer bestimmten Vorgabe übereinstimmt.

> **Beispiel 9.1:** Der medizinischen Fachliteratur entnimmt man, daß das Körpergewicht von gesunden Neugeborenen nach unauffälliger Schwangerschaft und bei Ausschluß von Mehrlingsgeburten „im Mittel" bei $3500g$ liegt.
>
> Die so eingeschränkte Menge der Neugeborenen bildet in diesem Beispiel die Grundgesamtheit G. Das betrachtete quantitative Merkmal ist das Körpergewicht, dessen Verteilung in der Grundgesamtheit G durch eine unbekannte Verteilungsfunktion F beschrieben wird. Die Aussage betrifft die Lage der Verteilung, die entweder durch den Erwartungswert oder den Median von F beschrieben werden kann. Falls man F als symmetrisch voraussetzen darf, fallen diese beiden Maße zusammen.
>
> In einem Einstichprobentest wird geprüft, ob die Aussage für eine bestimmte Region oder für den Einzugsbereich einer bestimmten Klinik zutrifft. Es wird eine zufällige Stichprobe von zwanzig Neugeborenen aus der Grundgesamtheit G gezogen (Tabelle 9.1).

9.1 Parametrisch: t–Test

Fragestellung

In einer Grundgesamtheit G wird ein stetiges Merkmal A betrachtet, dessen Verteilung durch die Normalverteilung $N(\mu, \sigma^2)$ beschrieben wird. Es soll geprüft werden, ob der Erwartungswert μ der Normalverteilung von einem vorgegebenen Wert μ_0 abweicht.

Beispiel 9.2: Wenn vorausgesetzt wird, daß das Körpergewicht
der Neugeborenen aus Beispiel 9.1 nach $N(\mu, \sigma^2)$ normalverteilt ist,
ist die beschriebene Voraussetzung erfüllt. Da die Normalverteilung
eine symmetrische Verteilung ist, wird die Angabe „im Mittel" als
Angabe über den Erwartungswert interpretiert. Da keine weiteren
Informationen über die Art der Abweichung des tatsächlichen Erwartungswerts μ vom vermuteten Wert $\mu_0 = 3500g$ vorliegen, wird
die zweiseitige Alternative

$$\begin{aligned}
H_0 : \quad \mu &= 3500g, \\
H_1 : \quad \mu &\neq 3500g
\end{aligned}$$

geprüft. Zur Prüfung werden die Körpergewichte der zufälligen
Stichprobe von 20 Neugeborenen aus Tabelle 9.1 herangezogen.

Modell

Die Daten $x_1, x_2, \ldots, x_n$ sind Realisationen von unabhängigen Zufallsvariablen $X_1, X_2, \ldots, X_n$. Nach Voraussetzung besitzen diese Zufallsvariablen alle die gleiche Normalverteilung $N(\mu, \sigma^2)$ und speziell unter
H_0 die Normalverteilung $N(\mu_0, \sigma^2)$. Die Zufallsvariable

$$U = \sqrt{n} \cdot \frac{\overline{X} - \mu_0}{\sigma}$$

ist unter H_0 der standardisierte Mittelwert der $X_1, X_2, \ldots, X_n$ und
daher standardnormalverteilt. U ist als Teststatistik nicht geeignet,
da σ nicht bekannt ist und erst aus der Stichprobe über die Schätzfunktion

$$S = \sqrt{\frac{1}{n-1} \cdot \sum_{i=1}^{n} (X_i - \overline{X})^2}$$

geschätzt werden muß. Nachdem S für σ in U eingesetzt ist, ergibt
sich

$$T = \sqrt{n} \cdot \frac{\overline{X} - \mu_0}{S}.$$

T ist die Teststatistik des Einstichproben–t–Tests. Das Ersetzen der
unbekannten Konstanten σ durch die Zufallsvariable S hat zur Folge,
daß die Verteilungsfunktion von T eine t–Verteilung mit $f = n - 1$
Freiheitsgraden ist.

Tabelle 9.1: Körpergewichte in g von 20 Neugeborenen, Beispiel für das Einstichprobenproblem

x_i	$\dfrac{x_i - 3500}{d_i}$	$\|x_i - 3500\|$	r_i	$d_i > 0$	$d_i < 0$
				Rangzahlen	
3560	60	60	5	5	
4500	1000	1000	19	19	
3850	350	350	13	13	
3450	−50	50	4		4
4110	610	610	15	15	
3400	−100	100	7		7
3710	210	210	10	10	
3340	−160	160	9		9
4090	590	590	14	14	
4360	860	860	18	18	
3780	280	280	11	11	
3530	30	30	2.5	2.5	
4250	750	750	17	17	
2800	−700	700	16		16
3410	−90	90	6		6
3530	30	30	2.5	2.5	
3610	110	110	8	8	
3200	−300	300	12		12
4560	1060	1060	20	20	
3490	−10	10	1		1
Summe	−	−	210	155	55

$$x_{\min} = 2800 \qquad x_{\max} = 4560 \qquad \bar{x} = 3726.5 \qquad \tilde{x} = 3560 \qquad s = 459.33$$

Durchführung des Tests

Zu vorgegebenem Signifikanzniveau α werden die Quantile $t_{f;\alpha/2}$ und $t_{f;1-\alpha/2}$ der Tabelle 15.5 entnommen. Der Verwerfungsbereich des Tests ist der Bereich außerhalb des von den beiden Quantilen gebildeten Intervalls $[t_{f;\alpha/2}, t_{f;1-\alpha/2}]$. Liegt die Prüfgröße

$$t = \sqrt{n} \cdot \frac{\bar{x} - \mu_0}{s}$$

des Tests außerhalb des Intervalls, muß H_0 verworfen werden, andernfalls kann H_0 nicht verworfen werden.

> **Beispiel 9.3:** Für das Beispiel 9.1 findet man für $\alpha = 0.05$ die
> Quantile $t_{19;0.025} = -2.093$ und $t_{19;0.975} = +2.093$. Als Prüfgröße
> ergibt sich nach Einsetzen der Daten aus Tabelle 9.1
>
> $$t = \sqrt{20} \cdot \frac{3726.5 - 3500}{459.33} = 2.21.$$
>
> Die Prüfgröße liegt nicht im Intervall $[-2.093,\ +2.093]$. Daher
> muß die Nullhypothese auf dem 5%–Niveau verworfen werden. Die
> Daten des Beispiels 9.1 lassen darauf schließen, daß das mittlere
> Körpergewicht von Neugeborenen im Einzugsbereich der betrach-
> teten Klinik mehr als $3500g$ beträgt.

Einseitige Alternativen

Wenn Vorinformationen über mögliche Abweichungen vom vorgegebenen Wert μ_0 vorliegen, kann statt der zweiseitigen die der Vorinformation entsprechende einseitige Alternative

$$H_0 : \quad \mu \ \geq \ \mu_0 \quad \text{gegen} \quad H_1 : \quad \mu \ < \ \mu_0$$

oder

$$H_0 : \quad \mu \ \leq \ \mu_0 \quad \text{gegen} \quad H_1 : \quad \mu \ > \ \mu_0$$

geprüft werden. Die nötige Vorinformation kann aus Veröffentlichungen oder Vorversuchen stammen. Sie darf nicht durch die Daten der
Stichprobe selbst begründet werden, weil dann eine a posteriori Hypothese getestet würde.

9.2 Nichtparametrisch: Wilcoxon–Test

Fragestellung

In einer Grundgesamtheit G wird ein Merkmal betrachtet, dessen
Verteilung durch die stetige und symmetrische Verteilungsfunktion
F beschrieben wird, die aber keine Normalverteilung zu sein braucht.
Es soll geprüft werden, ob der Erwartungswert μ der Verteilung mit
einem vorgegebenen Wert μ_0 übereinstimmt. Wegen der vorausgesetzten Symmetrie wäre dann auch der Median der Verteilung gleich μ_0.

Beispiel 9.4: Es werden die Daten der Tabelle 9.1 herangezogen. Von der Verteilung der Geburtsgewichte in der Grundgesamtheit wird aber nicht mehr die Normalverteilung, sondern nur noch Stetigkeit und Symmetrie gefordert. Geprüft wird die gleiche Alternative wie beim Einstichproben-t-Test:

$$H_0: \quad \mu \;=\; 3500g,$$
$$H_1: \quad \mu \;\neq\; 3500g.$$

Modell

Die Daten $x_1, x_2, \ldots, x_n$ sind Realisationen der unabhängigen Zufallsvariablen $X_1, X_2, \ldots, X_n$, die alle die gleiche stetige und symmetrische Verteilungsfunktion F besitzen. Daher sind unter H_0 die Differenzen $(X - \mu_0)$ symmetrisch um 0 verteilt. Beim Wilcoxon-Test werden die $|X_i - \mu_0|$, d. h. die Absolutbeträge der Differenzen $(X_i - \mu_0)$ durch ihre Rangzahlen R_i ersetzt. Dazu wird die Rangliste der $|X_i - \mu_0|$ gebildet, und es wird

$$W = \sum_{(x_i - \mu_0) > 0} R_i,$$

die Summe der Rangzahlen R_i der positiven Differenzen, berechnet. Dabei werden nur die von Null verschiedenen Differenzen berücksichtigt, d. h. die mit $x_i = \mu_0$ werden gestrichen. Dadurch verringert sich gegebenfalls der Stichprobenumfang.

W ist die Teststatistik des Wilcoxon-Tests. Allein aus der vorausgesetzten Stetigkeit und Symmetrie von F läßt sich die Wahrscheinlichkeitsverteilung von W unter H_0 berechnen. Für $n \leq 25$ findet man die Quantile der Verteilung in Tabelle 15.13. Für $n > 25$ läßt sich die Verteilung näherungsweise durch die Normalverteilung $N\left(\frac{n(n+1)}{4}, \frac{n(n+1)(2n+1)}{24}\right)$ darstellen. Nach entsprechender Standardisierung erhält man

$$U = \frac{W - \frac{n(n+1)}{4}}{\sqrt{\frac{n(n+1)(2n+1)}{24}}},$$

eine standardnormalverteilte Teststatistik, deren Realisation mit den entsprechenden Quantilen der Standardnormalverteilung zu vergleichen ist.

Durchführung des Tests

Für $n \leq 25$ werden zu vorgegebenem Signifikanzniveau α die Quantile

$w_{n;\alpha/2}$ und $w_{n;1-\alpha/2}$ der Tabelle 15.13 entnommen. Der Verwerfungsbereich des Tests ist der Bereich außerhalb des von den beiden Quantilen gebildeten Intervalls $[w_{n;\alpha/2}, w_{n;1-\alpha/2}]$. Liegt die Prüfgröße w des Tests außerhalb des Intervalls, muß H_0 verworfen werden, andernfalls kann H_0 nicht verworfen werden.

Beispiel 9.5: Für das Beispiel 9.4 findet man für $\alpha = 0.05$ die Quantile $w_{20;0.025} = 53$ und $w_{20;0.975} = 157$. Als Prüfgröße ergibt sich aus Tabelle 9.1

$$w = 155.$$

Die Prüfgröße liegt im Intervall $[53, 157]$, daher kann die Nullhypothese auf dem 5%–Niveau nicht verworfen werden. Im Wilcoxon–Test ergibt sich für die Daten der Tabelle 9.1 kein Widerspruch zu der Hypothese, daß das mittlere Körpergewicht von Neugeborenen im Einzugsbereich der betrachteten Klinik $3500g$ beträgt. Verwendet man die Näherung durch die Normalverteilung, so ergibt sich die Prüfgröße

$$u = \frac{155 - \frac{20 \cdot 21}{4}}{\sqrt{\frac{20 \cdot 21 \cdot 41}{24}}} = \frac{50}{26.786} = 1.867.$$

Die Prüfgröße liegt im von den beiden Quantilen $u_{0.025}$ und $u_{0.975}$ der Standardnormalverteilung gebildeten Intervall $[-1.96, +1.96]$, also ebenfalls nicht im Verwerfungsbereich. Die Approximation führt hier zur gleichen Testentscheidung wie die exakte Prüfgröße.

Einseitige Alternativen

Wenn Vorinformationen über mögliche Abweichungen vom vorgegebenen Wert μ_0 vorliegen, kann statt der zweiseitigen die der Vorinformation entsprechende einseitige Alternative

$$H_0 : \mu \geq \mu_0 \text{ gegen } H_1 : \mu < \mu_0$$

oder

$$H_0 : \mu \leq \mu_0 \text{ gegen } H_1 : \mu > \mu_0$$

geprüft werden. Die nötige Vorinformation kann aus Veröffentlichungen oder Vorversuchen stammen. Sie darf nicht durch die Daten der Stichprobe selbst begründet werden, weil dann eine a posteriori Hypothese getestet würde.

Beispiel 9.6: In einer Veröffentlichung ist die Vermutung geäußert worden, daß das Geburtsgewicht von Neugeborenen im Vergleich zu Daten aus der Zeit vor 1970 zunimmt. Der Versuchsleiter möchte diese Hypothese für den Einzugsbereich seiner Klinik überprüfen. Seine Alternative lautet

$$H_0 : \quad \mu \leq 3500g,$$
$$H_1 : \quad \mu > 3500g.$$

Er betrachtet die gleiche Grundgesamtheit wie in Beispiel 9.1 und zieht eine zufällige Stichprobe. Die Daten der Stichprobe sollen wieder die Daten aus Tabelle 9.1 sein. Die Prüfgröße ist wieder

$$w = 155,$$

die bei der Prüfung der einseitigen Alternative und $\alpha = 0.05$ mit dem Quantil $w_{20;0.95} = 149$ zu vergleichen ist. Da die Prüfgröße größer ist als das Quantil, muß die Nullhypothese $\mu \leq 3500g$ auf dem 5%–Niveau verworfen werden. Die Daten deuten daraufhin, daß das Geburtsgewicht im Einzugsbereich der betrachteten Klinik im Mittel mehr als $3500g$ beträgt.

9.3   Nichtparametrisch: Vorzeichen–Test

Fragestellung

In einer Grundgesamtheit G wird ein Merkmal betrachtet, dessen Verteilung durch die stetige Verteilungsfunktion F beschrieben wird. F braucht nicht symmetrisch zu sein, wie es beim Wilcoxon–Test vorausgesetzt wird. Es soll geprüft werden, ob der Median $\tilde{\mu}$ der Verteilung mit einem vorgegebenen Wert $\tilde{\mu}_0$ übereinstimmt.

Beispiel 9.7: Es werden wieder die Daten der Tabelle 9.1 herangezogen. Von den Geburtsgewichten wird aber jetzt nur noch die Stetigkeit gefordert. Damit fallen Erwartungswert und Median der Verteilung nicht mehr automatisch zusammen, und die Fragestellung muß jetzt als Hypothese über den Median formuliert werden. Geprüft wird die Alternative

$$H_0 : \quad \tilde{\mu} = 3500g,$$
$$H_1 : \quad \tilde{\mu} \neq 3500g.$$

Modell

Die Daten $x_1, x_2, \ldots, x_n$ sind Realisationen der unabhängigen Zufallsvariablen $X_1, X_2, \ldots, X_n$, die alle die gleiche stetige Verteilungsfunktion F besitzen.

Der Vorzeichen–Test beruht auf der Tatsache, daß die Anzahl Y der positiven Differenzen unter den $(X_i - \tilde{\mu}_0)$ einer Binomialverteilung $B(n, p)$ folgt. Nach Definition des Medians ist die Nullhypothese gleichwertig zur Aussage $p = 0.5$, und genau diese Aussage wird geprüft.

Y ist die Teststatistik des Vorzeichen–Tests, die unter H_0 der Binomialverteilung $B(n, 0.5)$ folgt. Für $n \leq 40$ findet man die Quantile in Tabelle 15.15. Für größere n läßt sich die Binomialverteilung näherungsweise durch die Normalverteilung $N(\frac{n}{2}, \frac{n}{4})$ ersetzen. Nach entsprechender Standardisierung erhält man mit

$$U = \frac{2 \cdot Y - n}{\sqrt{n}}$$

eine standardnormalverteilte Teststatistik, deren Realisation mit den entsprechenden Quantilen einer Standardnormalverteilung zu vergleichen ist.

Durchführung des Tests

Für $n \leq 40$ werden zu vorgegebenem Signifikanzniveau α die Quantile $y_{n;\alpha/2}$ und $y_{n;1-\alpha/2}$ der Tabelle 15.15 entnommen. Der Verwerfungsbereich des Tests ist der Bereich außerhalb des von den beiden Quantilen gebildeten Intervalls $[y_{n;\alpha/2}, y_{n;1-\alpha/2}]$. Liegt die Prüfgröße y des Tests außerhalb des Intervalls, muß H_0 verworfen werden, andernfalls kann H_0 nicht verworfen werden.

Beispiel 9.8: Für das Beispiel 9.7 findet man für $\alpha = 0.05$ die Quantile $y_{20;0.025} = 6$ und $y_{20;0.975} = 14$. Die Prüfgröße, d. h. die Anzahl der positiven Differenzen $(x_i - 3500)$, ist nach Tabelle 9.1

$$y = 13.$$

Die Prüfgröße liegt im Intervall $[6, 14]$. Die Nullhypothese kann daher auf dem 5%–Niveau nicht verworfen werden. Im Vorzeichen–Test ergibt sich für die Daten der Tabelle 9.1 kein Widerspruch zu der Hypothese, daß der Median des Körpergewichts von Neugeborenen im Einzugsbereich der betrachteten Klinik $3500g$ beträgt.

Einseitige Alternativen

Wenn Vorinformationen über mögliche Abweichungen vom vorgegebenen Wert $\tilde{\mu}_0$ vorliegen, kann statt der zweiseitigen die der Vorinformation entsprechende einseitige Alternative

$$H_0 : \quad \tilde{\mu} \geq \tilde{\mu}_0 \quad \text{gegen} \quad H_1 : \quad \tilde{\mu} < \tilde{\mu}_0$$

oder

$$H_0 : \quad \tilde{\mu} \leq \tilde{\mu}_0 \quad \text{gegen} \quad H_1 : \quad \tilde{\mu} > \tilde{\mu}_0$$

geprüft werden. Die nötige Vorinformation kann aus Veröffentlichungen oder Vorversuchen stammen. Sie darf nicht durch die Daten der Stichprobe selbst begründet werden, weil dann eine a posteriori Hypothese getestet würde.

Beispiel 9.9: In einer Veröffentlichung ist die Vermutung geäußert worden, daß das Geburtsgewicht von Neugeborenen im Vergleich zu Daten aus den Jahren vor 1970 zunimmt. Der Versuchsleiter möchte diese Hypothese für den Einzugsbereich seiner Klinik überprüfen. Da er den Vorzeichen–Test anwendet, faßt er die Angabe zum mittleren Gewicht als Angabe über den Median auf. Seine Alternative lautet

$$H_0 : \quad \tilde{\mu} \leq 3500g,$$
$$H_1 : \quad \tilde{\mu} > 3500g.$$

Er betrachtet die gleiche Grundgesamtheit wie in Beispiel 9.1 und zieht eine zufällige Stichprobe. Die Daten der Stichprobe sollen wieder die Daten aus Tabelle 9.1 sein. Die Prüfgröße ist wieder

$$y = 13,$$

die diesmal mit dem Quantil $y_{20;0.95} = 14$ zu vergleichen ist. Da die Prüfgröße nicht größer als das Quantil ist, kann die Nullhypothese $\tilde{\mu} \leq 3500g$ auf dem 5%–Niveau nicht verworfen werden.

Bei Anwendung des Vorzeichen–Tests widersprechen die Daten auf dem 5%–Niveau nicht der Hypothese, daß der Median des Geburtsgewichts im Einzugsbereich der betrachteten Klinik nicht größer als $3500g$ ist.

9.4 Vergleich der Einstichprobentests

Die drei Einstichprobentests wurden auf die Daten der Tabelle 9.1 angewandt. Dies sollte nicht zur Nachahmung verleiten, da es hier nur dazu diente, die Schärfe der drei klassischen Einstichprobentests vergleichen zu können. Unter der Schärfe eines Tests versteht man die Wahrscheinlichkeit, mit der die Teststatistik bei falscher Nullhypothese in den Verwerfungsbereich fällt (Abschnitt 8.1).

Der t-Test stellt die stärksten Forderungen an die Daten. Wenn diese Forderungen erfüllt sind, ist dieser Test am ehesten in der Lage, Abweichungen von der Nullhypothese zu erkennen. Im betrachteten Beispiel konnte sogar die Nullhypothese der zweiseitigen Alternative verworfen werden. Unter den Voraussetzungen des t-Tests ist auch der Wilcoxon–Test zulässig. Aber in diesen Fällen ist er nur zweite Wahl. Im Beispiel konnte zwar noch die Nullhypothese der einseitigen Alternative, nicht aber die der zweiseitigen verworfen werden. Die Ergebnisse beider Tests liegen allerdings nicht weit auseinander. Der Unterschied wird durch die mehr oder weniger willkürliche Wahl eines Signifikanzniveaus, hier des 5%–Niveaus, überbetont. Im t-Test liegt die Prüfgröße knapp über der Grenze zum Verwerfungsbereich, im Wilcoxon–Test liegt sie knapp darunter. Der Vorteil des Wilcoxon-Tests ist, daß er auch noch in Fällen anwendbar ist, in denen man zwar keine Normalverteilung der Daten annehmen kann, wohl aber noch eine stetige und symmetrische Verteilung. Der Vorzeichen–Test schließlich ist der Test, dessen Anwendung an die geringsten Voraussetzungen geknüpft ist. Im Beispiel konnte nicht einmal die Nullhypothese der einseitigen Alternative verworfen werden. Trotzdem ist er ein nützlicher Test, der unter einfachen Voraussetzungen schon bei kleinem Stichprobenumfang wichtige Hinweise geben kann und bei größerem Stichprobenumfang zum Nachweis medizinisch relevanter Effekte meist vollkommen ausreicht.

Der Vorzeichen–Test ist hier als nichtparametrischer Test für stetige Merkmale eingeführt worden. Im Grunde ist er ein Test für Binomialverteilungen. Diese wird, wie auch hier im Beispiel, künstlich dadurch erzeugt, daß von den Differenzen $(X_i - \tilde{\mu}_0)$ nur die Vorzeichen betrachtet werden. Dieses Vorgehen hat dem Test seinen Namen gegeben.

10 Zweistichprobenproblem

Zwei Stichproben heißen verbunden, wenn es zu jedem Datum aus der einen Stichprobe genau eines aus der anderen gibt, mit dem es inhaltlich ein Paar bildet. Verbundene Stichproben nennt man daher auch paarige Stichproben. Sie haben stets den gleichen Stichprobenumfang.

Zwei Stichproben heißen unverbunden, wenn sowohl die Daten innerhalb einer Stichprobe als auch die Daten aus beiden Stichproben zusammen alle unabhängig voneinander sind.

10.1 Verbundene Stichproben

Allgemein erhält man verbundene Stichproben durch Blockbildung. Ein typisches Beispiel für zwei verbundene Stichproben liegt vor, wenn bei Patienten der gleiche klinische Parameter vor und nach einer Therapie bestimmt wird. Die Daten, die vor der Therapie erhoben werden, bilden die eine Stichprobe und die Daten, die nach der Therapie erhoben werden, die andere. Das inhaltlich zusammengehörende Paar sind die beiden Werte, die vom gleichen Patienten stammen.
Die im folgenden zu besprechenden Zweistichprobentests für verbundene Stichproben sind identisch mit den entsprechenden Einstichprobentests, angewandt auf die Differenzen der jeweiligen Wertepaare.

10.1.1 Parametrisch: t–Test

Fragestellung
Aus einer Grundgesamtheit G wird eine zufällige Stichprobe gezogen. An jedem Element der Stichprobe wird ein stetiges Merkmal zweimal gemessen, d. h. jedes Element der Stichprobe liefert ein Wertepaar (x, y). Es soll geprüft werden, ob diese beiden Werte systematisch

Tabelle 10.1: Glukosekonzentration in $mg/100ml$ von 10 Seren nach den Methoden X und Y, Beispiel für zwei verbundene Stichproben

Probe i	Methode X x_i	Methode Y y_i	Differenz $d_i = x_i - y_i$	r_i	Rangzahlen $|X - Y|$ $d_i > 0$	$d_i < 0$
1	54	50	4	4	4	
2	87	89	-2	1		1
3	70	65	5	7	7	
4	96	91	5	7	7	
5	90	86	4	4	4	
6	70	70	0	–	–	–
7	71	75	-4	4		4
8	61	58	3	2	2	
9	190	182	8	9	9	
10	63	58	5	7	7	
Σ	852	824	28	45	40	5
$\bar{x}$	85.2	82.4	2.8	–	–	–
s^2	1538.0	1422.5	13.5	–	–	–
s	39.2	37.7	3.7	–	–	–

voneinander abweichen. Es wird vorausgesetzt, daß die Verteilungsfunktion F der Differenzen eine Normalverteilung ist.

Beispiel 10.1: In einem klinisch-chemischen Labor soll geprüft werden, ob ein neues Gerät Y zur Bestimmung der Blutglukose im Rahmen der unvermeidlichen Streuung die gleichen Werte liefert wie die allgemein anerkannte Referenzmethode X. Dazu wird bei einer zufälligen Stichprobe von Blutproben, die im Labor eingehen, die Glukosekonzentration sowohl mit dem neuen Gerät Y als auch nach der Referenzmethode X bestimmt. Es wird die Differenz der jeweiligen Meßergebnisse berechnet (Tabelle 10.1) und angenommen, daß die Differenzen einer Normalverteilung $N(\mu, \sigma^2)$ folgen. Da keine Vorinformation über die Art der möglichen Abweichung der Ergebnisse mit dem neuen Gerät Y von denen mit der Referenzmethode X vorliegt, wird die zweiseitige Alternative

$$H_0 : \quad \mu \ = \ 0,$$
$$H_1 : \quad \mu \ \neq \ 0$$

geprüft. H_0 ist die elegante mathematische Formulierung dafür, daß die Differenzen um Null streuen, d. h., daß es keine systematischen Unterschiede zwischen den Methoden gibt.

Modell

Die Differenzen $d_t = x_i - y_t$ sind Realisationen von unabhängigen Zufallsvariablen D_t. Nach Voraussetzung besitzen sie alle die gleiche Normalverteilung $N(\mu, \sigma^2)$ und speziell unter der Nullhypothese die Normalverteilung $N(0, \sigma^2)$. Damit liegt genau das Modell des Einstichproben-t-Tests für den Spezialfall $\mu_0 = 0$ vor. Entsprechend ist die Teststatistik

$$T = \sqrt{n} \cdot \frac{\overline{D}}{S_D}$$

eine t-Verteilung mit $f = n - 1$ Freiheitsgraden, wobei S_D die übliche Schätzung für die Standardabweichung σ der Differenzen ist.

Durchführung des Tests

Zu vorgegebenem Signifikanzniveau α werden die Quantile $t_{f;\alpha/2}$ und $t_{f;1-\alpha/2}$ der Tabelle 15.5 entnommen. Der Verwerfungsbereich des Tests ist der Bereich außerhalb des von den beiden Quantilen gebildeten Intervalls $[t_{f;\alpha/2}, t_{f;1-\alpha/2}]$. Liegt die Prüfgröße

$$t = \sqrt{n} \cdot \frac{\bar{d}}{s_d}$$

des Tests außerhalb des Intervalls, muß H_0 verworfen werden, andernfalls kann H_0 nicht verworfen werden.

Beispiel 10.2: Für das Beispiel 10.1 findet man für $\alpha = 0.05$ die Quantile $t_{9;0.025} = -2.262$ und $t_{9;0.975} = +2.262$. Als Prüfgröße ergibt sich nach Einsetzten der Daten

$$t = \sqrt{10} \cdot \frac{2.8}{3.7} = 2.39$$

Die Prüfgröße liegt nicht im Intervall $[-2.262, +2.262]$, daher muß die Nullhypothese auf dem 5%-Niveau verworfen werden.

Die Daten des Beispiels 10.1 lassen darauf schließen, daß das neue Gerät Y gegenüber der Referenzmethode X eine systematische Verzerrung besitzt. Es liefert anscheinend systematisch zu kleine Werte.

Einseitige Alternativen

Wenn Vorinformationen über mögliche Abweichungen vom vorgegebenen Wert μ_0 vorliegen, kann statt der zweiseitigen die der Vorinformation entsprechende einseitige Alternative

$$H_0 : \quad \mu \geq 0 \quad \text{gegen} \quad H_1 : \quad \mu < 0$$

oder

$$H_0 : \quad \mu \leq 0 \quad \text{gegen} \quad H_1 : \quad \mu > 0$$

geprüft werden. Die nötige Vorinformation kann aus Veröffentlichungen oder Vorversuchen stammen. Sie darf nicht durch die Daten der
Stichprobe selbst begründet werden, weil dann eine a posteriori Hypothese getestet würde.

10.1.2 Nichtparametrisch: Wilcoxon–Test

Fragestellung

Aus einer Grundgesamtheit G wird eine zufällige Stichprobe gezogen.
An jedem Element der Stichprobe wird ein stetiges Merkmal zweimal
gemessen, d. h. jedes Element der Stichprobe liefert ein Wertepaar
(x, y). Es soll geprüft werden, ob diese beiden Werte systematisch
voneinander abweichen. Es wird vorausgesetzt, daß die Verteilungsfunktion F der Differenzen stetig und symmetrisch ist.

Beispiel 10.3: Zur Illustration kann auch hier Beispiel 10.1 herangezogen werden, aber diesmal wird von der Verteilung der Differenzen der Meßwerte nur Stetigkeit und Symmetrie verlangt. Der
Erwartungswert der Verteilung sei μ. Es soll wieder die zweiseitige
Alternative

$$H_0 : \quad \mu = 0,$$
$$H_1 : \quad \mu \neq 0$$

geprüft werden. H_1 ist die mathematische Formulierung dafür, daß
es einen systematischen Unterschied zwischen den beiden Meßmethoden gibt.

Modell

Nach Voraussetzung liegt für die Differenzen $d_i = x_i - y_i$ der Meßwerte
das Modell des Wilcoxon–Tests für eine Stichprobe und $\mu_0 = 0$ vor.

174

Analog zum Einstichprobenfall wird die Rangliste für die Absolutbeträge der Differenzen $|d_i| = |x_i - y_i|$ gebildet. Dabei werden nur die von Null verschiedenen Differenzen berücksichtigt. Gegebenenfalls verringert sich dadurch der Stichprobenumfang. Die Prüfgröße ist

$$w = \sum_{d_i > 0} r_i,$$

die Summe der Rangzahlen r_i der positiven Differenzen.

Durchführung des Tests

Für $n \leq 25$ werden zu vorgegebenem Signifikanzniveau α die Quantile $w_{n;\alpha/2}$ und $w_{n;1-\alpha/2}$ der Tabelle 15.13 entnommen. Gegebenenfalls ist vom Stichprobenumfang n die Anzahl der Differenzen abzuziehen, die gleich Null sind. Der Verwerfungsbereich des Tests ist der Bereich außerhalb des von den beiden Quantilen gebildeten Intervalls $[w_{n;\alpha/2}, w_{n;1-\alpha/2}]$. Liegt die Prüfgröße w des Tests außerhalb des Intervalls, muß H_0 verworfen werden, andernfalls kann H_0 nicht verworfen werden.

> **Beispiel 10.4:** In Beispiel 10.3 ergibt sich nach Tabelle 10.1 auf Seite 172 die Prüfgröße
>
> $$w = 40.$$
>
> Die Prüfgröße muß zu vorgegebenem $\alpha = 0.05$ mit den Quantilen $w_{9;0.025} = 6$ und $w_{9;0.975} = 39$ verglichen werden. Der Stichprobenumfang ist zwar $n = 10$, aber eine Differenz ist Null, und es werden nur die neun von Null verschiedenen Differenzen im Test berücksichtigt. Die Prüfgröße liegt nicht im Intervall $[6, 39]$. Die Nullhypothese muß daher auf dem 5%–Niveau verworfen werden. Wie beim t–Test lassen die Daten der Tabelle 10.1 darauf schließen, daß das neue Gerät Y gegenüber der Referenzmethode X eine systematische Verzerrung besitzt. Es liefert anscheinend systematisch zu kleine Werte.

Einseitige Alternativen

Wenn Vorinformationen über mögliche Abweichungen vom vorgegebenen Wert μ_0 vorliegen, kann statt der zweiseitigen die der Vorinformation entsprechende einseitige Alternative

$$H_0: \ \mu \ \geq \ 0 \ \text{ gegen } \ H_1: \ \mu \ < \ 0$$

oder

$$H_0 : \quad \mu \leq 0 \quad \text{gegen} \quad H_1 : \quad \mu > 0$$

geprüft werden. Die nötige Vorinformation kann aus Veröffentlichungen oder Vorversuchen stammen. Sie darf nicht durch die Daten der Stichprobe selbst begründet werden, weil dann eine a posteriori Hypothese getestet würde.

10.1.3 Nichtparametrisch: Vorzeichen–Test

Fragestellung

Aus einer Grundgesamtheit G wird eine zufällige Stichprobe gezogen. An jedem Element der Stichprobe wird ein stetiges Merkmal zweimal gemessen, d. h. jedes Element der Stichprobe liefert ein Wertepaar (x, y). Es soll geprüft werden, ob diese beiden Werte systematisch voneinander abweichen. Für den Vorzeichen–Test wird von der Verteilungsfunktion F der Differenzen nur die Stetigkeit vorausgesetzt.

> **Beispiel 10.5:** Zur Illustration wird auch hier Beispiel 10.1 herangezogen. Von der Verteilung der Differenzen der Meßwerte wird nur Stetigkeit verlangt. Eine systematische Abweichung der Meßmethoden wird mit Hilfe des Medians $\tilde{\mu}$ dieser Verteilung formuliert. Die zweiseitige Alternative lautet daher
>
> $$H_0 : \quad \tilde{\mu} = 0,$$
> $$H_1 : \quad \tilde{\mu} \neq 0.$$
>
> H_0 bedeutet nach Definition des Medians, daß die Differenzen der Meßwerte mit gleicher Wahrscheinlichkeit positiv oder negativ sind. Nach H_1 ist das nicht so. Das ist die mathematische Formulierung dafür, daß es einen systematischen Unterschied zwischen den beiden Meßmethoden gibt.

Modell

Nach Voraussetzung liegt für die Differenzen $d_i = x_i - y_i$ der Meßwerte das Modell des Vorzeichen–Tests für eine Stichprobe und den Spezialfall $\tilde{\mu}_0 = 0$ vor. Analog zum Einstichprobenfall wird die Anzahl Y der positiven Differenzen $d_i = x_i - y_i$ gezählt, die genau wie im Einstichprobentest unter H_0 der Binomialverteilung $B(n, 0.5)$ folgt, wobei n

der Stichprobenumfang ist, der gegebenenfalls um die Anzahl der Differenzen $d_i = x_i - y_i$ vermindert werden muß, die gleich Null sind. Y ist die Teststatistik des Vorzeichen–Tests.

Durchführung des Tests

Das Signifikanzniveau α wird vorgegeben. Für $n \leq 40$ werden die Quantile $y_{n;\alpha/2}$ und $y_{n;1-\alpha/2}$ der Tabelle 15.15 entnommen. Der Verwerfungsbereich des Tests ist der Bereich außerhalb des von den beiden Quantilen gebildeten Intervalls $[y_{n;\alpha/2},\ y_{n;1-\alpha/2}]$. Liegt die Prüfgröße y des Tests außerhalb des Intervalls, muß H_0 verworfen werden, andernfalls kann H_0 nicht verworfen werden.

Beispiel 10.6: In Beispiel 10.5 ist eine Differenz gleich Null, daher muß der Stichprobenumfang $n = 10$ um Eins vermindert werden. Zu vorgegebenem α müssen aus Tabelle 15.15 die Quantile $y_{9;1-\alpha/2}$ und $y_{9;\alpha/2} = 9 - y_{9;1-\alpha/2}$ bestimmt werden. Für $\alpha = 0.05$ findet man $y_{9;0.975} = 7$ und $y_{9;0.025} = 9 - 7 = 2$. Die Prüfgröße, d. h. die Anzahl der positiven Differenzen $(x_i - y_i)$, ist nach Tabelle 10.1

$$y = 7.$$

Die Prüfgröße fällt genau auf die rechte Grenze des Intervalls $[2,\ 7]$. Die Nullhypothese kann daher auf dem 5%–Niveau nicht verworfen werden.
Im Vorzeichen–Test ergibt sich für die Daten der Tabelle 10.1 auf dem 5%–Niveau kein Widerspruch zu der Hypothese, daß der Median der Differenzen Null ist und damit positive und negative Differenzen mit gleicher Wahrscheinlichkeit auftreten. Ein systematischer Unterschied zwischen den beiden Meßmethoden läßt sich im Vorzeichen–Test nicht nachweisen.

Einseitige Alternativen

Wenn Vorinformationen über mögliche Abweichungen vom vorgegebenen Wert 0 vorliegen, kann statt der zweiseitigen die der Vorinformation entsprechende einseitige Alternative

$$H_0 : \ \tilde{\mu} \ \geq \ 0 \quad \text{gegen} \quad H_1 : \ \tilde{\mu} \ < \ 0$$

oder

$$H_0 : \ \tilde{\mu} \ \leq \ 0 \quad \text{gegen} \quad H_1 : \ \tilde{\mu} \ > \ 0$$

geprüft werden. Die nötige Vorinformation kann aus Veröffentlichungen oder Vorversuchen stammen. Sie darf nicht durch die Daten der Stichprobe selbst begründet werden, weil dann eine a posteriori Hypothese getestet würde.

10.2 Unverbundene Stichproben

Im folgenden werden Zweistichprobentests für unverbundene Stichproben betrachtet. Ein typisches Beispiel für unverbundene Stichproben liegt vor, wenn bei Patienten, die unter der gleichen Krankheit leiden, der Erfolg von zwei verschiedenen Therapien verglichen werden soll. Nach zufälliger Zuteilung erhält die eine Gruppe Therapie T_1 und bildet die erste Stichprobe, die andere erhält Therapie T_2 und bildet die zweite Stichprobe.

Die beiden Stichproben seien $x_1, x_2, \ldots, x_{n_1}$ bzw. $y_1, y_2, \ldots, y_{n_2}$. Sie sind als zufällige Stichproben aus den jeweiligen Grundgesamtheiten G_1 bzw. G_2 gezogen. Während verbundene Stichproben automatisch den gleichen Stichprobenumfang haben, brauchen hier die beiden Stichprobenumfänge n_1 bzw. n_2 nicht gleich groß zu sein. Man sollte aber im Stadium der Versuchsplanung darauf achten, daß der Unterschied nicht zu groß wird. Andernfalls werden die Tests unscharf und sehr empfindlich gegenüber Abweichungen von den Voraussetzungen.

10.2.1 Parametrisch: t–Test

Fragestellung

Aus zwei Grundgesamtheiten wird jeweils eine zufällige Stichprobe gezogen. In beiden Stichproben wird ein stetiges Merkmal A beobachtet, von dem vorausgesetzt wird, daß es in der jeweiligen Grundgesamtheit normalverteilt ist. Von den beiden Normalverteilungen wird vorausgesetzt, daß sie die gleiche Varianz besitzen. Es soll geprüft werden, ob auch die Erwartungswerte gleich sind.

Beispiel 10.7: Wie in Beispiel 10.1 soll in einem klinisch-chemischen Labor geprüft werden, ob ein neues Gerät Y zur Bestimmung der Blutglukose die gleichen Werte liefert wie die all-

Tabelle 10.2: Glukosekonzentration in $mg/100ml$ von 20 Seren nach den Methoden X und Y, Beispiel für zwei unverbundene Stichproben

Probe Nr.	Methode X	Rang-zahl	Probe Nr.	Methode Y	Rang-zahl
1	84	14	3	68	7
2	163	20	4	60	4
8	79	12	5	74	11
9	52	2	6	96	15.5
12	151	18	7	80	13
13	66	6	10	48	1
17	70	8	11	148	17
18	58	3	14	158	19
19	96	15.5	15	61	5
20	73	10	16	71	9
Σ	892	108.5	Σ	864	101.5
$\bar{x}$	89.2	—	$\bar{x}$	86.4	—
s^2	1441.1	—	s^2	1400.0	—
s	38.0	—	s	37.4	—

gemein anerkannte Referenzmethode X. Im Gegensatz zu Beispiel 10.1 reicht eine Probe nicht aus, die Glukosekonzentration mit beiden Methoden zu bestimmen. Daher wird für jede Probe ausgelost, mit welcher Methode die Glukosekonzentration bestimmt werden soll. Tabelle 10.2 enthält die Ergebnisse. Für die Messungen mit der X–Methode wird die Normalverteilung $N(\mu_1, \sigma_1^2)$ und für die Messungen mit der Y–Methode wird die Normalverteilung $N(\mu_2, \sigma_2^2)$ zugrunde gelegt. Weiter wird vorausgesetzt, daß die Streuung bei beiden Methoden gleich ist, d. h. $\sigma_1 = \sigma_2 = \sigma$. Da keine Vorinformationen über eventuelle Abweichungen der Y–Methode von der X–Methode vorliegen, soll die zweiseitige Alternative

$$H_0 : \quad \mu_1 \;=\; \mu_2,$$
$$H_1 : \quad \mu_1 \;\neq\; \mu_2$$

geprüft werden.

Modell

Die $x_1, x_2, \ldots, x_{n_1}$ werden als Realisationen von unabhängigen Normalverteilungen $X_1, X_2, \ldots, X_{n_1}$ mit Erwartungswert μ_1 und die

$y_1, y_2, \ldots, y_{n_2}$ als Realisationen von unabhängigen Normalverteilungen $Y_1, Y_2, \ldots, Y_{n_2}$ mit Erwartungswert μ_2 aufgefaßt, die aber alle die gleiche Varianz haben:

$$X_i \; : \; N(\mu_1, \, \sigma^2) \;\; (i = 1, 2, \ldots, n_1),$$
$$Y_j \; : \; N(\mu_2, \, \sigma^2) \;\; (j = 1, 2, \ldots, n_2).$$

Da die Summe bzw. die Differenz unabhängiger Normalverteilungen wieder Normalverteilungen sind, deren Varianz sich durch Addition der einzelnen Varianzen ergibt, folgt

$$\overline{X} = \frac{1}{n_1} \cdot \sum_{i=1}^{n_1} X_i \; : \; N\left(\mu_1, \frac{\sigma^2}{n_1}\right),$$

$$\overline{Y} = \frac{1}{n_2} \cdot \sum_{j=1}^{n_2} Y_j \; : \; N\left(\mu_2, \frac{\sigma^2}{n_2}\right),$$

$$\overline{X} - \overline{Y} \; : \; N\left(\mu_1 - \mu_2, \sigma^2 \cdot \left(\frac{1}{n_1} + \frac{1}{n_2}\right)\right).$$

Die standardisierte Differenz der beiden Mittelwerte

$$U = \frac{\overline{X} - \overline{Y}}{\sigma\sqrt{\left(\frac{1}{n_1} + \frac{1}{n_2}\right)}} = \sqrt{\frac{n_1 \cdot n_2}{n_1 + n_2}} \cdot \frac{\overline{X} - \overline{Y}}{\sigma}$$

besitzt unter H_0 eine Standardnormalverteilung. Die unbekannte, gemeinsame Varianz σ^2 der beiden Normalverteilungen wird durch das gewichtete Mittel S^2 der empirischen Varianzen S_x^2 bzw. S_y^2 aus den beiden Stichproben geschätzt:

$$S^2 \;\; = \;\; \frac{(n_1 - 1) \cdot S_x^2 + (n_2 - 1) \cdot S_y^2}{n_1 + n_2 - 2}$$

$$= \;\; \frac{\sum\limits_{i=1}^{n_1} (X_i - \bar{X})^2 - \sum\limits_{j=1}^{n_2} (Y_j - \bar{Y})^2}{n_1 + n_2 - 2}. \tag{10.1}$$

Auf diese Weise erhält man die Teststatistik

$$T = \sqrt{\frac{n_1 \cdot n_2}{n_1 + n_2}} \cdot \frac{\overline{X} - \overline{Y}}{S},$$

die nach Abschnitt 6.4.2 unter H_0 t-verteilt ist mit $f = n_1 + n_2 - 2$ Freiheitsgraden.

Durchführung des Tests

Zu vorgegebenem Signifikanzniveau α werden die Quantile $t_{f;\alpha/2}$ und $t_{f;1-\alpha/2}$ der Tabelle 15.5 entnommen. Der Verwerfungsbereich des Tests ist der Bereich außerhalb des von den beiden Quantilen gebildeten Intervalls $[t_{f;\alpha/2}, t_{f;1-\alpha/2}]$. Liegt die Prüfgröße

$$t = \sqrt{\frac{n_1 \cdot n_2}{n_1 + n_2}} \cdot \frac{\bar{x} - \bar{y}}{s}$$

des Tests außerhalb des Intervalls, muß H_0 verworfen werden, andernfalls kann H_0 nicht verworfen werden.

Beispiel 10.8: Für das Beispiel 10.7 findet man für $\alpha = 0.05$ die Quantile $t_{18;0.025} = -2.101$ und $t_{18;0.975} = +2.101$. Als Prüfgröße ergibt sich nach Einsetzen der Daten

$$t = \sqrt{\frac{10 \cdot 10}{10 + 10}} \cdot \frac{89.2 - 86.4}{37.69} = 0.166.$$

Die Prüfgröße liegt im Intervall $[-2.101, +2.101]$, daher kann die Nullhypothese auf dem 5%–Niveau nicht verworfen werden. Die Daten des Beispiels 10.7 lassen im t-Test für unverbundene Stichproben auf dem 5%–Niveau nicht darauf schließen, daß das neue Gerät Y gegenüber der Referenzmethode X einen systematischen Fehler besitzt.

Einseitige Alternativen

Wenn Vorinformationen über mögliche Abweichungen vom vorgegebenen Wert μ_0 vorliegen, kann statt der zweiseitigen die der Vorinformation entsprechende einseitige Alternative

$$H_0: \quad \mu_1 \geq \mu_2 \quad \text{gegen} \quad H_1: \quad \mu_1 < \mu_2$$

oder

$$H_0: \quad \mu_1 \leq \mu_2 \quad \text{gegen} \quad H_1: \quad \mu_1 > \mu_2$$

geprüft werden. Die nötige Vorinformation kann aus Veröffentlichungen oder Vorversuchen stammen. Sie darf nicht durch die Daten der Stichprobe selbst begründet werden, weil dann eine a posteriori Hypothese getestet würde.

10.2.2 Nichtparametrisch: Mann–Whitney–Wilcoxon–Test

Fragestellung

Zwei unverbundene zufällige Stichproben werden gezogen. In beiden Stichproben wird ein Merkmal A beobachtet, von dem vorausgesetzt wird, daß es in der jeweiligen Grundgesamtheit eine stetige Verteilung besitzt. Die beiden Verteilungen sollen die gleiche Streuung besitzen. Es soll geprüft werden, ob sie auch bezüglich der Lage übereinstimmen oder ob sie gegeneinander verschoben sind.

Beispiel 10.9: Wie in Beispiel 10.7 soll geprüft werden, ob ein neues Gerät Y zur Bestimmung der Blutglukose die gleichen Werte liefert wie die anerkannte Referenzmethode X. Im Gegensatz zu Beispiel 10.7 wird keine Normalverteilung, sondern nur Stetigkeit der jeweiligen Verteilung vorausgesetzt. Für jede Probe wird ausgelost, mit welcher Methode die Glukosekonzentration bestimmt werden soll. Für die Messungen mit der X–Methode wird die stetige Verteilung F_1 und für die Messungen mit der Y–Methode die stetige Verteilung F_2 zugrunde gelegt. Bezüglich der Streuungen werden keine Unterschiede erwartet. Da keine Vorinformationen über die Richtung eventueller Abweichungen der Y–Methode von der X–Methode vorliegen, wird die zweiseitige Alternative geprüft:

$$H_0: \quad F_1 \;=\; F_2,$$
$$H_1: \quad F_1 \;\neq\; F_2.$$

Die Daten der Tabelle 10.2 auf Seite 179 werden wieder als Beispiel herangezogen. Diese Formulierung der Alternative ist noch unbefriedigend, da sie nicht berücksichtigt, daß nur Lageunterschiede geprüft werden sollen. Die Präzisierung wird sofort gegeben, wenn der Begriff „Lageunterschied" mathematisch genau gefaßt ist.

Modell

Die Daten $x_1, x_2, \ldots, x_{n_1}$ der X–Stichprobe sind Realisationen von unabhängigen Zufallsvariablen $X_1, X_2, \ldots, X_{n_1}$, die Daten $y_1, y_2, \ldots, y_{n_2}$ der Y–Stichprobe sind Realisationen der unabhängigen Zufallsvariablen $Y_1, Y_2, \ldots, Y_{n_2}$. F_1 ist die Verteilungsfunktion der X_i, F_2 ist die Verteilungsfunktion der Y_j. F_1 und F_2 sind stetig und

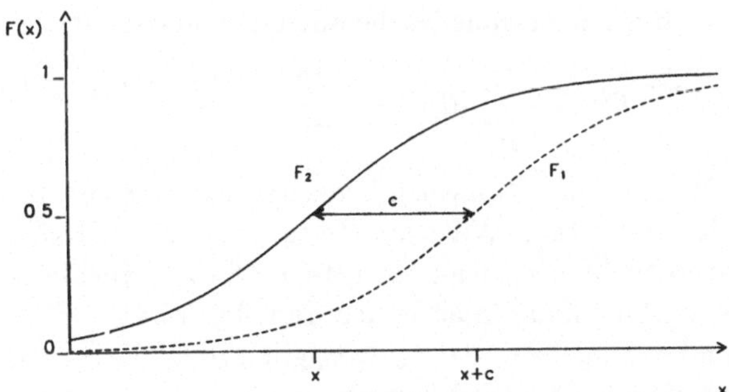

Abb. 10.1: Lagealternativen beim Mann–Whitney–Wilcoxon–Test

unterscheiden sich nur bezüglich der Lage, nicht aber bezüglich der Streuung. Dieser Unterschied wird mathematisch durch die Gleichung

$$F_2(x) = F_1(x + c) \tag{10.2}$$

ausgedrückt, wobei c eine beliebige reelle Zahl ist. Wenn c größer als Null ist, ist F_2 gegenüber F_1 nach links verschoben, und die Daten der Y–Stichprobe sind systematisch kleiner als die der X–Stichprobe. Umgekehrt, wenn c kleiner als Null ist, sind die Daten der Y–Stichprobe systematisch größer als die der X–Stichprobe. (Abb. 10.1) Nach diesen Überlegungen kann die in Beispiel 10.9 zu prüfende Alternative präzisiert werden:

$$H_0 : \quad c \;=\; 0,$$
$$H_1 : \quad c \;\neq\; 0.$$

Die Teststatistik wird ähnlich wie beim Einstichproben–Wilcoxon–Test konstruiert. Es wird die gemeinsame Rangliste der X– und der Y–Stichprobe gebildet. W, die Summe der Rangzahlen $R(X_i)$, die der X–Stichprobe zugeteilt sind, ist die Teststatistik:

$$W = \sum_{i=1}^{n_1} R(X_i).$$

Wegen der vorausgesetzten Stetigkeit ist es unwahrscheinlich, daß gleich große Daten auftreten. Falls das dennoch der Fall ist, spricht man von „Bindungen" und teilt allen Daten einer Bindung den Mittelwert der gerade zu vergebenden Rangzahlen zu. Wenn zu viele Bindungen auftreten, muß an der Teststatistik eine Korrektur vorgenommen werden, wie sie beispielsweise in [13] beschrieben wird.

Zur Rechenkontrolle ist die allgemein gültige Beziehung

$$\sum_{i=1}^{n_1} R(x_i) + \sum_{j=1}^{n_2} R(y_j) = \sum_{i=1}^{n_1+n_2} i = \frac{(n_1 + n_2)(n_1 + n_2 + 1)}{2} \qquad (10.3)$$

nützlich. Die Wahrscheinlichkeitsverteilung der Teststatistik W des Mann–Whitney–Wilcoxon–Tests unter H_0 läßt sich durch kombinatorische Überlegungen ermitteln. Die gebräuchlichsten Quantile der Verteilung findet man in den Tabellen 15.11 und 15.12. Die Tabellen sind so aufgebaut, daß $n_1 \leq n_2$ gilt und W die Summe der Rangzahlen aus der n_1–Stichprobe ist.

Für größere Stichprobenumfänge, etwa n_1 oder n_2 mindestens 25, läßt sich die Verteilung von W durch die Normalverteilung $N(\mu, \sigma^2)$ mit

$$\mu = \frac{n_1 \cdot (n_1 + n_2 + 1)}{2},$$

$$\sigma^2 = \frac{n_1 \cdot n_2 \cdot (n_1 + n_2 + 1)}{12}$$

approximieren. Daher kann man W für ausreichend große Stichprobenumfänge durch die unter H_0 standardnormalverteilte Teststatistik

$$U = \frac{W - \mu}{\sigma} = \frac{W - \frac{n_1 \cdot (n_1 + n_2 + 1)}{2}}{\sqrt{\frac{n_1 \cdot n_2 \cdot (n_1 + n_2 + 1)}{12}}}$$

ersetzen, deren Realisationen mit den entsprechenden Quantilen der Standardnormalverteilung zu vergleichen sind.

Durchführung des Tests

Für n_1 und n_2 kleiner oder gleich 25 werden zu vorgegebenem Signifikanzniveau α die Quantile $w_{n_1,n_2;\alpha/2}$ und $w_{n_1,n_2;1-\alpha/2}$ der Tabelle 15.12 entnommen. Der Verwerfungsbereich des Tests ist der Bereich außerhalb des von den beiden Quantilen gebildeten Intervalls $[w_{n_1,n_2;\alpha/2}, w_{n_1,n_2;1-\alpha/2}]$. Liegt die Prüfgröße

$$w = \sum_{i=1}^{n_1} R(x_i)$$

des Tests, die man durch Einsetzen der Daten in die Teststatistik erhält, außerhalb des Intervalls, muß H_0 verworfen werden, andernfalls kann H_0 nicht verworfen werden.

Beispiel 10.10: Für das Beispiel 10.9 findet man zu vorgegebenem $\alpha = 0.05$ in Tabelle 15.12 die Quantile $w_{10,10;0.025} = 79$ und $w_{10,10;0.975} = 131$. Die Prüfgröße errechnet sich nach der Zuordnung der Rangzahlen, wie bereits in Tabelle 10.2 auf Seite 179 geschehen. Es tritt eine Bindung auf, da der Wert $96 mg/100ml$ zweimal vorkommt. Beiden wird als Rangzahl der Mittelwert 15.5 der an dieser Stelle zu vergebenden Rangzahlen 15 und 16 zugeteilt. Die Rechenkontrolle nach Gleichung (10.3) liefert erfreulicherweise übereinstimmend

$$\sum_{i=1}^{n_1} R(x_i) + \sum_{j=1}^{n_2} R(y_j) \;=\; 108.5 + 101.5 \qquad = \; 210,$$

$$= \frac{(10 + 10) \cdot (10 + 10 + 1)}{2} \;=\; 210.$$

Als Prüfgröße erhält man

$$w = 108.5.$$

Die Prüfgröße liegt in dem Intervall $[79, 131]$, daher kann die Nullhypothese auf dem 5%–Niveau nicht verworfen werden. Auch im Mann–Whitney–Wilcoxon–Test deuten die Daten der Tabelle 10.2 nicht auf einen systematischen Unterschied zwischen der Meßmethode Y und der Referenzmethode X hin.

Einseitige Alternativen

Wenn Vorinformationen über mögliche Abweichungen vom vorgegebenen Wert μ_0 vorliegen, kann statt der zweiseitigen die der Vorinformation entsprechende einseitige Alternative

$$H_0: \; c \geq 0 \quad \text{gegen} \quad H_1: \; c < 0$$

oder

$$H_0: \; c \leq 0 \quad \text{gegen} \quad H_1: \; c > 0$$

geprüft werden. Die nötige Vorinformation kann aus Veröffentlichungen oder Vorversuchen stammen. Sie darf nicht durch die Daten der Stichprobe selbst begründet werden, weil dann eine a posteriori Hypothese getestet würde.

11 Mehrstichprobenproblem

Wenn k, die Anzahl der Stichproben, größer ist als zwei, spricht man von einem Mehrstichprobenproblem. In diesem Fall ist es sinnvoll, die Daten der verschiedenen Stichproben nicht durch verschiedene Buchstaben (x, y, z, ...) zu kennzeichnen, sondern sie doppelt zu indizieren. Danach ist x_{ij} das i-te Datum in der j-ten Stichprobe ($i = 1, 2, \ldots n_j$, $j = 1, 2, \ldots k$).

Die naheliegende Idee, k Stichproben durch paarweisen Vergleich von jeweils zwei Stichproben zu untersuchen, muß nach kurzer Überlegung fallengelassen werden. Bei z. B. vier Stichproben wären schon sechs Vergleiche erforderlich. Jeder Vergleich hätte die Irrtumswahrscheinlichkeit α. Das Gesamtresultat, das auf allen sechs Vergleichen basieren müßte, hätte dann eine Irrtumswahrscheinlichkeit, die sich entsprechend der Anzahl der Vergleiche nur grob durch $6 \cdot \alpha$ abschätzen ließe.

Das ist unbefriedigend. Man muß sich etwas anderes überlegen, und das ist die Methode der Varianzanalyse, die bereits im Zusammenhang mit der Regressionsrechnung erwähnt worden ist. Der Grundgedanke dieser Methode ist, die Ursachen der beobachteten Streuung zu

Tabelle 11.1: Datenschema für das Mehrstichprobenproblem

| Stichprobe | | | | |
1	...	j	...	k
x_{11}	...	x_{1j}	...	x_{1k}
$\vdots$		$\vdots$		$\vdots$
x_{i1}	...	x_{ij}	...	x_{ik}
$\vdots$		$\vdots$		$\vdots$
$x_{n_1 1}$	...	$\vdots$	...	$\vdots$
—		$\vdots$	...	$x_{n_k k}$
—		$x_{n_j j}$		—

erklären. Da es i. allg. mehrere Streuungsursachen gibt, zerlegt man
die Gesamtstreuung so, daß sich die Ursachen quantitativ beschreiben
lassen. Diesem Vorgehen verdankt die Methode ihren Namen *Varianzanalyse*. Eine solche Streuungszerlegung wurde bereits im Zusammenhang mit der linearen Regression durchgeführt. Als Ergebnis dieser
Zerlegung der Gesamtstreuung erhält man zwei Streuungsanteile:

- Ein Anteil ist durch den im Versuchsplan berücksichtigten Faktor
  erklärt.
- Der andere Anteil beruht auf dem Einfluß von Störgrößen und wird
  als zufälliger Fehler interpretiert.

Die eigentlich interessierende Frage ist, ob der Faktor einen wesentlichen Einfluß auf die Zielgröße hat. Um sie zu beantworten, vergleicht
man die zufällige und die durch den Faktor erklärte Streuung. Wenn
beide von gleicher Größenordnung sind, verneint man den Einfluß
des Faktors, denn die von ihm verursachte Streuung ist nicht größer
als die ohnehin allein durch Zufall zu erwartende. Wenn die erklärte
Streuung deutlich größer ist als die zufällige, hält man den Einfluß
des Faktors für erwiesen.

Die quantitative Ausführung wird im folgenden zunächst für verbundene und dann für unverbundene Stichproben dargestellt. Es wird jeweils ein parametrisches Verfahren und ein nichtparametrisches Verfahren beschrieben. Das parametrische Verfahren setzt Normalverteilung der Daten voraus, das nichtparametrische kommt ohne diese
Voraussetzung aus.

11.1 Verbundene Stichproben

Verbundene Stichproben ergeben sich, wenn während der Versuchsplanung eine Blockbildung vorgenommen wurde. Bei Blöcken der
Länge k ergeben sich k verbundene Stichproben. Bei insgesamt n
Blöcken resultiert das Datenschema der Tabelle 11.2. Die k Stichprobenumfänge sind alle gleich der Anzahl n der Blöcke:

$$n_1 = n_2 = \ldots = n_k = n.$$

Tabelle 11.2: Datenschema für verbundene Stichproben

Block	Faktorstufe				
	1	...	j	...	k
1	x_{11}	...	x_{1j}	...	x_{1k}
$\vdots$	$\vdots$		$\vdots$		$\vdots$
i	x_{i1}	...	x_{ij}	...	x_{ik}
$\vdots$	$\vdots$		$\vdots$		$\vdots$
n	x_{n1}	...	x_{nj}	...	x_{nk}
—	$\bar{x}_{\cdot 1}$	...	$\bar{x}_{\cdot j}$	...	$\bar{x}_{\cdot k}$

Mit $\bar{x}_{\cdot j}$ wird der Mittelwert der j-ten Stichprobe bezeichnet:

$$\bar{x}_{\cdot j} = \frac{1}{n} \cdot \sum_{i=1}^{n} x_{ij}.$$

11.1.1 Parametrisch: Blockvarianzanalyse*

Fragestellung

Es wird untersucht, ob die k Stufen eines Faktors bezüglich der stetigen Zielgröße A zu Lageunterschieden führen. Es wird vorausgesetzt, daß A normalverteilt ist.

Im Versuchsplan ist vorgesehen, Blöcke der Länge k zu bilden. Jeder Beobachtungseinheit eines Blockes wird – wenn möglich zufällig – eine der k Stufen des Faktors zugeteilt.

Beispiel 11.1: Es soll die antibakterielle Wirkung von vier Antibiotika verglichen werden. Zielgröße ist die Keimzahl, die sich noch feststellen läßt, wenn Bakterien des Stammes S.aureus über 24 Stunden in standardisierter Nährlösung dem Antibiotikum ausgesetzt sind. Die Keimzahl wird in *cfu/ml* (colony forming units pro Milliliter) angegeben. Die Bakterien werden einer Suspension mit 10^5 *cfu/ml* entnommen, für die sechs Ansätze gemacht wurden. Aufgrund biologischer Variabilität werden die Keimzahlen in den verschiedenen Ansätzen etwas unterschiedlich ausfallen. Daher werden jedem der sechs Ansätze vier Proben entnommen, die den vier Antibiotika zufällig zugeteilt werden.

In diesem Versuchsplan besteht ein Block aus den vier Proben eines

Tabelle 11.3: Logarithmierte Keimzahlen bei 4 Antibiotika in 6 Ansätzen, Beispiel für 4 verbundene Stichproben

Ansatz (Block)	Antibiotikum (Faktor)			
	M_1	M_2	M_3	M_4
1	3.30	2.72	1.92	2.73
2	3.27	2.75	2.02	2.63
3	3.23	3.05	2.13	2.87
4	3.26	2.95	2.06	2.82
5	3.36	3.11	1.97	2.94
6	3.47	3.07	2.13	2.85
$\bar{x}_{\cdot j}$	3.32	2.94	2.04	2.81

Ansatzes ($k = 4$), und es gibt sechs Blöcke ($n = 6$). *Antibiotikum* ist der Faktor, der auf vier Stufen wirkt. Tabelle 11.3 enthält die Ergebnisse des Versuchs. Um eine bessere Anpassung an die Normalverteilung zu erreichen, wurden die Keimzahlen logarithmiert.

Modell

Die Daten x_{ij} sind Realisationen von unabhängigen Zufallsvariablen $X_{ij} : N(\mu_{ij}, \sigma^2)$ ($i = 1, 2, \ldots, n$; $j = 1, 2, \ldots, k$). Im Gegensatz zum Modell der Einfachklassifikation (s. Abschn. 11.2.1) wird hier zugelassen, daß die Erwartungswerte μ_{ij} mit den Blöcken variieren. Dies wird durch die Doppelindizierung mit der Blocknummer i und der Faktorstufe j angedeutet. Zusätzlich wird in das Modell als Voraussetzung aufgenommen, daß die verschiedenen Stufen des Faktors – wenn überhaupt – dann in allen Blöcken den gleichen Unterschied bewirken. In Beispiel 11.1 heißt das: Wenn es Unterschiede zwischen den Antibiotika gibt, dann sollen sie nicht vom Ansatz abhängen. Man sagt auch, es soll keine Wechselwirkung zwischen den Blöcken und dem Faktor geben. Der Versuchsleiter muß klären, ob diese Annahme bei seinem Versuch gerechtfertigt ist.

Mathematisch wird diese Annahme durch die Modellgleichung

$$X_{ij} = \mu + \alpha_i + \beta_j + \epsilon_{ij}, \quad \epsilon_{ij} : N(0, \sigma^2),$$

$$\mu_{ij} = \mu + \alpha_i + \beta_j \tag{11.1}$$

ausgedrückt. Die α_i ($i = 1, 2, \ldots, n$) sind die sogenannten Blockef-

Tabelle 11.4: Allgemeine Tafel für die Blockvarianzanalyse

Streuungs-quelle	Freiheits-grade	Summe der Quadrate	mittlere Summe der Quadrate
Modell			
Block	$n-1$	SQB	MQB
Faktor	$k-1$	SQZ	MQZ
Rest	$(n-1)\cdot(k-1)$	SQR	MQR
Gesamt	$n\cdot k-1$	SQT	—

Prüfgröße: $\quad f = \dfrac{MQZ}{MQR} \quad m_1 = k-1, \quad m_2 = (n-1)\cdot(k-1)$

fekte, die β_j $(j = 1, 2, \ldots, k)$ sind die Effekte der Faktorstufen. μ ist das „Mittel" der Erwartungswerte und wird durch

$$\mu = \frac{1}{n \cdot k} \sum_{j=1}^{k} \sum_{i=1}^{n} \mu_{ij}$$

so festgelegt, daß

$$\sum_{i=1}^{n} \alpha_i = \sum_{j=1}^{k} \beta_j = 0$$

gilt. In diesem Modell prüft die Blockvarianzanalyse die Alternative

$$H_0: \quad \beta_1 = \beta_2 = \ldots = \beta_k \,,$$
$$H_1: \quad \beta_j \neq \beta_\ell \text{ für mindestens ein Paar } (j, \ell) \,.$$

Für dieses Modell lautet die Streuungszerlegung

$$\sum_{j=1}^{k} \sum_{i=1}^{n} (x_{ij} - \bar{x}_{..})^2 = \sum_{j=1}^{k} \sum_{i=1}^{n} (\bar{x}_{.j} - \bar{x}_{..})^2 + \sum_{j=1}^{k} \sum_{i=1}^{n} (\bar{x}_{i.} - \bar{x}_{..})^2$$

$$+ \sum_{j=1}^{k} (x_{ij} - x_{.j} - x_{i.} + \bar{x}_{..})^2. \qquad (11.2)$$

Die Gesamtstreuung (*totale* Streuung) ist

$$SQT = \sum_{j=1}^{k} \sum_{i=1}^{n} (x_{ij} - \bar{x}_{..})^2.$$

Die Streuung *zwischen* den Faktorstufen ist

$$SQZ = \sum_{j=1}^{k} \sum_{i=1}^{n} (\bar{x}_{\cdot j} - \bar{x}_{\cdot\cdot})^2.$$

Die auf die *Blöcke* zurückzuführende Streuung ist

$$SQB = \sum_{j=1}^{k} \sum_{i=1}^{n} (\bar{x}_{i\cdot} - \bar{x}_{\cdot\cdot})^2.$$

Die *restliche* im Modell nicht erklärte Streuung ist

$$SQR = \sum_{j=1}^{k} (x_{ij} - x_{\cdot j} - x_{i\cdot} + \bar{x}_{\cdot\cdot})^2.$$

Der Vergleich dieser Streuungszerlegung mit (11.5) von Seite 200 zeigt, daß die bei der Einfachklassifikation auftretende Reststreuung SQI hier durch die Einführung der Blockeffekte um SQB vermindert wird. Dies ist die vom Versuchsleiter gewünschte Verminderung des zufälligen Fehlers durch Blockbildung. Für die weitere Rechnung werden die *mittleren* Summen der Abweichungsquadrate gebraucht:

$$MQZ \;=\; \frac{1}{k-1} \cdot SQZ \,,$$

$$MQB \;=\; \frac{1}{n-1} \cdot SQB \,,$$

$$MQR \;=\; \frac{1}{(n-1)(k-1)} \cdot SQR \,.$$

MQR ist eine erwartungstreue Schätzung für σ^2, die für $k = 2$ genau der Schätzung s_d^2 beim t–Test für verbundene Stichproben entspricht.

$$F = \frac{MQZ}{MQR} = (n-1) \cdot \frac{SQZ}{SQR} \tag{11.3}$$

ist die Teststatistik der Blockvarianzanalyse, die unter H_0 einer F_{m_1,m_2}-Verteilung mit $m_1 = k - 1$ und $m_2 = (n-1) \cdot (k-1)$ Freiheitsgraden folgt. Es ist üblich, das Ergebnis der Streuungszerlegung in Form der Tabelle 11.4 darzustellen.

Durchführung des Tests

Zu vorgegebenem Signifikanzniveau α wird das $(1 - \alpha)$–Quantil der

192

Tabelle 11.5: Streuungszerlegung für einen Versuch mit Keimzahlen bei 4 Antibiotika in 6 Ansätzen

Streuungsquelle	Freiheitsgrade	Summe der Quadrate	mittlere Summe der Quadrate
Modell			
Ansatz	5	0.1643	0.0329
Antibiotikum	3	5.1783	1.7261
Rest	15	0.1140	0.0076
Gesamt	23	5.4566	—

$$\text{Prüfgröße:} \qquad f = \frac{1.7261}{0.0076} = 227.12 \quad m_1 = 3 \quad m_2 = 15$$

F–Verteilung mit $m_1 = k-1$ und $m_2 = (n-1)\cdot(k-1)$ Freiheitsgraden einer Tabelle der F–Verteilung entnommen (Tabellen 15.7–15.10). Ist die Prüfgröße

$$f = \frac{MQZ}{MQR}$$

größer als das Quantil, muß H_0 verworfen werden, andernfalls kann H_0 nicht verworfen werden. Die Berechnung der Prüfgröße erfordert einigen Rechenaufwand. Bei tatsächlichen Problemen greift man auf eines der gängigen Statistik-Programmsysteme zurück.

> **Beispiel 11.2:** Für das Beispiel 11.1 enthält Tabelle 11.5 die Ergebnisse. Die Prüfgröße $f = 227.12$ ist größer als das Quantil $f_{3,15;0.95} = 3.287$ (Tabelle 15.8). Daher muß die Nullhypothese auf dem 5%–Niveau verworfen werden. Die Daten des Beispiels 11.1 lassen auf dem 5%–Niveau darauf schließen, daß die vier geprüften Antibiotika eine unterschiedlich starke Wirkung auf die Keimzahlen haben. Die Varianzanalyse gibt allerdings keinen Aufschluß darüber, zwischen welchen Antibiotika der systematische Unterschied besteht. Dies muß im Paarvergleich gesondert geprüft werden.

Paarvergleich

Es gibt eine Fülle von Methoden. Wie bei der Einfachklassifikation wird hier nur das Verfahren von Tukey kurz zusammengefaßt.

- Aus der Varianzanalyse benötigt man MQR.
  Beispiel 11.1: $MQR = 0.0076$.

Tabelle 11.6: Paarvergleich nach der Blockvarianzanalyse

Faktor- stufe j	Faktorstufe ℓ M_1	M_2	M_3	M_4
M_1	—	0.37	1.28	0.51
M_2	$\star$	—	0.90	0.13
M_3	$\star$	$\star$	—	0.77
M_4	$\star$	$\emptyset$	$\star$	—

- Der Tabelle 15.18 entnimmt man das Quantil $q_{k,(n-1)(k-1);1-\alpha}$ mit

  k Anzahl der Faktorstufen,
  n Anzahl der Blöcke und
  α Irrtumswahrscheinlichkeit aus der Varianzanalyse.

Beispiel 11.1: $k = 4$, $n = 6$, $\alpha = 0.05$, $q_{4,15;0.95} = 4.08$.

- Man berechnet den sogenannten kritischen Wert

$$\Delta = q_{k,(n-1)(k-1);1-\alpha} \cdot \sqrt{\frac{MQR}{k}} \; .$$

Beispiel 11.1: $\Delta = 4.08 \cdot \sqrt{\frac{0.0076}{4}} = 0.1778$.

- Die j-te und die ℓ-te Faktorstufe üben unterschiedlichen Einfluß auf die Zielgröße aus, d. h., es gilt $\beta_j \neq \beta_\ell$, wenn die entsprechende absolute Mittelwertsdifferenz größer als der kritische Wert ist:

$$|\bar{x}_{.j} - \bar{x}_{.\ell}| > \Delta \; .$$

Das Ergebnis des Paarvergleichs notiert man übersichtlich in Form der Tabelle 11.6. Das rechte obere Dreieck der Tabelle enthält die absoluten Mittelwertsdifferenzen für die entsprechenden Faktorstufen, das linke untere Dreieck enthält ein „$\star$“, wenn die entsprechende Differenz den kritischen Wert Δ überschreitet, und $\emptyset$ sonst.

Der Tabelle 11.6 entnimmt man, daß das Antibiotikum M_1 die Keimzahlen auf dem 5%-Niveau signifikant schwächer reduziert als die drei anderen. Das Antibiotikum M_3 wiederum reduziert die Keimzahlen signifikant stärker als die drei anderen, während zwischen der Wirkung von M_2 und M_4 kein signifikanter Unterschied zu sehen ist.

11.1.2 Nichtparametrisch: Friedmantest*

Dem Friedmantest liegt der gleiche Versuchsplan wie der parametrischen Blockvarianzanalyse zugrunde. Es wird von den Daten aber keine Normalverteilung, sondern nur Stetigkeit verlangt.

Fragestellung

Es wird untersucht, ob die k Stufen eines Faktors bezüglich der stetigen Zielgröße A zu Lageunterschieden führen.

> **Beispiel 11.3:** Als Beispiel dienen wieder die Daten der Tabelle 11.3, von denen jetzt aber keine Normalverteilung mehr vorausgesetzt wird.

Modell

Die Daten x_{ij} sind Realisationen von unabhängigen Zufallsvariablen X_{ij} mit stetigen Verteilungsfunktionen F_{ij} ($i = 1, 2, \ldots, n$; $j = 1, 2, \ldots, k$). Der Friedmantest prüft, ob diese Verteilungsfunktionen gegeneinander verschoben sind, wobei nur die Verschiebungen interessieren, die durch unterschiedliche Faktorstufen hervorgerufen werden. Wie bereits in Abbildung 10.1 (Seite 183) beschrieben, werden Lageunterschiede mathematisch durch die Gleichung

$$F_{ij} = F + \alpha_i + \beta_j \quad (i = 1, 2, \ldots, n) \; (j = 1, 2, \ldots, k)$$

ausgedrückt. F ist eine beliebige stetige Verteilungsfunktion, die α_i sind die Blockeffekte, die β_j sind die Effekte der Faktorstufen.
In diesem Modell prüft der Friedmantest die Alternative

$$
\begin{aligned}
H_0 &: \quad \beta_1 = \beta_2 = \ldots = \beta_k, \\
H_1 &: \quad \beta_j \neq \beta_\ell \;\text{ für mindestens ein Paar } (j, \ell).
\end{aligned}
$$

Die Bestimmung der Teststatistik beim Friedmantest ist rechnerisch nicht so aufwendig wie bei der parametrischen Blockvarianzanalyse. Innerhalb der Blöcke, d.h. innerhalb der Zeilen der Tabelle 11.2 (Seite 189) werden in der üblichen Weise Rangzahlen vergeben. Dabei erhalte x_{ij} die Rangzahl r_{ij}. Da innerhalb jedes Blockes die Zahlen $1, 2, \ldots, k$ vergeben werden, ergibt sich als Rechenkontrolle

$$\sum_{i=1}^{n} \sum_{j=1}^{k} r_{ij} = \frac{n \cdot k \cdot (k+1)}{2}.$$

Tabelle 11.7: Rangzahlen für den Friedmantest nach Tabelle 11.3

Ansatz (Block)	Antibiotikum (Faktor) M_1	M_2	M_3	M_4
1	4	2	1	3
2	4	3	1	2
3	4	3	1	2
4	4	3	1	2
5	4	3	1	2
6	4	3	1	2
$r_{.j}$	24	17	6	13

Lageverschiebungen durch die Faktorstufen müßten sich in den Rangzahlen niederschlagen. Man bildet also die Summe der Rangzahlen innerhalb einer Faktorstufe

$$r_{.j} = \sum_{i=1}^{n} r_{ij} \quad (j = 1, 2, \ldots, k)$$

und errechnet die Prüfgröße des Friedmantests

$$f = \left(\frac{12}{n \cdot k \cdot (k+1)} \sum_{j=1}^{k} r_{.j}^2 \right) - 3 \cdot n \cdot (k+1) . \qquad (11.4)$$

Unter H_0 und für ausreichend großes n folgt die zugehörige Teststatistik einer χ^2-Verteilung mit $k - 1$ Freiheitsgraden. Für $k = 3$ und $n \leq 15$ bzw. $k = 4$ und $n \leq 8$ kann man die Quantile der Tabelle 15.14 benutzen.

Durchführung des Tests

Zu vorgegebenem Signifikanzniveau α entnimmt man den Tabellen 15.6 bzw. 15.14 das $(1 - \alpha)$-Quantil. Ist die Prüfgröße f aus (11.4) größer als das Quantil, muß H_0 verworfen werden, andernfalls kann H_0 nicht verworfen werden.

Beispiel 11.4: Für die Daten des Beispiels 11.3 entnimmt man zu vorgegebenem Signifikanzniveau $\alpha = 0.05$, $k = 4$ und $n = 6$ der Tabelle 15.14 das Quantil $x_{0.95} = 7.40$. Mit den Rangzahlen der Tabelle 11.7 und Gleichung (11.4) wird die Prüfgröße

$$f = \frac{12}{6 \cdot 4 \cdot 5} \cdot (24^2 + 17^2 + 6^2 + 13^2) - 3 \cdot 6 \cdot 5 = 17.$$

Tabelle 11.8: Paarvergleich nach dem Friedmantest

Faktor- stufe j	Faktorstufe ℓ M_1	M_2	M_3	M_4
M_1	—	1.36	9.00	3.36
M_2	$\emptyset$	—	3.36	0.44
M_3	$\star$	$\emptyset$	—	1.36
M_4	$\emptyset$	$\emptyset$	$\emptyset$	—

Da die Prüfgröße größer ist als das Quantil, muß die Nullhypothese auf dem 5%-Niveau verworfen werden. Im Friedmantest deuten die Daten der Tabelle 11.3 darauf hin, daß die vier Antibiotika eine unterschiedliche Reduktion der Keimzahlen bewirken. Offen bleibt die Frage, welche Antibiotika sich hinsichtlich der Keimzahlreduktion unterscheiden. Dazu müssen wie bei der parametrischen Blockvarianzanalyse Paarvergleiche durchgeführt werden.

Paarvergleich

Die Durchführung der Paarvergleiche erfordert folgende Schritte:

- Man bildet die Mittelwerte der Rangzahlen in den k Faktorstufen

$$\bar{r}_{.j} = \frac{1}{n} \cdot \sum_{i=1}^{n} r_{ij} \quad (j = 1, 2, \ldots, k).$$

n ist die Anzahl der Blöcke.

Beispiel 11.3: $n = 6$, $\bar{r}_{.1} = 4$, $\bar{r}_{.2} = 2.83$, $\bar{r}_{.3} = 1$, $\bar{r}_{.4} = 2.17$.

- Der Tabelle 15.6 entnimmt man das Quantil $\chi^2_{k-1;1-\alpha}$, wobei k die Anzahl der Faktorstufen und α die Irrtumswahrscheinlichkeit aus dem Friedmantest sind.

Beispiel 11.3: $k = 4$, $\alpha = 0.05$, $\chi^2_{3;0.95} = 7.81$

- Man berechnet den sogenannten kritischen Wert

$$\Delta = \chi^2_{k-1;1-\alpha} \cdot \frac{k \cdot (k+1)}{6 \cdot n}.$$

Beispiel 11.3: $\Delta = 7.81 \cdot \frac{4 \cdot 5}{6 \cdot 6} = 4.34$.

- Die j-te und die ℓ-te Faktorstufe üben unterschiedlichen Einfluß auf die Zielgröße aus, d. h., es gilt $\beta_j \neq \beta_\ell$, wenn die quadrierte Differenz der entsprechenden mittleren Ränge größer ist als der kritische Wert:

$$(\bar{r}_{.j} - \bar{r}_{.\ell})^2 > \Delta .$$

Das Ergebnis des Paarvergleichs notiert man übersichtlich in Form der Tabelle 11.8. Das rechte obere Dreieck der Tabelle enthält für die entsprechenden Faktorstufen die quadrierten Differenzen der mittleren Rangzahlen, das linke untere Dreieck enthält ein „$\star$", wenn der kritische Wert Δ überschritten wird, und „$\emptyset$" sonst.

Der Tabelle 11.8 entnimmt man, daß nur zwischen den Antibiotika M_1 und M_3 eine signifikant unterschiedliche Reduktion der Keimzahlen nachgewiesen wird. Vergleicht man dieses Ergebnis mit Tabelle 11.6, erkennt man, daß der Paarvergleich nach dem Friedmantest ein deutlich schwächeres Ergebnis liefert als der Paarvergleich nach der parametrischen Blockvarianzanalyse. Das zeigt, daß die hier beschriebene Methode nicht sehr scharf ist.

11.2   Unverbundene Stichproben

Bei unverbundenen Stichproben müssen die k Stichprobenumfänge $n_1, n_2, \ldots, n_k$ nicht alle gleich groß sein, aber es ist vorteilhaft, wenn sie es sind. $N = n_1 + n_2 + \ldots + n_k$ ist die Anzahl aller Daten. Es ist zweckmäßig, die Daten zusammen mit den berechneten Maßzahlen übersichtlich wie in Tabelle 11.9 anzuordnen. Dabei sind

$$\bar{x}_{.j} \;=\; \frac{1}{n_j} \cdot \sum_{i=1}^{n_j} x_{ij},$$

$$s_j \;=\; \sqrt{\frac{1}{n-1} \cdot \sum_{i=1}^{n} (x_{ij} - \bar{x}_{.j})^2} \quad (j = 1, 2, \ldots, k)$$

Mittelwert bzw. emp. Standardabweichung der j-ten Stichprobe. Mit

$$\bar{x}_{..} = \frac{1}{N} \cdot \sum_{j=1}^{k} \sum_{i=1}^{n_j} x_{ij}$$

wird der Mittelwert aller Daten bezeichnet.

11.2.1   Parametrisch: Einfache Varianzanalyse*

Fragestellung

Es wird untersucht, ob die $k \geq 3$ Stufen eines Faktors bezüglich der

Tabelle 11.9: Glukosekonzentration in *mg/100 ml* von 30 Eichlösungen, Beispiel für 3 unverbundene Stichproben

Probe Nr.	Methode X x_{i1}	Probe Nr.	Methode Y x_{i2}	Probe Nr.	Methode Z x_{i3}
1	98.1	4	98.5	2	97.3
3	102.3	7	99.5	5	92.7
9	102.7	8	97.3	6	91.5
10	98.9	14	99.7	11	91.5
12	102.4	16	99.1	13	94.3
17	98.4	18	99.9	15	96.7
19	100.7	20	100.4	23	93.2
22	98.3	21	98.6	24	92.8
27	99.6	29	96.0	25	94.8
28	102.4	30	100.5	26	90.2
$\bar{x}_1$	100.38	$\bar{x}_2$	98.95	$\bar{x}_3$	93.50
s_1	1.93	s_2	1.42	s_3	2.29

stetigen Zielgröße A zu Lageunterschieden führen. Es wird vorausgesetzt, daß die Zielgröße A in der betrachteten Grundgesamtheit normalverteilt ist. Falls es sich um einen zuteilbaren Faktor handelt, ist im Versuchsplan die zufällige Zuteilung der Faktorstufen zu den Beobachtungseinheiten vorzusehen. Da nur ein Faktor untersucht wird, spricht man auch von einer Varianzanalyse für die Einfachklassifikation.

Beispiel 11.5: In einem klinisch-chemischen Labor soll geprüft werden, ob die drei Geräte X, Y und Z zur Bestimmung der Blutglukose im Prinzip die gleichen Werte liefern oder ob sie systematisch gegeneinander verzerrt sind. Dazu werden 30 Proben einer Eichlösung der Konzentration 100 $mg/100ml$ mit allen drei Methoden bestimmt. Jedem Gerät werden zufällig 10 Proben zugeteilt. Tabelle 11.9 enthält die Ergebnisse. Für die Messungen wird vorausgesetzt, daß die Ergebnisse normalverteilt sind und zwar für die X-Methode mit Erwartungswert μ_1, für die Y-Methode mit Erwartungswert μ_2 und für die Z-Methode mit Erwartungswert μ_3. Ferner sollen alle drei Methoden die gleiche Varianz σ^2 haben. Wenn die von den drei Geräten gelieferten Meßwerte sich nur zufällig unterscheiden, müssen die drei Erwartungswerte μ_1, μ_2 und μ_3 gleich

Tabelle 11.10: Allgemeine Tafel für die einfache Varianzanalyse

Streuungs-quelle	Freiheits-grade	Summe der Quadrate	mittlere Summe der Quadrate
Modell			
Faktor	$k-1$	SQZ	MQZ
Rest	$N-k$	SQI	MQI
Gesamt	$N-1$	SQT	—
Prüfgröße:	$f = \dfrac{MQZ}{MQI}$	$m_1 = k-1$	$m_2 = N-k$

sein. Es soll geprüft werden:

$$H_0: \quad \mu_1 = \mu_2 = \mu_3,$$
$$H_1: \quad \mu_j \neq \mu_\ell \qquad \text{für mindestens ein Paar } (j,\ell).$$

Modell

Die Daten x_{ij} sind Realisationen von unabhängigen Zufallsvariablen $X_{ij} : N(\mu_i, \sigma^2)$ $(i = 1, 2, \ldots, n_j; \; j = 1, 2, \ldots, k)$. Dies schreibt man auch äquivalent als Modellgleichung

$$X_{ij} = \mu_j + \epsilon_{ij}, \quad \epsilon_{ij} : N(0, \sigma^2).$$

Die Daten der j-ten Stichprobe streuen zufällig um den gemeinsamen Erwartungswert μ_j $(j = 1, 2, \ldots, k)$. Die Zufallsvariablen ϵ_{ij} bilden die sogenannten Fehlerterme, deren Erwartungswert 0 ist. Allgemein formuliert lautet die zu prüfende Alternative

$$H_0: \quad \mu_1 = \mu_2 = \ldots = \mu_k,$$
$$H_1: \quad \mu_j \neq \mu_\ell \qquad \text{für mindestens ein Paar } (j,\ell).$$

Nach dem oben besprochenen Grundgedanken muß die Gesamtstreuung zerlegt werden. Im hier betrachteten Fall ergibt sich die Zerlegung

$$\sum_{j=1}^{k}\sum_{i=1}^{n_j}(x_{ij} - \bar{x}_{..})^2 = \sum_{j=1}^{k}\sum_{i=1}^{n_j}(x_{ij} - \bar{x}_{.j})^2 + \sum_{j=1}^{k}\sum_{i=1}^{n_j}(\bar{x}_{.j} - \bar{x}_{..})^2. \qquad (11.5)$$

Diese Gleichung läßt sich mathematisch durch einfache algebraische Umformungen zeigen, wie sie z. B. zum Beweis von Gleichung (3.18) auf Seite 56 explizit ausgeführt wurden.

$$SQT = \sum_{j=1}^{k}\sum_{i=1}^{n_j}(x_{ij} - \bar{x}_{..})^2$$

Tabelle 11.11: Streuungszerlegung für einen Versuch mit 30 Eichlösungen und 3 Meßmethoden

Streuungs- quelle	Freiheits- grade	Summe der Quadrate	mittlere Summe der Quadrate
Modell			
Gerät	2	263.606	131.803
Rest	27	98.741	3.657
Gesamt	29	362.347	—
Prüfgröße: $\quad f = \dfrac{131.803}{3.657} = 36.04$		$N = 30$	$k = 3$

ist die Gesamtstreuung, gemessen als Summe der quadratischen Abweichungen der Einzelwerte vom Gesamtmittelwert. SQT steht für Summe der Quadrate der *totalen* (gesamten) Streuung.

$$SQI = \sum_{j=1}^{k} \sum_{i=1}^{n_j} (x_{ij} - \bar{x}_{.j})^2$$

beschreibt entsprechend die Streuung der Einzelwerte innerhalb einer Faktorstufe um den Mittelwert dieser Faktorstufe. SQI steht für Summe der Quadrate *innerhalb* einer Faktorstufe. Diese Streuung ist durch den Versuchsaufbau nicht erklärt. Sie wird als zufällige Streuung interpretiert.

$$SQZ = \sum_{j=1}^{k} \sum_{i=1}^{n_j} (\bar{x}_{.j} - \bar{x}_{..})^2$$

beschreibt die Streuung der Mittelwerte der Faktorstufen um den Gesamtmittelwert. SQZ steht für Summe der Quadrate *zwischen* den Faktorstufen. Diese Streuung läßt sich dem Einfluß des Faktors zuschreiben. Für die weitere Rechnung werden noch die „mittleren" Summen der Abweichungsquadrate benötigt:

$$MQI = \frac{1}{N - k} \cdot SQI \, ,$$

$$MQZ = \frac{1}{k - 1} \cdot SQZ \, .$$

Die Entscheidung über die Alternative wird von dem Quotienten MQZ/MQI abhängig gemacht. Dieser Quotient folgt nach Abschnitt 6.4 einer F_{m_1,m_2}-Verteilung mit den Freiheitsgraden

$$m_1 = k - 1 \text{ und } m_2 = N - k .$$

Die Teststatistik der parametrischen Varianzanalyse hat damit die Form

$$F = \frac{MQZ}{MQI} = \frac{N-k}{k-1} \cdot \frac{\sum\limits_{j=1}^{k} \sum\limits_{i=1}^{n_j} (\bar{X}_{.j} - \bar{X}_{..})^2}{\sum\limits_{j=1}^{k} \sum\limits_{i=1}^{n_j} (X_{ij} - \bar{X}_{.j})^2} .$$

Die Bezeichnung F trägt sie zu Ehren R. A. Fishers (1890 - 1962), der die Varianzanalyse begründet hat.

Durchführung des Tests

Zu vorgegebenem Signifikanzniveau α wird das Quantil $f_{k-1,N-k;1-\alpha}$ einer Tabelle der F-Verteilung (Tabellen 15.7–15.10) entnommen. Der Verwerfungsbereich des Tests ist der Bereich außerhalb des Intervalls $(-\infty, f_{k-1,N-k;1-\alpha}]$. Ist die Prüfgröße

$$f = \frac{N-k}{k-1} \cdot \frac{\sum\limits_{j=1}^{k} \sum\limits_{i=1}^{n_j} (\bar{x}_{.j} - \bar{x}_{..})^2}{\sum\limits_{j=1}^{k} \sum\limits_{i=1}^{n_j} (x_{ij} - \bar{x}_{.j})^2}$$

größer als das Quantil $f_{k-1,N-k;1-\alpha}$, muß H_0 verworfen werden, andernfalls kann H_0 nicht verworfen werden.

Beispiel 11.6: Für das Beispiel 11.5 findet man durch Interpolieren für $\alpha = 0.05$ das Quantil $f_{2,27;0.95} = 3.37$. Als Prüfgröße ergibt sich nach Einsetzen der Daten aus Tabelle 11.11

$$f = \frac{27}{2} \cdot \frac{263.6060}{98.7410} = 36.04.$$

Die Prüfgröße ist größer als das Quantil. Daher muß die Nullhypothese auf dem 5%-Niveau verworfen werden. Die Daten des Beispiels 11.5 lassen auf dem 5%-Niveau darauf schließen, daß die drei Geräte X, Y und Z systematisch gegeneinander verzerrt sind.

Die Varianzanalyse gibt allerdings keinen Aufschluß darüber, zwischen welchen der drei Geräte ein systematischer Unterschied besteht. Dies muß im Paarvergleich gesondert geprüft werden.

Paarvergleich

Wenn die globale Nullhypothese der Varianzanalyse verworfen worden ist, will man in der Regel wissen, auf welchen paarweisen Vergleich dieses Resultat zurückzuführen ist. Zur Lösung dieses Problems gibt es eine Fülle konkurrierender Verfahren. Hier soll als Beispiel nur die Methode von Tukey vorgestellt werden, die unter den Voraussetzungen der Varianzanalyse immer dann anwendbar ist, wenn die Umfänge aller k Stichproben gleich groß sind: $n_1 = n_2 = \ldots = n_k = n$. Folgende Schritte sind erforderlich:

- Aus der Tafel der Varianzanalyse benötigt man MQI. MQI ist eine unverzerrte Schätzung für die allen Stichproben gemeinsame Varianz σ^2. Im Falle $k = 2$ entspricht MQI der Varianzschätzung s^2 aus dem t-Test für unverbundene Stichproben. MQI hat $N - k$ Freiheitsgrade.

  Beispiel 11.5: $MQI = 3.66$ mit $N-k = 30-3 = 27$ Freiheitsgraden.

- Der Tabelle 15.18 entnimmt man das Quantil $q_{k,N-k;1-\alpha}$ mit

$$
\begin{aligned}
k &= \text{Anzahl der Stichproben,} \\
N - k &= \text{Anzahl der Freiheitsgrade von } MQI \text{ und} \\
\alpha &= \text{Irrtumswahrscheinlichkeit aus der Varianzanalyse.}
\end{aligned}
$$

  Beispiel 11.5: $k = 3$, $N = 27$, $\alpha = 0.05$, $q_{3,27;0.95} = 3.51$.

- Man berechnet den sogenannten kritischen Wert

$$
\Delta = q_{k,N-k;1-\alpha} \cdot \sqrt{\frac{MQI}{n}}.
$$

  Beispiel 11.5: $\Delta = 3.51 \cdot \sqrt{\frac{3.66}{10}} = 2.123$.

- Zwischen der j-ten und der ℓ-ten Stichprobe besteht auf dem gewählten Niveau ein signifikanter Unterschied, wenn

$$
|\bar{x}_{.j} - \bar{x}_{.\ell}| > \Delta
$$

gilt.

Beispiel 11.5:

$|\bar{x}_{.1} - \bar{x}_{.2}| = 1.43$, $|\bar{x}_{.1} - \bar{x}_{.3}| = 6.88$, $|\bar{x}_{.2} - \bar{x}_{.3}| = 5.45$.

Das Ergebnis des Paarvergleichs kann man übersichtlich in Form der Tabelle 11.12 notieren. Das rechte obere Dreieck der Tabelle enthält für die entsprechenden Stichproben die Absolutbeträge der Mittelwertsdifferenzen, das linke untere Dreieck enthält ein „$\star$“, wenn der kritische Wert Δ überschritten wird, und $\emptyset$ sonst.

Tabelle 11.12: Paarvergleich nach der einfachen Varianzanalyse

Stich– probe j	Stichprobe ℓ 1	2	3
1	—	1.43	6.88
2	$\emptyset$	—	5.45
3	$\star$	$\star$	—

Der Paarvergleich zeigt, daß sich zwischen den Geräten X und Y (1. und 2. Stichprobe) auf dem 5%-Niveau kein systematischer Unterschied erkennen läßt, während Gerät Z Werte liefert, die sich auf dem 5%-Niveau deutlich von denen der Geräte X und Y unterscheiden.

11.2.2 Nichtparametrisch: Kruskal-Wallis-Test*

Im Kruskal-Wallis-Test wird die gleiche Fragestellung wie in der Varianzanalyse für die Einfachklassifikation behandelt. Es wird von den Daten aber keine Normalverteilung, sondern nur Stetigkeit verlangt.

Fragestellung

Es soll geprüft werden, ob das stetige Merkmal A in den $k \geq 3$ Grundgesamtheiten die gleiche Verteilung besitzt oder ob es Lageunterschiede zwischen den Grundgesamtheiten gibt.

> **Beispiel 11.7:** Als Beispiel dienen wieder die Daten der Tabelle 11.9, von denen jetzt aber keine Normalverteilung mehr vorausgesetzt wird.
>
> $$H_0: \quad \mu_1 = \mu_2 = \mu_3,$$
> $$H_1: \quad \mu_j \neq \mu_\ell \quad \text{für mindestens ein Paar } (j, \ell).$$

Modell

Die Daten x_{ij} der j-ten Stichprobe sind Realisationen von unabhängigen Zufallsvariablen X_{ij} mit stetiger Verteilungsfunktion F_j und Erwartungswert $E(X_{ij}) = \mu_j$ $(i = 1, 2, \ldots, n_j;\ j = 1, 2, \ldots, k)$. Allgemein formuliert lautet die zu prüfende Alternative

$$H_0: \quad \mu_1 = \mu_2 = \ldots = \mu_k,$$
$$H_1: \quad \mu_j \neq \mu_\ell \quad \text{für mindestens ein Paar } (j, \ell)$$

Tabelle 11.13: Rangzahlen für den Kruskal-Wallis-Test mit den Daten der Tabelle 11.9

Gerät X Glukose	Rangzahl	Gerät Y Glukose	Rangzahl	Gerät Z Glukose	Rangzahl
98.1	13.0	98.5	16.0	97.3	11.5
102.3	27.0	99.5	20.0	92.7	4.0
102.7	30.0	97.3	11.5	91.5	2.5
98.9	18.0	99.7	22.0	91.5	2.5
102.4	28.5	99.1	19.0	94.3	7.0
98.4	15.0	99.9	23.0	96.7	10.0
100.7	26.0	100.4	24.0	93.2	6.0
98.3	14.0	98.6	17.0	92.8	5.0
99.6	21.0	96.0	9.0	94.8	8.0
102.4	28.5	100.5	25.0	90.2	1.0
$\sum r_{\cdot 1}$	221.0	$\sum r_{\cdot 2}$	186.5	$\sum r_{\cdot 3}$	57.5
$\bar{r}_1$	22.1	$\bar{r}_2$	18.65	$\bar{r}_3$	5.75

Die Teststatistik des Kruskal-Wallis-Tests wird nach dem gleichen Prinzip wie die des Mann-Whitney-Wilcoxon-Tests (Abschnitt 10.2.2) konstruiert.

Es wird die Rangliste aller $N = n_1 + n_2 + \ldots + n_k$ Daten gebildet. Hierbei erhält das Datum x_{ij} die Rangzahl r_{ij}. Wegen der vorausgesetzten Stetigkeit ist es unwahrscheinlich, daß gleich große Daten auftreten. Falls das dennoch der Fall ist, verfährt man, wie auf Seite 183 für den Mann-Whitney-Wilcoxon-Test beschrieben, und teilt allen Daten einer „Bindung" den Mittelwert der gerade zu vergebenden Rangzahlen zu. Wenn zu viele Bindungen auftreten, muß an der Teststatistik eine Korrektur vorgenommen werden, wie sie beispielsweise in [13] beschrieben wird.

Als Rechenkontrolle dient die allgemein gültige Beziehung

$$\sum_{j=1}^{k} \sum_{i=1}^{n_j} r_{ij} = \frac{N \cdot (N+1)}{2} \, . \tag{11.6}$$

Der Teststatistik liegt wieder die Idee zugrunde, daß sich Lageunterschiede in der Verteilung der Rangzahlen auf die Stichproben niederschlagen müßten. Große Rangzahlen müssen sich in den nach links, kleine Rangzahlen in den nach rechts verschobenen Stichproben häufen. Man bildet die Summen

$$r_{.j} = \sum_{i=1}^{n_j} r_{ij}$$

der Rangzahlen in den einzelnen Stichproben und berechnet die Prüfgröße h des Tests nach der Formel

$$h = \frac{12}{N \cdot (N+1)} \cdot \left(\sum_{j=1}^{k} \frac{r_{.j}^2}{n_j} \right) - 3 \cdot (N+1). \qquad (11.7)$$

Unter H_0 und bei ausreichend großem N folgt die zugehörige Teststatistik näherungsweise einer χ_f^2-Verteilung mit $f = k - 1$ Freiheitsgraden. Als grobe Faustregel gilt, daß die Annäherung ausreichend ist, wenn in jeder Stichprobe mehr als 5 Daten vorhanden sind , d. h. $n_j > 5$ ($j = 1, 2, \ldots, k$). Bei drei Stichproben muß daher $N > 15$ sein. Für $k = 3$ und $N \leq 15$ kann man die Quantile der Tabelle 15.16 benutzen.

Durchführung des Tests

Zu vorgegebenem Signifikanzniveau α entnimmt man den Tabellen 15.6 bzw. 15.16 das $1 - \alpha$-Quantil. Ist die Prüfgröße h aus (11.7) größer als das Quantil, muß H_0 verworfen werden, andernfalls kann H_0 nicht verworfen werden.

> **Beispiel 11.8:** Für die Daten des Beispiels 11.7 entnimmt man zu vorgegebenem Signifikanzniveau $\alpha = 0.05$, $k = 3$ und $N = 30$ der Tabelle 15.6 das Quantil $\chi_{2;0.95}^2 = 5.99$. Nach Tabelle 11.13 und Gleichung (11.7) ist die Prüfgröße
>
> $$h = \frac{12}{30 \cdot 31} \cdot \left(\frac{221^2}{10} + \frac{186.5^2}{10} + \frac{57.5^2}{10} \right) - 3 \cdot 31 = 19.167.$$
>
> Die Nullhypothese muß auf dem 5%-Niveau verworfen werden. Auch im Kruskal-Wallis-Test deuten die Daten auf eine systematische Verzerrung der Glukosewerte hin.

Ähnlich wie bei der Varianzanalyse erhält man auch beim Kruskal-Wallis-Test nur diese globale Aussage. Wenn man weiter wissen will, zwischen welchen Geräten die Verzerrung besteht, muß man Paarvergleiche durchführen, die es auch unter den Voraussetzungen dieses Tests gibt.

Tabelle 11.14: Paarvergleich nach dem Kruskal-Wallis-Test

Stich- probe j	Stichprobe ℓ		
	1	2	3
1	—	3.45	16.35
2	∅	—	12.90
3	$\star$	$\star$	—

Paarvergleich

Nachdem die globale Nullhypothese des Kruskal-Wallis-Tests verworfen worden ist, soll weiter geprüft werden, auf welchen paarweisen Vergleich dieses Resultat zurückzuführen ist. Zur Lösung dieses Problems gibt es ein Verfahren, das analog zur Methode von Tukey bei der Varianzanalyse arbeitet. Voraussetzung ist auch hier, daß die Umfänge aller k Stichproben gleich groß sind: $n_1 = n_2 = \ldots = n_k = n$. Die erforderlichen Schritte werden anhand des Beispiels erläutert.

- Aus Tabelle 15.18 benötigt man das Quantil $q_{k,\infty;1-\alpha}$ mit

$$
\begin{aligned}
k &= \text{Anzahl der Stichproben und} \\
\alpha &= \text{Irrtumswahrscheinlichkeit aus dem Kruskal-Wallis-Test.}
\end{aligned}
$$

Beispiel 11.7: $k = 3$, $\alpha = 0.05$, $q_{3,\infty;0.95} = 3.31$.

- Man berechnet den kritischen Wert

$$
\Delta = q_{k,\infty;1-\alpha} \cdot \sqrt{\frac{k(k \cdot n + 1)}{12}}.
$$

Beispiel 11.7: $\Delta = 3.31 \cdot \sqrt{\frac{3 \cdot 31}{12}} = 9.21$.

- Zwischen der j-ten und der ℓ-ten Stichprobe besteht auf dem gewählten α-Niveau ein signifikanter Unterschied, wenn gilt

$$
|\bar{r}_{.j} - \bar{r}_{.\ell}| > \Delta.
$$

Beispiel 11.7:
$|\bar{r}_{.1} - \bar{r}_{.2}| = 3.45$, $|\bar{r}_{.1} - \bar{r}_{.3}| = 16.35$, $|\bar{r}_{.2} - \bar{r}_{.3}| = 12.90$.
Das Ergebnis des Paarvergleichs kann man übersichtlich in Form der Tabelle 11.14 notieren. Das rechte obere Dreieck der Tabelle enthält für die entsprechenden Stichproben die Absolutbeträge der Differenzen der Rangmittelwerte, das linke untere Dreieck enthält ein „$\star$",

wenn der kritische Wert Δ überschritten wird, und $\emptyset$ sonst. Der Paarvergleich zeigt, daß sich zwischen den Geräten X und Y (1. und 2. Stichprobe) auf dem 5%-Niveau kein systematischer Unterschied erkennen läßt, während Gerät Z Werte liefert, die sich auf dem 5%-Niveau deutlich von denen der Geräte X und Y unterscheiden.

12 Andere Testverfahren

Die in den bisherigen Kapiteln beschriebenen Testverfahren werden häufig angewandt. Sie sind aber nur zum Nachweis von Lageunterschieden geeignet und setzen zumindest Daten ordinaler Merkmale voraus. In den folgenden Abschnitten werden einige wichtige andere Verfahren beschrieben.

12.1 χ^2–Test auf Unabhängigkeit

Fragestellung

In einer Grundgesamtheit G werden zwei Merkmale A und B mit den Ausprägungen $A_1, A_2, \ldots, A_k$ bzw. $B_1, B_2, \ldots, B_\ell$ betrachtet. Die Merkmale können jeweils qualitativ oder quantitativ sein. Stetige Merkmale sollen klassiert werden. In diesem Fall ist „Ausprägung" durch „Klasse" zu ersetzen.

Es soll die Unabhängigkeit von A und B in G geprüft werden. Nach Definition bedeutet die Unabhängigkeit, daß das Merkmal B in jeder der durch die Ausprägungen $A_1, A_2, \ldots, A_k$ definierten Teilgrundgesamtheiten $G_1., G_2., \ldots, G_k.$ von G die gleiche Verteilung besitzt und – umgekehrt – daß das Merkmal A in jeder der durch die Ausprägungen $B_1, B_2, \ldots, B_\ell$ definierten Teilgrundgesamtheiten $G_{.1}, G_{.2}, \ldots, G_{.\ell}$ von G die gleiche Verteilung besitzt.

Aus der Grundgesamtheit G wird eine zufällige Stichprobe vom Umfang n gezogen. Die Kontingenztafel der Tabelle 12.1 ist eine geeignete Darstellung der Daten. Im Spezialfall $k = \ell = 2$ spricht man von einer Vierfeldertafel.

> **Beispiel 12.1:** Es soll die Unabhängigkeit der beiden qualitativen Merkmale Geschlecht und Zelltyp bei AML-Patienten am Beispiel 2.1 (Seite 17) geprüft werden. Dazu werden noch einmal die Daten der Tabelle 3.2 (Seite 48) betrachtet. Als obere Grenze für

Tabelle 12.1: Allgemeine Kontingenztafel für den χ^2–Test

	B_1	...	B_j	...	B_ℓ	Zeilensumme
A_1	n_{11}	...	n_{1j}	...	$n_{1\ell}$	n_1
$\vdots$	$\vdots$		$\vdots$		$\vdots$	$\vdots$
A_i	n_{i1}	...	n_{ij}	...	$n_{i\ell}$	n_i
$\vdots$	$\vdots$		$\vdots$		$\vdots$	$\vdots$
A_k	n_{k1}	...	n_{kj}	...	$n_{k\ell}$	n_k
Spaltensumme	$n_{.1}$	...	$n_{.j}$	...	$n_{.\ell}$	$n_{..} = n$

die Wahrscheinlichkeit des Fehlers 1. Art wird $\alpha = 0.05$ festgesetzt.
Die zu prüfende Alternative lautet

H_0 : Geschlecht und Zelltyp sind unabhängig,

H_1 : Geschlecht und Zelltyp sind nicht unabhängig.

Modell

Sei p_{ij} der Anteil der Beobachtungseinheiten mit der Ausprägungskombination A_iB_j in der Grundgesamtheit G. Ferner sei

$$p_{i.} = \sum_{j=1}^{\ell} p_{ij} \qquad (i = 1, 2, \ldots, k),$$

$$p_{.j} = \sum_{i=1}^{k} p_{ij} \qquad (j = 1, 2, \ldots, \ell). \tag{12.1}$$

Offenbar ist $p_{i.}$ der Anteil aller Beobachtungseinheiten mit Ausprägung A_i und $p_{.j}$ der Anteil aller Beobachtungseinheiten mit Ausprägung B_j in G ($i = 1, 2, \ldots, k; j = 1, 2, \ldots, \ell$). Mit diesen Bezeichnungen ist die oben beschriebene Unabhängigkeit rechnerisch äquivalent zu

$$p_{ij} = p_{i.} \cdot p_{.j} \qquad (i = 1, 2, \ldots, k; \; j = 1, 2, \ldots, \ell).$$

Zum Beispiel ist $p_{11}/p_{.1}$ der Anteil der Beobachtungseinheiten mit Ausprägung A_1 in der durch die Ausprägung B_1 definierten Teilgrundgesamtheit $G_{.1}$ von G. Nach Definition der Unabhängigkeit muß dieser Anteil mit dem Anteil $p_{1.}$ übereinstimmen, also

$$p_{11} = p_{1.} \cdot p_{.1} \; .$$

Danach läßt sich die zu prüfende Alternative auch als

$$H_0 \; : \; p_{ij} = p_{i.} \cdot p_{.j} \qquad (i = 1, 2, \ldots, k; \; j = 1, 2, \ldots, \ell),$$
$$H_1 \; : \; p_{ij} \neq p_{i.} \cdot p_{.j} \qquad \text{für mindestens ein Paar } (i, j)$$

formulieren.

Die Idee des Tests ist es, die tatsächlich beobachteten Häufigkeiten n_{ij} mit den unter der Unabhängigkeitshypothese H_0 zu erwartenden Häufigkeiten

$$n \cdot p_{ij} = n \cdot p_{i.} \cdot p_{.j}$$

zu vergleichen. H_0 wird verworfen, wenn der Unterschied zu groß wird. Da die $p_{i.}$ und $p_{.j}$ i. allg. nicht bekannt sind, werden sie aus der Stichprobe durch $n_{i.}/n$ bzw. $n_{.j}/n$ geschätzt. Auf diese Weise erhält man die Prüfgröße

$$\chi^2 = \sum_{i=1}^{k} \sum_{j=1}^{\ell} \frac{(n_{ij} - \frac{n_{i.} \cdot n_{.j}}{n})^2}{\frac{n_{i.} \cdot n_{.j}}{n}}, \qquad (12.2)$$

zu der jede Zelle (i, j) der Kontingenztafel als Beitrag einen Summanden der Form

$$\frac{(\text{Beobachtet-Erwartet})^2}{\text{Erwartet}}$$

liefert. In der mathematischen Statistik wird gezeigt, daß solche Teststatistiken näherungsweise einer χ_f^2–Verteilung mit $f = (k-1) \cdot (\ell-1)$ Freiheitsgraden folgt. Die Annäherung ist für die Praxis sicher ausreichend, wenn die erwarteten Häufigkeiten alle größer oder gleich 5 sind. Man muß versuchen, diese Schranke durch einen genügend großen Stichprobenumfang zu erreichen. Falls das nicht möglich ist, ist zu überlegen, ob sich gewisse Merkmalsausprägungen zusammenlegen lassen. Bei quantitativen Merkmalen sind entsprechend weniger Klassen zu bilden.

Durchführung des Tests

Zu vorgegebenem Signifikanzniveau α wird das Quantil $\chi_{f;1-\alpha}^2$ der Tabelle 15.6 entnommen. Der Verwerfungsbereich des Tests ist der Bereich außerhalb des Intervalls $[0, \chi_{f;1-\alpha}^2]$. Ist die Prüfgröße des χ^2–Tests größer als das Quantil $\chi_{f;1-\alpha}^2$, muß H_0 verworfen werden, andernfalls kann H_0 nicht verworfen werden.

Beispiel 12.2: Für das Beispiel 12.1 benötigt man wegen $k = 6$ und $\ell = 2$ für $\alpha = 0.05$ das Quantil $\chi^2_{5;0.95} = 11.07$ (Tabelle 15.6). Als Prüfgröße ergibt sich nach Einsetzen der Daten

$$\chi^2 = 2.75 \; .$$

Die Prüfgröße liegt im Intervall $[0,\ 11.07]$, daher kann die Nullhypothese auf dem 5%–Niveau nicht verworfen werden. Die Daten des Beispiels 12.1 lassen auf dem 5%–Niveau keinen Widerspruch zur Hypothese der Unabhängigkeit von Geschlecht und Zelltyp erkennen.

Im Spezialfall $k = \ell = 2$ vereinfacht sich die Formel für die Prüfgröße beträchtlich. Dann gilt für alle 4 Zellen der Vierfeldertafel:

$$(\text{Beobachtet} - \text{Erwartet})^2 = \left(\frac{n_{11} \cdot n_{22} - n_{12} \cdot n_{21}}{n} \right)^2 .$$

Damit ergibt sich aus (12.2) die wesentlich einfachere Formel

$$\chi^2 = \frac{(n_{11} \cdot n_{22} - n_{12} \cdot n_{21})^2 \cdot n}{n_{.1} \cdot n_{.2} \cdot n_{1.} \cdot n_{2.}} . \tag{12.3}$$

Um die Annäherung an die χ^2–Verteilung zu verbessern, wird nach Yates die Prüfgröße aus der Formel

$$\chi^2 = \frac{(|n_{11} \cdot n_{22} - n_{12} \cdot n_{21}| - n/2)^2 \cdot n}{n_{.1} \cdot n_{.2} \cdot n_{1.} \cdot n_{2.}} \tag{12.4}$$

berechnet. Dies ist die Yates–Korrektur, die für kleine Stichproben ($n \leq 30$) angewandt werden sollte. In diesem Fall ist aber auch Fishers exakter Test in Betracht zu ziehen, bei dem es keine Näherungsprobleme gibt.

12.2   Fishers exakter Test*

Fragestellung
In einer Grundgesamtheit G werden zwei qualitative Merkmale A und B mit jeweils zwei Ausprägungen A_1, A_2 bzw. B_1, B_2 betrachtet. Faßt

Tabelle 12.2: Allgemeine Vierfeldertafel

A	B_1	B_2	Zeilensumme
A_1	n_{11}	n_{12}	n_1
A_2	n_{21}	n_{22}	n_2
Spaltensumme	$n_{.1}$	$n_{.2}$	n

man Fishers exakten Test als Einstichprobentest auf, so prüft er die Unabhängigkeit von A und B in G. Faßt man ihn als Zweistichprobentest auf, so prüft er, ob A in den beiden durch B definierten Teilgrundgesamtheiten G_1 und G_2 von G die gleiche Verteilung besitzt. Bezeichnet man mit p_i den Anteil der Beobachtungseinheiten mit der Ausprägung A_1 in G_i ($i = 1, 2$), so bedeutet dies

$$p_1 = p_2.$$

Für die erste Version wird eine zufällige Stichprobe aus G gezogen, für die zweite Version muß je eine zufällige Stichprobe aus G_1 und G_2 gezogen werden.

Der Versuchsleiter muß in der Phase der Versuchsplanung entscheiden, welche Version er durchführt. Ist z. B. die Ausprägung B_1 in G sehr selten, wird er sich für zwei Stichproben entscheiden. Die Vierfeldertafel der Tabelle 12.2 ist die geeignete Darstellung der Daten. Zeilen und Spalten werden so angeordnet, daß $n_{1.} \leq n_{2.}$ und $n_{.1} \leq n_{.2}$ gilt.

Beispiel 12.3: Bei 20 Kindern, 8 Jungen und 12 Mädchen, die mit der Diagnose Neurodermitis in der Hautklinik vorgestellt wurden, hat man untersucht, ob ein bestimmter serologischer Befund positiv ist (Tabelle 12.3). Es soll geprüft werden, ob ein positiver Befund bei Jungen und Mädchen mit der gleichen Wahrscheinlichkeit auftritt. Als obere Grenze für die Wahrscheinlichkeit des Fehlers 1. Art wird $\alpha = 0.05$ festgesetzt. In diesem Fall sind p_1 bzw. p_2 die Anteile der Jungen bzw. Mädchen mit einen positiven Befund.

Die zweiseitige Alternative lautet

$$
\begin{aligned}
H_0 &: p_1 = p_2, \\
H_1 &: p_1 \neq p_2.
\end{aligned}
$$

Tabelle 12.3: Beispiel für Fishers exakten Test

Befund	Junge	Mädchen	Zeilensumme
positiv	1	3	4
negativ	7	9	16
Spaltensumme	8	12	20

Modell

Die vier positiven Befunde des Beispiels entsprechen unter der Nullhypothese vier Ziehungen ohne Zurücklegen aus einer Urne. Der gegebenen Geschlechtsverteilung entsprechend enthält sie 8 schwarze und 12 weiße Kugeln. Die Anzahl X der Jungen mit positivem Befund folgt daher unter der Nullhypothese der hypergeometrischen Verteilung $HG(4; 20, 8)$. Die zugehörige Wahrscheinlichkeitsfunktion wird nach Formel 5.11 berechnet (Tabelle 12.4). Im allgemeinen Fall der Tabelle 12.2 ist n_{11}, die Prüfgröße des Tests, eine Realisation der hypergeometrischen Verteilung $HG(n_{1.}; n, n_{.1})$.

Durchführung des Tests

Der Verwerfungsbereich V des Tests wird schrittweise aufgebaut. Nach aufsteigender Wahrscheinlichkeit werden Realisationen in V aufgenommen. Dies wird so lange fortgesetzt, wie die aufsummierten Wahrscheinlichkeiten kleiner oder gleich dem vorgegebenen α bleiben. Die Wahrscheinlichkeiten sind einer Tabelle der entsprechenden hypergeometrische Verteilung zu entnehmen. Wenn keine Tabelle zur Verfügung steht, müssen sie nach Formel 5.11 berechnet werden.

Beispiel 12.4: Mit Tabelle 12.4 ergibt sich in Beispiel 12.3 $V = \{4\}$. Wenn $k = 0$, die Realisation mit der nächst größeren Wahrscheinlichkeit, noch zu V hinzugefügt wird, überschreiten die aufsummierten Wahrscheinlichkeiten bereits die gewählte obere Grenze $\alpha = 0.05$. Die Prüfgröße $x = 1$ des Beispiels liegt nicht in V. Daher kann die Nullhypothese nicht verworfen werden. Anhand der vorgelegten Daten kann nicht ausgeschlossen werden, daß ein positiver serologischer Befund bei Jungen und Mädchen mit der gleichen Wahrscheinlichkeit auftritt.

Die Bestimmung des Verwerfungsbereichs mit Hilfe der hypergeome-

Tabelle 12.4: Wahrscheinlichkeitsfunktion für $HG(4; 20, 8)$

k	0	1	2	3	4
$P(X = k)$	0.102	0.363	0.381	0.139	0.014

trischen Verteilung kann rechnerisch aufwendig werden. Daher wird Fishers exakter Test in der Praxis meist nur bei Vierfeldertafeln mit kleinen Randsummen angewandt. Dieser Punkt spielt keine Rolle, wenn ein entsprechendes Statistikprogramm zur Verfügung steht. Theoretisch ist der Test nicht auf den Fall kleiner Randsummen beschränkt.

Einseitige Alternativen

In Beispiel 12.3 wurde die zweiseitige Alternative betrachtet. Wenn man sich bei der Konstruktion des Verwerfungsbereichs auf Realisationen am linken bzw. am rechten Rand der hypergeometrischen Verteilung beschränkt, kann man auch die jeweilige einseitige Fragestellung prüfen. Für die Vierfeldertafel 12.3 und $\alpha = 0.05$ gehört zur einseitigen Alternative

$$
\begin{aligned}
H_0 &: \quad p_1 \leq p_2, \\
H_1 &: \quad p_1 > p_2
\end{aligned}
$$

der Verwerfungsbereich $V = \{4\}$ und zur einseitigen Alternative

$$
\begin{aligned}
H_0 &: \quad p_1 \geq p_2, \\
H_1 &: \quad p_1 < p_2
\end{aligned}
$$

der Verwerfungsbereich $V = \emptyset$. Die nötige Vorinformation, ob und – wenn ja – welche der beiden einseitigen Alternativen getestet wird, muß aus Veröffentlichungen oder Vorversuchen stammen. Sie darf nicht durch die Daten der Stichprobe selbst begründet werden, weil dann eine a posteriori Hypothese getestet würde.

12.3 χ^2–Anpassungstest[*]

Mit Anpassungstests prüft man, ob empirische Daten einer vorgegebenen theoretischen Verteilung entsprechen.

Fragestellung

Es soll geprüft werden, ob die Verteilung der Daten $x_1, x_2, \ldots, x_n$ einer zufälligen Stichprobe aus einer Grundgesamtheit G durch eine vorgegebene theoretische Verteilungsfunktion F_0 ausreichend gut beschrieben wird.

> **Beispiel 12.5:** Tabelle 5.2 (Seite 109) enthält die Anzahl der pro Monat in eine Studie aufgenommenen Fälle mit akuter myeloischer Leukämie. In Beispiel 5.7 wurde bereits die Frage aufgeworfen, ob diese Anzahl einer Poissonverteilung folgt.

Modell

Die Daten $x_1, x_2, \ldots, x_n$ sind Realisationen von unabhängigen Zufallsvariablen $X_1, X_2, \ldots, X_n$, die die gemeinsame Verteilungsfunktion F besitzen. F_0 ist eine vorgegebene theoretische Verteilung. In diesem Modell prüft der Anpassungstest die Alternative

$$
\begin{aligned}
H_0 &: \quad F = F_0, \\
H_1 &: \quad F \neq F_0.
\end{aligned}
$$

Die Idee des Tests ist, die tatsächlich beobachteten Häufigkeiten mit den theoretisch unter H_0 zu erwartenden zu vergleichen. Dies entspricht dem Vorgehen beim χ^2-Test.

Die Prüfgröße des Tests wird daher nach dem bereits auf Seite 211 beschriebenen Prinzip gebildet. Die zugehörige Teststatistik folgt einer χ^2-Verteilung mit f Freiheitsgraden. Die Anzahl der Freiheitsgrade ist $k-1$, wobei k die Anzahl der Klassen ist, in denen die theoretischen Häufigkeiten berechnet werden. Diese Anzahl reduziert sich noch um die Anzahl der Parameter von F_0, die gegebenenfalls aus den Daten geschätzt werden müssen.

Die erwarteten absoluten Häufigkeiten sollen nicht kleiner als 5 sein. Um dies zu erreichen, müssen gegebenenfalls benachbarte Klassen zusammengefaßt werden.

Durchführung des Tests

Zu vorgegebenem Signifikanzniveau α wird das Quantil $\chi^2_{f;1-\alpha}$ der Tabelle 15.6 entnommen. Der Verwerfungsbereich des Tests ist der Bereich außerhalb des Intervalls $[0,\ \chi^2_{f;1-\alpha}]$. Ist die Prüfgröße des Anpassungstests

$$\chi_f^2 = \sum_{i=1}^{k} \frac{(\text{Erwartet-Beobachtet})^2}{\text{Erwartet}}$$

größer als das Quantil $\chi_{f;1-\alpha}^2$, muß H_0 verworfen werden, andernfalls kann H_0 nicht verworfen werden.

Beispiel 12.6: Für das Beispiel 12.5 werden die Daten aus Tabelle 5.2 herangezogen. Die Poissonverteilung wird durch den einen Parameter λ bestimmt, der aus den Daten mit $\hat{\lambda} = \frac{448}{48} = 9.33$ geschätzt wird. Aus den Wahrscheinlichkeiten werden die erwarteten Anzahlen berechnet. Der Tabelle 5.2 entnimmt man z. B. die Wahrscheinlichkeit $p = 0.027959$ dafür, daß 4 Patienten pro Monat aufgenommen wurden. Bei 48 Monaten erwartet man daher, daß in

$$0.027959 \cdot 48 = 1.342$$

Monaten 4 Patienten aufgenommen werden. Tatsächlich waren es 2 Monate, wie man an den angegebenen relativen Häufigkeiten sieht. Um die erwartete Häufigkeit von mindestens 5 zu erreichen, werden die Monate mit bis zu 6 und die Monate mit mindestens 13 Aufnahmen zu jeweils einer Klasse zusammengefaßt. Das ergibt insgesamt 8 Klassen. Da der Parameter λ außerdem geschätzt wurde, ergeben sich

$$f = 8 - 1 - 1 = 6$$

Freiheitsgrade. Der Tabelle 15.6 entnimmt man

$$\chi_{6;0.95}^2 = 12.59.$$

Als Prüfgröße ergibt sich nach Einsetzen der aus Tabelle 5.2 berechneten erwarteten bzw. beobachteten Anzahlen

$$\chi^2 = 3.5914.$$

Die Prüfgröße liegt im Intervall [0, 12.59], daher kann die Nullhypothese auf dem 5%-Niveau nicht verworfen werden. Die Anzahl der Neuaufnahmen pro Monat läßt sich ausreichend gut durch eine Poissonverteilung beschreiben.

Allgemein ist bei den Anpassungstests zu beachten, daß sich aus empirisch gewonnenen Daten eine theoretische Vorgabe niemals endgültig „beweisen", sondern nur widerlegen läßt. Wenn die Widerlegung wie in diesem Beispiel nicht gelingt, kommt der Fehler 2. Art ins Spiel, und man muß sich mit Formulierungen wie z. B. der oben gewählten *läßt sich ausreichend gut beschreiben* zufriedengeben.

12.4   Logrank–Test*

Der Logrank–Test ist ein Test, der zensierte Daten zuläßt. Er eignet sich daher gut zum Vergleich von Überlebenszeiten, wie sie z. B. in Abschnitt 2.5 besprochen wurden.

Fragestellung

Zwei unverbundene zufällige Stichproben werden gezogen. In beiden Stichproben wird als Zielgröße eine Überlebenszeit gemessen. Die Überlebenszeiten können zensiert sein. Zensierung und Endereignis sind unabhängig voneinander (Beispiel 2.17). Mit dem Logrank–Test wird untersucht, ob die Überlebenszeit in beiden Stichproben der gleichen Verteilung folgt.

> **Beispiel 12.7:**   In einem klinischen Versuch wird Patienten mit einer bestimmten bösartigen Erkrankung eine von zwei zur Auswahl stehenden Chemotherapien T_1 oder T_2 zufällig zugeteilt. T_2 ist eine intensivere Therapie als T_1. Es soll geprüft werden, ob die Intensivierung zu einer Verlängerung der Überlebenszeit führt. Das Überleben beginnt mit dem ersten Tag der Therapie und endet mit dem Tod.
> Tabelle 12.5 enthält die Überlebenszeiten von $n_1 = 20$ Patienten, die mit Therapie T_1, und $n_2 = 18$ Patienten, die mit Therapie T_2 behandelt wurden. Zensierte Angaben sind durch $^+$ gekennzeichnet.

Modell

Die Überlebenszeiten $x_1, x_2, \ldots, x_{n_1}$ der ersten Stichprobe sind Realisationen von unabhängigen Zufallsvariablen $X_1, X_2, \ldots, X_{n_1}$, die alle die stetige Verteilungsfunktion F_1 besitzen. Die Überlebenszeiten $y_1, y_2, \ldots, y_{n_2}$ der zweiten Stichprobe sind Realisationen von un-

Tabelle 12.5: *Überlebenszeiten in Tagen* bei Chemotherapie, Beispiel für den Logrank–Test ($^+$ kennzeichnet zensierte Daten)

Chemotherapie T_1

26^+	50^+	51^+	57^+	70^+	93	105	108	135	193^+
229^+	241^+	242	263	455^+	489^+	518	566^+	582	595

Chemotherapie T_2

4^+	8^+	10^+	18^+	30	55	56^+	71^+	89	90
101	148	155	207^+	233	266^+	283	441^+		

abhängigen Zufallsvariablen $Y_1, Y_2, \ldots, Y_{n_2}$, die alle die stetige Verteilungsfunktion F_2 besitzen. Aus den Verteilungsfunktionen ergeben sich die Überlebensraten als:

$$S_i(x) = 1 - F_i(x) \qquad (i = 1, 2).$$

Abbildung 12.1 zeigt schematisch typische Unterschiede, die zwischen Überlebensraten auftreten können. Der Logrank–Test kann nur Unterschiede der Form (a) gut erkennen. Sie werden durch die Beziehung

$$S_1(x) = S_2(x)^c \qquad c > 0$$

beschrieben. In diesem Modell prüft der Logrank–Test die Alternative

$$
\begin{aligned}
H_0 &: \quad c = 1, \\
H_1 &: \quad c \neq 1.
\end{aligned}
$$

Durchführung des Tests

Die Teststatistik des Logrank–Tests ist im Grunde nicht schwer zu berechnen. Um sie jedoch allgemein aufschreiben zu können, benötigt man eine etwas erschreckende Fülle von Bezeichnungen:

- $0 = t_0 \leq t_1 < t_2 < \ldots < t_k$ seien die aus beiden Stichproben zusammengefaßten aufsteigend sortierten Zeitpunkte, bei denen ein Endereignis eingetreten ist.
- n_{1i} bzw. n_{2i} sei die Anzahl der Beobachtungseinheiten aus der ersten bzw. der zweiten Stichprobe, die mindestens bis zum Zeitpunkt t_i überleben, ferner sei $n_i = n_{1i} + n_{2i}$, $(i = 1, 2, \ldots, k)$.

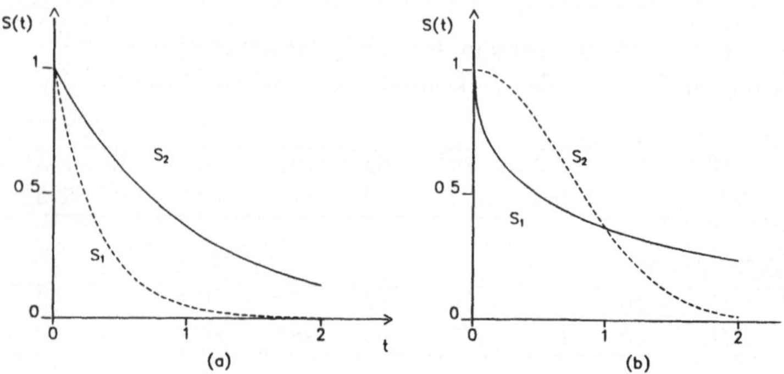

Abb. 12.1: Unterschiede zwischen Überlebensraten

- d_{1i} bzw. d_{2i} sei die Anzahl der Beobachtungseinheiten aus der ersten bzw. der zweiten Stichprobe, bei denen das Endereignis zum Zeitpunkt t_i eintritt, und es sei $d_i = d_{1i} + d_{2i}$ $(i = 1, 2, \ldots, k)$.

Nach Voraussetzung treten zum Zeitpunkt t_i insgesamt genau d_i Endereignisse ein. Es ist plausibel, unter H_0, d. h. bei Gleichheit der beiden Überlebensraten, anzunehmen, daß sich diese d_i Endereignisse anteilig auf die beiden Stichproben verteilen, d. h. in der ersten bzw. zweiten Stichprobe sollten zum Zeitpunkt t_i

$$e_{1i} = d_i \cdot \frac{n_{1i}}{n_{1i} + n_{2i}} \quad \text{bzw.} \quad e_{2i} = d_i \cdot \frac{n_{2i}}{n_{1i} + n_{2i}}$$

Endereignisse eintreten. Insgesamt sollten unter H_0 in der ersten bzw. zweiten Stichprobe

$$e_{1.} = \sum_{i=1}^{k} e_{1i} \quad \text{bzw.} \quad e_{2.} = \sum_{i=1}^{k} e_{2i}$$

Endereignisse gezählt werden. Der Logrank–Test vergleicht diese erwartete Anzahl mit der Anzahl der tatsächlich in den Gruppen beobachteten Endereignisse

$$d_{1.} = \sum_{i=1}^{k} d_{1i} \quad \text{bzw.} \quad d_{2.} = \sum_{i=1}^{k} d_{2i}.$$

Wenn der Unterschied zu groß ist, wird H_0 verworfen. Die Prüfgröße des Logrank–Tests

$$w = \frac{(e_{1.} - d_{1.})^2}{e_{1.}} + \frac{(e_{2.} - d_{2.})^2}{e_{2.}}$$

Tabelle 12.6: Berechnung der Prüfgröße des Logrank–Tests

t_i	n_{1i}	n_{2i}	d_{1i}	d_{2i}	e_{1i}	e_{2i}
30	19	14	0	1	0.5758	0.4242
55	17	13	0	1	0.5667	0.4333
89	15	10	0	1	0.6000	0.4000
90	15	9	0	1	0.6250	0.3750
93	15	8	1	0	0.6522	0.3478
101	14	8	0	1	0.6364	0.3636
105	14	7	1	0	0.6667	0.3333
108	13	7	1	0	0.6500	0.3500
135	12	7	1	0	0.6316	0.3684
148	11	7	0	1	0.6111	0.3889
155	11	6	0	1	0.6471	0.3529
233	9	4	0	1	0.6923	0.3077
242	8	3	1	0	0.7273	0.2727
263	7	3	1	0	0.7000	0.3000
283	6	2	0	1	0.7500	0.2500
518	4	0	1	0	1.0000	0.0000
582	2	0	1	0	1.0000	0.0000
595	1	0	1	0	1.0000	0.0000
Summe	–	–	$d_1 = 9$	$d_2 = 9$	$e_{1.} = 12.7320$	$e_{2.} = 5.2680$

ist ein Maß für diesen Unterschied. Solche Summen folgen unter H_0 näherungsweise einer χ^2–Verteilung. Die zur Prüfgröße w gehörende Teststatistik W folgt unter H_0 näherungsweise einer χ_f^2–Verteilung mit $f = 1$ Freiheitsgrad.

Beispiel 12.8: Für die Daten aus Beispiel 12.7 ergibt sich anhand der Tabelle 12.6 die Prüfgröße

$$w = \frac{(e_{1.} - d_{1.})^2}{e_{1.}} + \frac{(e_{2.} - d_{2.})^2}{e_{2.}}$$

$$= \frac{(12.7320 - 9)^2}{12.7320} + \frac{(5.2680 - 9)^2}{5.2680}$$

$$= 1.09 \qquad + 2.64$$

$$= 3.74.$$

Die Prüfgröße ist kleiner als $\chi^2_{1;0.95} = 3.84$, das 0.95-Quantil der χ^2-Verteilung mit einem Freiheitsgrad (Tabelle 15.6). Die Nullhypothese kann daher auf dem 5%-Niveau nicht verworfen werden. Auf dem 5%-Niveau wird die Hypothese der Gleichwertigkeit der beiden Chemotherapien durch die Daten nicht widerlegt.

13 Versuchsplanung

Voraussetzung dafür, daß durch einen Versuch eine bestimmte Hypothese bestätigt oder widerlegt werden kann, ist, daß frühzeitig die Fragestellung analysiert und klar formuliert wird. Nur so können der geeignete Versuchsplan und die geeigneten statistischen Methoden für die Auswertung festgelegt werden.

Versuchsplan und statistische Methoden hängen voneinander ab: Daten aus Versuchen, die nicht unter statistischen Gesichtspunkten geplant wurden, können in der Regel nicht mit Hilfe statistischer Methoden analysiert werden.

Die Gründe, weshalb Versuche in der Medizin durchgeführt werden, sind vielfältig. Dies liegt daran, daß in der Medizin einerseits theoretisch-chemische und physikalische Verfahren und deren Anwendung in der klinischen Praxis (etwa im Laborbereich) interessieren, daß andererseits Versuche mit Tieren, freiwilligen Personen (etwa Versuche zur Bioäquivalenz von Arzneimitteln) oder mit Patienten durchgeführt werden. Da Beobachtungseinheiten und Fragestellungen unterschiedlich sind, sind auch für Versuche aus diesen unterschiedlichen Bereichen die Randbedingungen für deren Durchführung unterschiedlich.

Viele der in der Medizin durchgeführten Versuche sind retrospektiv: Es werden Krankenblätter oder andere Dokumentationsunterlagen nach bestimmten Fragestellungen ausgewertet.

Ziel einer solchen retrospektiven Erhebung sind Aussagen über Häufigkeit und Erfolg von in der Klinik angewandten Therapien. Es ist nicht nur das berechtigte Interesse jedes Arztes, sondern eine Notwendigkeit, über Erfolge und Mißerfolge informiert zu sein und diese Informationen mit Angaben aus der Literatur vergleichen zu können. Soweit dieses notwendige Wissen nicht aus der täglichen Erfahrung gewonnen wird oder werden kann, müssen solche retrospektiven Auswertungen zur Qualitätskontrolle oder Hypothesenbildung durchgeführt werden.

Bei der Interpretation der Ergebnisse retrospektiver Studien - insbe-

sondere dem Vergleich mehrerer Therapien (historischer Vergleich) -
ist äußerste Vorsicht geboten: Die Notwendigkeit retrospektiver Studien ist unbestritten. Ebenso unbestritten ist, daß sich nur in prospektiv geplanten Studien wissenschaftlich gesicherte Erkenntnisse gewinnen lassen.

Prospektive Studien haben in den letzten Jahren sehr an Bedeutung gewonnen, da durch das Arzneimittelgesetz (AMG) ein Wirkungsnachweis für alte und neue Arzneimittel „über den einzelnen Anwendungsfall hinaus" vorgeschrieben ist. Bei der klinischen Prüfung eines Arzneimittels unterscheidet man vier Phasen:

- Phase I: Erstmalige Gabe eines Arzneimittels an den (gesunden) Menschen mit pharmakologischen und pharmakokinetischen Fragestellungen.
- Phase II: Erstmalige Gabe eines Arzneimittels an Patienten mit therapeutischen Fragestellungen (Pilotuntersuchungen mit großer Risikoabsicherung).
- Phase III: Gabe eines Arzneimittels an eine Gruppe von Patienten zum Wirkungsnachweis des Arzneimittels.
- Phase IV: Untersuchungen über Wirkungen und Nebenwirkungen eines Arzneimittels, nachdem dieses in den Verkehr gebracht wurde.

Zum Nachweis der Wirksamkeit eines Arzneimittels (Phase III) sollen vorzugsweise kontrollierte klinische Studien, möglichst als Doppelblindversuch mit randomisierter Zuteilung, durchgeführt werden.
Für die Durchführung solcher Studien gelten die *Grundsätze für die ordnungsgemäße Durchführung der klinischen Prüfung von Arzneimitteln,* die im Anhang 14.2 abgedruckt sind.

Prospektive Studien benötigen oft erhebliche Ressourcen an Personal, Zeit und Geld. Ihre Durchführung ist nur dann sinnvoll, wenn diese Ressourcen zur Verfügung stehen.

Unter statistischem Gesichtspunkt ist die Durchführung einer Studie die Realisation eines Zufallsexperiments, dem ein mathematisches Modell und eine inhaltliche Interpretation dieses Modells zugrunde liegen. Als Realisation eines Zufallsexperiments sind die Ergebnisse jeder Studie in einem gewissen Maß zufällig. Diesen Effekt nennt man zufälligen Fehler. Die Größe des zufälligen Fehlers kann durch das mathematische Modell kontrolliert werden. Ein falsches mathematisches Modell oder eine falsche inhaltliche Interpretation führen zu einem systematischen Fehler: Der systematische Fehler kann nur dann

vermieden werden, wenn das benutzte „Modell" der „Wirklichkeit"
angepaßt ist.

Man unterscheidet also zwischen systematischem Fehler und zufälligem Fehler. Planung, Durchführung und Auswertung eines Versuchs
müssen so durchgeführt werden, daß systematische Fehler vermieden
werden. Dazu gehört, daß die Studie detailliert geplant, studienbegleitend ausführlich dokumentiert und fachgerecht ausgewertet wird.
Methoden zur Vermeidung des systematischen Fehlers werden im folgenden Abschnitt und die Methoden zur Verringerung des zufälligen
Fehlers in Abschnitt 13.2 dargestellt.

13.1   Systematischer Fehler

Man kann bei klinischen Versuchen im Prinzip zwischen drei Arten
von Versuchsplänen unterscheiden:

1. Es sollen Aussagen über eine definierte Grundgesamtheit gemacht
   werden. Dabei ist in erster Linie darauf zu achten, daß eine
   zufällige Stichprobe aus dieser Grundgesamtheit gezogen wird.
2. Es sollen mehrere definierte Grundgesamtheiten bezüglich bestimmter Aussagen miteinander verglichen werden. Dazu muß aus
   den Grundgesamtheiten jeweils eine zufällige Stichprobe gezogen
   werden.
3. Es sollen Aussagen getroffen werden, wie die Beobachtungseinheiten einer Grundgesamtheit auf die Ausprägungen eines oder
   mehrerer zuteilbarer Faktoren (etwa auf verschiedene Therapien)
   reagieren.

In der Realität - insbesondere in der klinischen Medizin - ist es oft
mit großen Schwierigkeiten verbunden, wenn nicht gar unmöglich, eine
zufällige Stichprobe aus einer definierten Grundgesamtheit oder sogar
zufällige Stichproben aus mehreren Grundgesamtheiten zu ziehen.

Beispiel 13.1: Es soll die Komplikationsrate bei einer bestimmten Operation an Patienten mit einer bestimmten Diagnose in einer Klinik untersucht werden. Es werden alle diagnostizierten Patienten eines bestimmten Zeitraums in die Studie aufgenommen.
Die zugehörige Grundgesamtheit ist nicht die Menge der Menschen

der Bundesrepublik Deutschland, die an dieser Krankheit erkrankten. Es ist auch nicht die Menge der Menschen des Einzugsgebiets der Klinik, die an der Krankheit erkrankten, wenn nur schwerere Fälle eingewiesen wurden. Es ist auch nicht die Menge der Menschen, die mit dieser Erkrankung in diese Klinik eingewiesen wurden, wenn nicht immer richtig diagnostiziert wurde. Die Grundgesamtheit kann überhaupt nicht exakt angegeben werden.

Man kann in diesem wie in ähnlichen Fällen dann von einer zufälligen Stichprobe ausgehen, wenn die Annahme, daß die Patienten zu einem „zufälligen" Zeitpunkt erkranken und eine Klinik aufsuchen, berechtigt ist. Die Grundgesamtheit, aus der diese „zufällige Stichprobe" stammt, ist aber unbekannt.

Bei der Interpretation der Ergebnisse von klinischen Versuchen zu den Versuchsplänen (1) und (2) muß man immer berücksichtigen, daß die zugehörigen Grundgesamtheiten unbekannt sind. Aussagen beziehen sich daher immer nur auf eine bestimmte Klinik und einen bestimmten Zeitraum.

Beispiel 13.2: Die Aussage *In einem bestimmten Zeitraum war die Komplikationsrate bei einer bestimmten Operation in einer bestimmten Klinik 8%* interessiert meist nur im Vergleich zu einem anderen Zeitraum, einer anderen Operationsmethode oder im Vergleich zu einer anderen Klinik. Es kann prinzipiell nicht ausgeschlossen werden, daß unterschiedliche Komplikationsraten etwa in verschiedenen Kliniken durch Stichproben aus unterschiedlichen Grundgesamtheiten erklärt werden können.

Falls eine bestimmte Zielgröße in den Stichproben aus unterschiedlichen Grundgesamtheiten auch unterschiedliche Verteilungen hat, interessieren die Gründe.

Beispiel 13.3: Ist die Komplikationsrate bei der gleichen Operationsmethode in zwei Kliniken unterschiedlich, dann interessiert, durch welche Unterschiede in den Einflußgrößen (etwa Alter und Gesundheitszustand der Patienten, Schweregrad der Erkrankung, Ausbildung des operierenden Arztes, Pflege, Definition von „Komplikation", mangelhafte Dokumentation, etc.) dieser Effekt erklärbar ist.

In vielen Fällen ist es sinnvoll, eine sogenannte Kontrollgruppe zu suchen und diese in den Versuch einzubeziehen.

Beispiel 13.4: Es soll mit einer spezifischen Meßmethode untersucht werden, ob bei Migränepatienten der Serotoninwert erhöht ist. Patienten der Neurologie, bei denen gesichert ist, daß ihre Erkrankung nicht mit einer Änderung des Serotinwerts zusammenhängt, können die Kontrollgruppe bilden.

Auch wenn man Ergebnisse einer Klinik von Patienten mit gleicher Erkrankung im gleichen Zeitraum vergleicht, ist Vorsicht geboten.

Beispiel 13.5: In den Jahren 1960 bis 1970 wurde in der Universitätsaugenklinik Münster bei etwa doppelt so viel Frauen wie Männern „Glaukomanfall" diagnostiziert. Dies lag nicht etwa an einer erhöhten Bindegewebsschwäche bei Frauen, sondern daran, daß in der Grundgesamtheit der Anteil der Frauen in der betroffenen Altersgruppe etwa doppelt so groß war wie der der Männer.

Zur Beschreibung der Ergebnisse sollte man sich daher bei Versuchen zu den Versuchsplänen (1) und (2) auf die deskriptiven Methoden der Statistik beschränken. Soweit Methoden der analytischen Statistik angewandt werden, müssen sie sehr vorsichtig interpretiert werden. Im Gegensatz zu den Versuchsplänen (1) und (2) kann der Versuchsplan (3) als Experiment bzw. als kontrollierter klinischer Versuch durchgeführt werden, wenn die Ausprägungen frei zuteilbarer Faktoren den Beobachtungseinheiten zufällig zugeteilt werden.

13.1.1 Systematischer Erfassungsfehler

Systematische Fehler, die bei chemischen und physikalischen Meßmethoden auftreten, kann man durch korrekte Eichung und Methoden der Qualitätssicherung (etwa Ringversuche) vermeiden. Bei anderen Meßmethoden ist darauf zu achten, daß diese durch entsprechende Vorschriften so weit festgelegt (operationalisiert) sind, daß zu systematischen Verzerrungen führende subjektive Einflüsse vermieden werden. Soweit im Versuch auftretende Störgrößen einen systematischen Fehler bewirken können, muß der Versuchsleiter den Versuchsplan so anlegen, daß er diese während des Versuchs auftretenden systematischen Fehler erkennen kann.

13.1.2 Struktur-, Behandlungs- und Beobachtungs- gleichheit

Eine für die Versuchspläne (2) und (3) typische Fragestellung ist, daß der Erfolg zweier oder mehrerer unterschiedlicher Therapien verglichen werden soll. Die folgenden Überlegungen beziehen sich auf diese Fragestellung und den Versuchsplan (3), sie gelten aber entsprechend auch für andere Fragestellungen und nicht-klinische Versuche.

Verschiedene Therapien zu vergleichen, hat nur dann einen Sinn, wenn diese Therapien prinzipiell unter den gleichen Bedingungen bei demselben erkrankten Patienten angewandt werden könnten. Andererseits ist ein Vergleich der Therapieerfolge nur dann sinnvoll, wenn sich die Patientengruppen, die mit den verschiedenen Therapien behandelt werden, nur in der Einflußgröße „Therapie", nicht aber in den anderen Faktoren und Störgrößen unterscheiden.

Diese anderen Faktoren und Störgrößen kann man in einem klinischen Versuch aufteilen in solche, die vor, während und nach der Behandlung auftreten:

- Zwischen den verschiedenen Patientengruppen darf es keine Unterschiede bezüglich der Verteilung der anderen Faktoren und Störgrößen geben; so müssen etwa die Einflußgrößen Alter, Geschlecht oder Schweregrad der Erkrankung in den Gruppen gleiche Verteilungen aufweisen (Strukturgleichheit).

- Bis auf die durch die verschiedenen Therapien bedingten, nicht vermeidbaren Behandlungsunterschiede ist darauf zu achten, daß alle Patienten gleich behandelt werden (Behandlungsgleichheit).

- Alle Merkmale, insbesondere der Behandlungserfolg, müssen an allen Patienten objektiv unter gleichen Bedingungen - insbesondere unabhängig von der bei dem einzelnen Patienten angewandten Therapie - erfaßt werden (Beobachtungsgleichheit).

Ist es ethisch vertretbar, in dem Versuch eine Kontrollgruppe vorzusehen, dann müssen die Probanden dieser Gruppe ein Placebo erhalten, damit Behandlungs- und Beobachtungsgleichheit vorliegen.

Man kann Behandlungs- und Beobachtungsgleichheit dadurch erreichen und zugleich systematische Verzerrungen durch psychische Einflüsse dadurch vermeiden, daß man einen klinischen Versuch als

- Blindversuch (dem Patienten ist nicht bekannt, welches Medikament er erhält) oder als

- Doppelblindversuch (nur dem Versuchsleiter, aber weder dem behandelnden Arzt noch dem Patienten ist bekannt, welches Medikament gegeben wird)

durchführt. Ob ein Blind- oder ein Doppelblindversuch angeraten ist, hängt davon ab, in wie hohem Maß die Zielgröße von psychischen Einflußgrößen des Patienten bzw. der subjektiven Beurteilung des behandelnden Arztes abhängt.

> **Beispiel 13.6:** In einem Versuch soll die Wirksamkeit eines Tranquilizers mit der eines Placebos verglichen werden. In diesem Fall ist es ein „Kunstfehler", keinen Doppelblindversuch durchzuführen.

Es gibt andere Fälle, in denen ein Versuch zumindest als Blindversuch durchgeführt werden sollte, dies aber aus ethischen Gründen nicht möglich ist.

13.1.3 Randomisierung

Bei dem Versuchsplan (3) kann insbesondere bei Tierversuchen und bei kontrollierten klinischen Studien die Strukturgleichheit dadurch gesichert werden, daß die Ausprägungen des frei zuteilbaren Faktors den Beobachtungseinheiten randomisiert zugeteilt werden.

Hat der zuteilbare Faktor k Ausprägungen, dann wählt man als Anzahl n der Beobachtungseinheiten ein Vielfaches von k, so daß jede der k Ausprägungen der gleichen Anzahl, nämlich n/k Beobachtungseinheiten zugeteilt werden kann. Man numeriert die Beobachtungseinheiten in einer beliebigen Reihenfolge, etwa in der Reihenfolge ihres Eintreffens. Man definiert ein Zufallsexperiment mit k gleichwahrscheinlichen möglichen Ergebnissen und ordnet die möglichen Ergebnisse den k Ausprägungen des zuteilbaren Faktors zu. Dieses Zufallsexperiment wird wiederholt ausgeführt und die jeweilige Beobachtungseinheit der zur Realisation gehörenden Ausprägung zugeordnet. Falls eine der Gruppen voll belegt ist, wird das Ergebnis verworfen und das Zufallsexperiment wiederholt.

> **Beispiel 13.7:** In einer kontrollierten klinischen Studie soll die Wirkung von 3 blutdrucksenkenden Medikamenten A,B und C bei insgesamt 15 hypertonen Patienten verglichen werden. Die Patienten werden in der Reihenfolge der Aufnahme mit (1),(2), ... ,(15)

Tabelle 13.1: Zufällige Zuteilung bei Blöcken

Therapie A 1,2,3	Therapie B 4,5,6	Therapie C 7,8,9
(2)	(8)	(1)
(3)	(12)	(5)
(4)	(13)	(6)
(10)	(14)	(7)
(11)	(15)	(9)

durchnumeriert, der Therapie A werden die Zahlen 1,2,3, der Therapie B die Zahlen 4,5,6 und der Therapie C die Zahlen 7,8,9 zugeordnet. Es sind 1-stellige Zufallszahlen zu bilden. Fängt man links oben in der Zufallszahlentabelle (Tabelle 15.19) an und geht waagerecht weiter, dann erhält man:

$$8121\ 7896\ 8225\ 9926\ 8186\ 9701\ 4089\ \dots$$

Jeweils 5 Patienten sollen mit der gleichen Therapie behandelt werden. Man erhält die in der Tabelle 13.1 aufgeführte randomisierte Zuteilung.

Hat der zuteilbare Faktor höchstens 6 Ausprägungen, kann man als Zufallsexperiment den *Wurf mit einem Würfel*, bei 2 Ausprägungen *Wurf mit einer Münze* wählen.

13.1.4 Wahl eines Modells

Jedes mathematische Modell muß mit dem realen Versuchsplan und den Daten, die in diesem Versuch gewonnen wurden, vereinbar sein. Ist dies nicht der Fall, dann treten systematische Fehler bei den Ergebnissen und deren Interpretation auf.

Den Daten, die in einem Versuch nach einem bestimmten Plan gewonnen wurden, sieht man i. allg. nicht den Versuchsplan an. Dies bedeutet, daß unwissentlich oder fahrlässig andere - und damit meist falsche - mathematische Modelle angewandt werden können, als dem Versuchsplan zugrunde lagen.

Beispiel 13.8: Bei einem unverbundenen Versuchsplan mit 2 Stichproben gleichen Umfangs ist den Daten nicht anzusehen, ob

230

der t-Test für verbundene oder unverbundene Stichproben gewählt werden sollte.

Das mathematische Modell muß der Wirklichkeit „genügend gut" angepaßt sein, wenn ein systematischer Fehler vermieden werden soll.

Beispiel 13.9: Bei Anwendung eines t-Tests treten systematische Fehler auf, wenn die Daten entgegen der Voraussetzung in der Grundgesamtheit nicht (angenähert) normalverteilt sind.

13.2   Verringerung des zufälligen Fehlers

Man kann in einem Versuch oft die zur Beantwortung einer Fragestellung benötigten Beobachtungseinheiten verringern, wenn man den zufälligen Fehler verringert. Inwieweit dies sinnvoll oder auch nur möglich ist, hängt von der Fragestellung und von den Möglichkeiten der Versuchsdurchführung ab.

Bei Messungen einer Zielgröße unter gleichen Bedingungen erhält man bei einem Probanden unterschiedliche Ergebnisse. Diese Variabilität nennt man intraindividuelle Variabilität. Bei Messungen einer Zielgröße bei verschiedenen Probanden unter gleichen Bedingungen erhält man ebenfalls unterschiedliche Ergebnisse. Diese Variabilität nennt man interindividuelle Variabilität. Bedingt durch die Einflußgrößen ist die interindividuelle Variabilität i. allg. größer als die intraindividuelle Variabilität.

13.2.1   Selektion und Faktorbildung

Bei der Selektion schränkt man die Grundgesamtheit G, für die eine bestimmte Hypothese geprüft werden soll, auf eine Teilgesamtheit $G_1 \subset G$ von Beobachtungseinheiten ein und untersucht die Hypothese an einer (zufälligen) Stichprobe aus G_1. Die Ergebnisse des Versuchs gelten dann natürlich auch nur für die zugehörige Teilgesamtheit G_1.

Beispiel 13.10: Hat das Alter einen Einfluß in einem therapeutischen Versuch, wird man unter Umständen diesen Versuch nur an Patienten einer Altersgruppe durchführen. Wird die Wirksamkeit der Therapie im Versuch bestätigt, dann gilt dies nur für diese Altersgruppe.

Durch die Ausprägungen $A_1, A_2, \ldots, A_k$ eines Faktors A wird die Grundgesamtheit G in Teilgesamtheiten $G_1, G_2, \ldots, G_k$ aufgespalten. G_i enthält genau die Beobachtungseinheiten mit der Ausprägung A_i des Faktors A. Bei der Faktorbildung kann für jede der Teilgesamtheiten ein Stichprobenumfang n_i festgelegt werden, und es wird aus jeder der Teilgesamtheiten eine Stichprobe gezogen. In einem therapeutischen Versuch wird man meist in irgendeiner Form Selektion oder Faktorbildung durchführen. In anderen Fällen ist es ratsam, beide Verfahren gleichzeitig anzuwenden.

Beispiel 13.11: In einer zufälligen Stichprobe von Patienten mit Brustkrebs wird man auch vereinzelt männliche Patienten antreffen. In einem therapeutischen Versuch wird eine Selektion durchgeführt, wenn nur Frauen ausgewählt werden. Eine Faktorbildung für das Merkmal Geschlecht etwa so, daß gleich viel Männer wie Frauen in den beiden Stichproben sind, dürfte aus verschiedenen Gründen nicht sinnvoll sein. Dagegen ist es ratsam, bei den an Brustkrebs erkrankten Frauen eine Faktorbildung nach dem Stadium der Erkrankung durchzuführen.

13.2.2 Blockbildung

Gegeben seien n Beobachtungseinheiten und ein zuteilbarer Faktor mit k Ausprägungen. Bei der Blockbildung faßt man jeweils k „ähnliche" Beobachtungseinheiten der Grundgesamtheit zu einem Block zusammen. Beobachtungseinheiten, die keinem Block zugeordnet werden, werden im Versuch nicht weiter berücksichtigt. Für jeden Block werden die k Ausprägungen des zuteilbaren Faktors den k Beobachtungseinheiten zufällig zugeteilt.

Beispiel 13.12: In einem Experiment sollen 3 Therapien verglichen werden. Wichtige Einflußgrößen für den Therapieerfolg sind das Alter, das Geschlecht und der Schweregrad der Erkrankung. In Abbildung 13.1 sind 10 Patienten mit den bei ihnen vorliegenden Ausprägungen dieser Einflußgrößen aufgeführt. Es werden die fol-

$\triangle$ P$_1$ (34 J, w, S=3)

$\diamond$ P$_3$ (41 J, m, S=2)

$\square$ P$_2$ (20 J, m, S=1)

$\bullet$ P$_4$ (50 J, w, S=2)　　$\square$ P$_5$ (21 J, m, S=1)

$\diamond$ P$_6$ (40 J, m, S=2)

$\square$ P$_7$ (19 J, m, S=1)

$\diamond$ P$_8$ (38 J, m, S=2)

$\triangle$ P$_9$ (35 J, w, S=3)

$\triangle$ P$_{10}$ (33 J, w, S=3)

Abb. 13.1: Schema zur Blockbildung

genden Blöcke mit jeweils 3 Patienten gebildet:

- Der erste Block besteht aus den mit $\square$ gekennzeichneten Patienten P_2, P_5 und P_7. Diese sind ca. 20 Jahre alt, männlichen Geschlechts und mit Schweregrad 1 erkrankt.
- Der zweite Block besteht aus den mit $\triangle$ gekennzeichneten Patienten P_1, P_9 und P_{10}. Diese sind ca. 34 Jahre alt, weiblichen Geschlechts und mit Schweregrad 3 erkrankt.
- Der dritte Block besteht aus den mit $\diamond$ gekennzeichneten Patienten P_3, P_6 und P_8. Diese sind ca. 40 Jahre alt, männlichen Geschlechts und mit Schweregrad 2 erkrankt.

Der mit $\bullet$ bezeichnete Patient P4 wurde keinem Block zugeordnet und wird nicht in die Studie aufgenommen. Den jeweils 3 Patienten jedes Blockes werden die Therapien A, B und C zufällig zugeteilt.

Sinnvoll ist diese Art der Blockbildung immer dann, wenn es Merkmale mit einem großen Einfluß auf die Zielgröße gibt und Selektion oder Faktorbildung (etwa wegen zu geringer Anzahl) nicht möglich sind oder (etwa wegen mangelnder Verallgemeinerungsfähigkeit) nicht in Frage kommen.

Blockversuche haben bei speziellen Fragestellungen eine große Bedeutung, insbesondere dann, wenn es sich um eine Fragestellung mit „natürlichen Blöcken" handelt. Solche natürlichen Blöcke sind etwa eineiige Zwillinge, paarige Organe wie Augen oder Ohren, die zu einem Wurf gehörenden Tiere oder auch die Haut.

Beispiel 13.13: In einem Versuch soll an Patienten mit akutem Glaukom die Wirkung zweier Tropftherapien A und B zur Senkung des intraokularen Drucks verglichen werden. Es werden nur Patienten in die Studie aufgenommen, die beidseitig an akutem Glaukom erkrankt sind. Das eine Auge jedes Patienten wird mit der Therapie A, das andere mit der Therapie B behandelt. In einem kontrollierten klinischen Versuch werden die beiden Therapien den beiden Augen zufällig zugeteilt.

Voraussetzung für die Anwendung der Blockbildung in einem Versuch ist, daß die für die Blockbildung benötigten Einflußgrößen bekannt sind und der Versuchsplan die Bildung von Blöcken zuläßt.

13.3   Andere Verfahren

Es gibt einige Arten von Versuchsplänen, in denen die in den Abschnitten 13.1 und 13.2 aufgeführten Verfahren in modifizierter Form angewandt werden.

13.3.1   Intra- oder interindividuelle Variabilität

Der Vorteil natürlicher Blöcke ist, daß, unabhängig davon, ob Einflußgrößen bekannt oder unbekannt sind, die interindividuelle Variabilität reduziert wird. Das gleiche Ziel verfolgen Versuche, in denen jeder Proband zur gleichen Zeit (Beispiel 13.14) oder nacheinander (Beispiel 13.15) nach mehreren Methoden behandelt wird.

Beispiel 13.14: Zum Vergleich der allergenen Wirkung von bestimmten Wirkstoffen wird jedem Probanden jeder der Wirkstoffe auf eine definierte Stelle der rechten oder linken Schulter aufgetragen.

Beispiel 13.15: In einem klinischen Versuch soll die Wirksamkeit eines neu entwickelten Tranquilizers mit der eines Placebos verglichen werden. Jeder Patient wird sowohl mit dem Tranquilizer als auch mit dem Placebo behandelt. Es wird ausgelost, ob zuerst das Placebo und dann der Tranquilizer (Reihenfolge I) oder zuerst

der Tranquilizer und dann das Placebo (Reihenfolge II) gegeben
wird. Am Ende jeder der beiden Behandlungen beurteilt der Patient die Wirkung, indem er den Erfolg der Behandlung mit einer
Zahl zwischen 0 (keine Wirkung) und 10 (sehr gute Wirkung) beurteilt.

Solche Versuche sind nur dann zulässig, wenn Wechselwirkungen zwischen den Behandlungen ausgeschlossen werden können. Dies kann
nur teilweise durch die Versuchsdurchführung geschehen. Aus diesem
Grund wird bei „cross-over"-Versuchen (Beispiel 13.15) zwischen den
beiden Behandlungen eine Behandlungspause von einer Woche einge-
legt („wash-out-Phase"). Wechselwirkungen und Zeiteffekte müssen
analysiert werden.

13.3.2 Meßwiederholungen

Ist die intraindividuelle oder die durch den Meßvorgang bedingte Variabilität groß, dann kann der zufällige Fehler verringert werden, indem mehrere Messungen an der gleichen Beobachtungseinheit durchgeführt werden. Als Datum, das in die Auswertungen eingeht, kann
dann etwa der arithmetische Mittelwert genommen werden. Dieses
Verfahren wendet man oft auch auf Daten aus Zeitverläufen (Zeitrei-
hen) an.

Beispiel 13.16: Bei Untersuchungen der Bioäquivalenz von Arzneimitteln mißt man meist die Konzentrationen des interessierenden Stoffes über einen bestimmten Zeitraum im Blut (Wirkungs-
profil). Als Zielgröße wird oft die Fläche AUC unter der Kurve
(engl.: area under the curve) verwendet.

13.3.3 Matched pairs

Das in Abschnitt 13.2.2 beschriebene Verfahren der Blockbildung wird
auch dann benutzt, wenn eine anschließende Randomisierung nicht
möglich oder nicht sinnvoll ist, um Strukturgleichheit in den Stichproben zu erreichen.

Beispiel 13.17: In zwei Schulklassen sollen Lernstrategien zum
richtigen Zähneputzen verglichen werden. Entsprechend Abschnitt

13.2.2 werden Paare von jeweils einem Schulkind aus den beiden Klassen gebildet, die in den Ausprägungen der wichtigen Einflußgrößen gleich sind. In jeder der Schulklassen wird genau eine Lernstrategie durchgeführt. In die Auswertung werden nur die Kinder aufgenommen, die einem der Paare angehören.

Beim retrospektiven Vergleich von zwei oder mehreren Therapien kann man ähnlich wie im Beispiel 13.17 strukturgleiche Stichproben konstruieren, wenn die wichtigen Einflußgrößen erfaßt wurden.
Bei epidemiologischen Fragestellungen wird die Bildung von „matched pairs" in Fall-Kontroll-Studien ausgenutzt.
In allen in diesem Abschnitt beschriebenen Versuchsplänen liegt wegen der fehlenden Randomisierung kein wirklicher Blockplan vor. Es sollten daher i. allg. Methoden zur Analyse bzw. Darstellung für unverbundene Stichproben gewählt werden.

13.4 Klinische Versuche

Ein von statistischen Gesichtspunkten her optimaler Versuchsplan ist oft nicht möglich, da ethische Gründe, finanzielle Mittel oder die zur Verfügung stehende Zeit den Versuchsplan nicht zulassen.
In einem kontrollierten klinischen Versuch werden die Patienten den zu vergleichenden Therapien zufällig zugeteilt. Eine solche Studienform muß immer dann gewählt werden, wenn die Strukturgleichheit der Patientengruppen für die zu prüfende Alternative gesichert sein muß. Der mögliche Informationsgewinn sollte in einer vernünftigen Relation zu der Beanspruchung des Patienten stehen.
Nach der Deklaration von Helsinki, die im Anhang 14.1 aufgeführt ist, ist die Durchführung eines kontrollierten klinischen Versuchs nur dann gerechtfertigt, wenn nach Vorwissen des Arztes jede der zu vergleichenden Therapien die beste sein kann. Der Patient darf nur dann in einen kontrollierten klinischen Versuch aufgenommen werden, wenn er zuvor sein Einverständnis erklärt hat.
Von den Ärztekammern und von Medizinischen Fakultäten wurden Ethikkommissionen ins Leben gerufen, deren Aufgabe die Beurteilung von geplanten kontrollierten klinischen Studien aus ethischer

und rechtlicher Sicht ist. Hinweise und Forderungen dieser Kommissionen haben eine nicht zu unterschätzende Bedeutung, insbesondere zur rechtlichen Absicherung des Versuchs, und führen oft zu einer Änderung des Studiendesigns. Auch dann, wenn die Einwilligung einer Ethikkommission nicht vorgeschrieben ist, ist es ratsam und kann es hilfreich sein, diese einzuholen.

13.4.1 Einschluß–, Ausschluß– und Abbruchkriterien

Vor Beginn des Versuchs müssen die Ein- bzw. Ausschluß- und die Abbruchkriterien festgelegt werden.

> **Beispiel 13.18:** Bei akuter myeloischer Leukämie (AML) sollen zwei Erhaltungstherapien verglichen werden. Ein- und Ausschluß-kriterien sind etwa:
> - gesicherte, unbehandelte AML,
> - keine schwere Zweiterkrankung,
> - Erreichen einer kompletten Remission,
> - Alter zwischen 15 und 60 Jahren und
> - Einwilligung des Patienten.
>
> Abbruchkriterien sind etwa:
> - Tod des Patienten vor Therapiebeginn,
> - nachträgliche Korrektur der Diagnose,
> - Zurückziehung der Einwilligung des Patienten,
> - Unverträglichkeit der Therapie und
> - Auftreten einer akut lebensbedrohlichen Komplikation.

Die Ein- und Ausschlußkriterien legen die Grundgesamtheit bzw. Stichprobe fest und definieren, welche Patienten in die Studie aufgenommen werden. Wenn eines der Kriterien für einen Abbruch erfüllt ist, wird bei diesem Patienten die Therapie abgebrochen, und der Patient wird individuell weiterbehandelt. Solche Patienten werden als Ausscheider oder „drop outs" bezeichnet.

Für jedes Abbruchkriterium muß vor Beginn der Studie festgelegt werden, ob und, wenn ja, unter welchen Voraussetzungen es dazu führt, daß die Daten des Patienten in Auswertungen der Studie nicht berücksichtigt werden.

13.4.2 Zwischenauswertungen, Abbruch der Studie

Insbesondere bei Studien, die über einen längeren Zeitraum durchgeführt werden, können Zwischenauswertungen vorgesehen werden. Falls statistische Tests durchgeführt werden, ist darauf zu achten, daß die vorgegebenen Irrtumswahrscheinlichkeiten für die einzelnen Auswertungen entsprechend korrigiert werden.

Zwischenauswertungen sollten insbesondere dann vorgesehen werden, wenn schwere Nebenwirkungen so gehäuft auftreten, daß ein Abbruch der Studie geraten erscheint.

Es gibt eine ganze Reihe statistischer Methoden, mit deren Hilfe man - abhängig von der Fragestellung, dem Vorwissen und den Versuchsbedingungen - jeden Versuch zufriedenstellend planen kann. Hierzu gehören die sequentiellen und gruppensequentiellen Versuchspläne:

- Bei den sequentiellen Versuchsplänen wird der Stichprobenumfang nicht von vornherein festgelegt. Es wird immer dann, wenn das Ergebnis von einem Patienten vorliegt, unter Berücksichtigung aller bisher in der Studie vorliegenden Ergebnisse entschieden, ob die Studie fortgesetzt oder beendet wird. Die Entscheidung erfolgt auf Grund von Kriterien, die vor dem Studienbeginn festgelegt sein müssen.

- Bei gruppensequentiellen Plänen wird nicht bei jedem Ergebnis, sondern jeweils nach einer vorgegebenen Anzahl von Ergebnissen über die Beendigung oder Fortsetzung der Studie entschieden.

13.4.3 Beurteilung der Ergebnisse

Die Ergebnisse einer klinischen Studie geben nur sehr bedingt Auskunft darüber, welchen praktischen Wert eine (neue) Therapie für ärztliche bzw. klinische Anwendungen hat.

Beispiel 13.19: Eine neue, fluoridhaltige, klinisch getestete Zahnpasta dürfte den Kariesbefall von Zähnen in der Bevölkerung kaum ändern.

Bei der Beurteilung der Ergebnisse einer klinischen Studie ist zu beachten:

- Die gewählte Zielgröße beschreibt i. allg. nur einen Aspekt der Wertigkeit. Verschiedene Aspekte können im Einzelfall widersprüchlich

238

sein (Wirkung und Nebenwirkungen eines Medikaments, Überlebenszeit und Lebensqualität bei Tumoren).

- Gesicherte Unterschiede zwischen zwei Therapien bezüglich einer Zielgröße besagen nur, daß eine Therapie (bei gewähltem Signifikanzniveau) besser als die andere ist. Damit liegt noch nicht fest, um wieviel besser diese Therapie ist.

- Es kann in einem kontrollierten klinischen Versuch durchaus sinnvoll sein, Patienten zu selektieren, um so die notwendige Anzahl von Patienten zum Nachweis von Unterschieden zu verringern. Jede Selektion bedeutet andererseits Einschränkungen für die Verallgemeinerungsfähigkeit der Ergebnisse.

In der Phase der Versuchsplanung muß ausgehend von der Fragestellung, der am besten geeignete Versuchsplan gefunden werden. Im kontrollierten klinischen Versuch interessiert in der Hauptsache die Wirksamkeit der neuen Therapie. Zur Beurteilung der Wertigkeit dieser Therapie benötigt man aber im allgemeinen eine ganze Reihe von zusätzlichen Kriterien. Es ist Vorsicht geboten, wenn aus einer Studie, die unter Ausnahmebedingungen durchgeführt wurde, auf den allgemeinen Einsatz einer Therapie geschlossen werden soll.

Beispiel 13.20: Keine Therapieform der Neonatologie wurde in Ländern mit hohem Lebensstandard so häufig in kontrollierten klinischen Versuchen untersucht wie die intratracheale Surfactant-Substitution. Dies weist darauf hin, daß die Wertigkeit der intratrachealen Surfactant-Substitution im Vergleich zu anderen Therapien umstritten ist.

Die dadurch bedingten Einschränkungen müssen inhaltlich diskutiert werden. Notwendige Voraussetzung für jede richtige und in der Argumentation nachvollziehbare Wertung ist eine gut durchgeführte Studie.

13.5   Beobachtungsstudien

Eine andere Form der prospektiven Studie ist die Beobachtungsstudie. In einer solchen Studie wird der Patient einer Therapie nicht zufällig zugeteilt, sondern der behandelnde Arzt entscheidet. Der organisatorische und zeitliche Aufwand ist noch immer bedeutend, der finanzielle Aufwand kann aber begrenzt werden.

Es ist klar, daß i. allg. auch bei geplanten Beobachtungsstudien der finanzielle Spielraum größer, die Anleitung der Ärzte und die Motivation der Patienten besser sind als unter Routinebedingungen, so daß sich die reale Wertigkeit etwa einer neuen Therapie oft erst bei später durchgeführten retrospektiven Studien herausstellt.

Kontrollierte klinische Versuche werden für den Wirkungsnachweis von Medikamenten bei der Zulassung gefordert. Es gibt andere Fragestellungen, die nur durch Beobachtungsstudien beantwortet werden können oder bei denen Beobachtungsstudien die bessere Alternative sind.

> **Beispiel 13.21:** Die Einführung einer neuen Therapie, die in einer Universitätsklinik Vorteile gegenüber einer anderen Therapie hatte, kann in ländlichen Gebieten wegen fehlender Ressourcen u. U. nur modifiziert angewendet werden. Der Nachweis, daß die modifizierte Therapie ebenfalls bessere Ergebnisse bringt, muß zwar erbracht werden, aber dazu ist nicht unbedingt die Durchführung einer kontrollierten klinischen Studie notwendig.

13.5.1 Register

Unter Registern versteht man Vollerhebungen in definierten Grundgesamtheiten. Die Daten eines solchen Registers sollten weitgehend fehlerfrei sein. Bei der Interpretation solcher Daten muß man trotzdem vorsichtig sein.

Am bekanntesten sind die Erhebungen und Berichte des Statistischen Bundesamts und der Statistischen Landesämter. Eine ganze Reihe von Statistiken beruhen nicht auf Vollerhebungen, sondern auf dem sog. Mikrozensus. Andere für medizinische Fragestellungen interessante Datenquellen sind die von Krankenkassen, Berufsgenossenschaften und Berufsverbänden veröffentlichten Statistiken. Da bestimmte medizinische Fragestellungen spezifische Informationen benötigen, werden in letzter Zeit verstärkt auch medizinische Register gefördert.

> **Beispiel 13.22:** In den letzten Jahrzehnten wurden in verschiedenen Regionen Krebsregister aufgebaut. Ziel ist, alle Patienten, die

in einem bestimmten Gebiet an Krebs erkranken, ab dem Zeitpunkt
der Diagnosestellung zu erfassen.

Bei den in solchen Registern gespeicherten Daten muß man berücksichtigen, daß die Tumorart vom „Einzugsgebiet" abhängig sein kann.

Vergleicht man die Daten mehrerer Register, dann muß entsprechend
den Erfahrungen mit multizentrischen Studien berücksichtigt werden,
inwieweit die Kriterien für Diagnosestellung etc. zwischen den Registern abgesprochen wurden.

13.5.2 Kohortenstudie

Verläßliche Angaben über die Inzidenz einer Erkrankung wird man
nur bei einer meldepflichtigen Erkrankung erhalten und nur dann,
wenn gesichert ist, daß jedes Auftreten dieser Erkrankung mit zugehörigen Angaben (wie etwa Geschlecht, Alter, etc.) korrekt gemeldet wird und Doppelerfassungen (etwa Meldung einer Erkrankung
durch mehrere Ärzte) vermieden werden.

Beispiel 13.23: Inzidenzen für die verschiedenen psychischen Erkrankungen kann man nicht dadurch realistisch schätzen, daß man
in einem bestimmten Gebiet (etwa einer Großstadt) eine Erhebung
durchführt, denn es besteht keine Pflicht, objektiv Auskunft zu
erteilen. Die Erteilung einer Auskunft ist insbesondere bei psychischen Erkrankungen von der Erkrankung abhängig. Die Befragten
wissen häufig nicht die genaue Bezeichnung der Erkrankung, wollen
sie gar nicht wissen, oder sie wurde ihnen gar verschwiegen.

Diese und ähnliche Schwierigkeiten können nur in einer Kohortenstu-
die vermieden werden, in der alle Beobachtungseinheiten einer definierten Grundgesamtheit regelmäßig daraufhin untersucht werden, ob
ein bestimmtes Ereignis in der Zwischenzeit eingetreten ist.

Beispiel 13.24: Es werden alle Bewohner einer Kleinstadt, die bestimmte Ein- und Ausschlußkriterien erfüllen, über mehrere Jahre
hinweg daraufhin untersucht, ob sie in der Zwischenzeit psychisch
erkrankt sind.

13.5.3 Fall-Kontrollstudie

Bei vielen Fragestellungen benötigt man, ähnlich wie bei kontrollierten klinischen Versuchen, eine strukturgleiche Kontrollgruppe. Dies ist in der Medizin schwierig, da die Grundgesamtheit bzw. das Einzugsgebiet nicht genau festliegt. Bei epidemiologischen Fragestellungen ist es zudem oft schwierig, Angaben über die Verteilung wichtiger Einflußgrößen etwa aus Registern zu erhalten.

> **Beispiel 13.25:** Es soll untersucht werden, ob die Entstehung von Parotistumoren durch berufliche Exposition beeinflußt wird. Dazu wird als Stichprobe die Gesamtheit der Patienten mit in den Jahren 1980 bis 1990 diagnostizierten Parotistumoren der Universitätsklinik für Hals-, Nasen-, Ohrenkrankheiten Münster gewählt. Das „Einzugsgebiet" der Klinik kann in dem Sinn gut abgeschätzt werden, daß man weiß, wo die Patienten ihren Wohnsitz haben. Kaum abgeschätzt werden kann, wieviel Prozent von denen, die in diesen verschiedenen Kreisen wohnen und an einem Parotistumor erkrankten, auch in der Universitätsklinik Münster behandelt wurden. Vom Statistischen Landesamt NW werden zwar (geschätzte) Häufigkeiten für die verschiedenen Berufsgruppen abhängig vom Geschlecht für die einzelnen Kreise angegeben, diese sind aber nicht nach Altersgruppen aufgeschlüsselt. Weitere wichtige Einflußgrößen wie etwa Angaben zu den Rauchgewohnheiten fehlen.

In solchen und ähnlichen Fällen besteht die Notwendigkeit, in der untersuchten Gruppe und der Kontrollgruppe Strukturgleichheit bzgl. aller Einflußgrößen außer der interessierenden (im Beispiel berufliche Exposition) zu erreichen. Dazu muß man eine ähnlich strukturierte Kontrollgruppe wählen und Paare bilden (matched pairs). Es wird dann untersucht, ob für die Ausprägungen der interessierenden Einflußgröße in der untersuchten Gruppe höhere Häufigkeiten als in der Kontrollgruppe zu beobachten sind.

Bei den meisten epidemiologischen Fragestellungen ist die Fall-Kontrollstudie die Studienform, bei der man mit vertretbarem Aufwand die verläßlichsten Ergebnisse erhält.

Fall-Kontrollstudien können auch retrospektiv durchgeführt werden, um Strukturgleichheit zu erreichen. Soweit die wichtigen Einflußgrößen erfaßt wurden, ist die Anwendung der Methode gerechtfertigt, aber es gelten die gleichen Einschränkungen für die Verallgemeinerungsfähigkeit der Ergebnisse wie bei anderen retrospektiven Studien. Dagegen sind retrospektive Fall-Kontrollstudien bei epidemiologischen Fragestellungen nicht empfehlenswert.

> **Beispiel 13.26:** Bei Parotistumoren ist die interessierende Einflußgröße die Exposition und nicht der erlernte und auch nicht der ausgeübte Beruf. Die Studie muß prospektiv durchgeführt werden, damit die Daten für diese interessierende Einflußgröße einigermaßen gesichert sind. Selbst wenn diese Informationen in der Versuchsgruppe retrospektiv vorlägen, ist nicht zu erwarten, daß sie in vergleichbarer Form bei den Patienten der Kontrollgruppe erfaßt worden sind, da diese Einflußgröße bei den Patienten der Kontrollgruppe „nachgewiesenermaßen" keinen Einfluß auf deren Erkrankung haben soll.

13.5.4 Feldstudie

Der Nachweis der „Wirksamkeit" einer neuen Therapie kann nur durch prospektiv durchgeführte, insbesondere durch kontrollierte klinische Versuche erbracht werden. Für solche Studien sind große Ressourcen von Personal, Zeit und Geld notwendig. Dies führt u. a. dazu, daß solche Studien meist nur an Patienten einer hochselektierten Gesamtheit unter speziellen Bedingungen durchgeführt werden.
Feldstudien werden unter Routinebedingungen mit nicht-selektierten Patienten durchgeführt. Dies entspricht der Phase IV bei Therapiestudien.

> **Beispiel 13.27:** Wird ein neues Medikament zugelassen, dann reicht die Anzahl der unter speziellen Bedingungen behandelten Patienten i. allg. nicht, um seltene Nebenwirkungen zu erkennen.

Es ist unmöglich, ohne genaue Kenntnis eines Landes und der lokalen Bedingungen Aussagen über den möglichen sinnvollen Einsatz einer neuen Therapie zu machen. Fragen wie „Sind die Voraussetzungen für den sinnvollen Einsatz der Therapie vorhanden?" oder „Ist etwa die notwendige Nachbehandlung durchführbar?" kann nur der Arzt beantworten, der diese speziellen Kenntnisse besitzt.

> **Beispiel 13.28:** Wird eine neue Therapie in einem Land der

Dritten Welt eingeführt, dann müssen solche Feldstudien unter
Versuchs- und unter Routinebedingungen durchgeführt werden. Die
intratracheale Surfactant-Substitution gehört nicht zur Grundver-
sorgung. Mag man bei uns darüber streiten, in Ländern der Dritten
Welt gehört diese Therapie in absehbarer Zeit nicht zu den Stan-
dardtherapien.

13.6 Erfassung und Auswertung der Daten

Die Erfassung der in einem Versuch anfallenden Daten muß in der
Phase der Versuchsplanung sorgfältig überlegt werden: Die Ergebnisse eines Versuchs können nur so gut sein, wie es die Erfassung
und Dokumentation der Daten zuläßt. Zur Planung eines Versuchs
gehören daher immer Überlegungen zur Erfassung, Dokumentation
und Auswertung der Daten.

Fragestellung, Umfang und Randbedingungen von in der Medizin
durchgeführten Versuchen variieren so stark, daß sich im Rahmen
dieses Buches nur sehr allgemeine Hinweise und Richtlinien geben
lassen.

Der Einsatz von EDV-Methoden hat sich in den letzten Jahren immer
mehr durchgesetzt:

- Personal-Computer (PC) sind in den letzten Jahren leistungsfähig
  und preiswert geworden. Man kann daher heute davon ausgehen,
  daß ein PC für die Erfassung, Dokumentation und Auswertung der
  Daten zur Verfügung steht.
- An jeder Hochschule gibt es Lizenzen für gute Datenbanksysteme
  und i. allg. auch für mehrere Programmsysteme zur statistischen
  Datenanalyse.
- Es gibt heute so anwenderfreundliche PC-Software, daß die Einar-
  beitungszeit gering ist. Außerdem werden Kurse und Handbücher
  in einer auch für den Laien verständlichen Form angeboten.

13.6.1 Datenerfassung

Elektrolytveränderung unter Aldosteron und DOCA-Gabe

1.   Gruppe (1=Kontrolle, 2=Aldosteron, 3=DOCA) . . . . □
2.   Nummer der Ratte . . . . □□

Ergebnisse am 1. Tag

3.   Gewicht in g . . . . □□□
4.   systolischer Blutdruck in mm Hg . . . . □□□
5.   Plasma-Na$^+$ in mmol/l . . . . □□□ , □
6.   Plasma-K$^+$ in mmol/l . . . . □ , □
7.   intrazelluläres Na$^+$ in mmol/l . . . . □ , □
8.   intrazelluläres K$^+$ in mmol/l . . . . □□□ , □
9.   intrazelluläre Natrium-Aktivität in mmol/l . . . . □ , □
10. intrazelluläre Calcium-Aktivität in mmol/l . . . . □ , □
11. Reninaktivität in ng/ml pro 3 Stunden . . . . □□ , □
12. Aldosteronkonzentration in pg/ml . . . . □□□□

Ergebnisse am 21. Tag

13. Gewicht in g . . . . □□□□
14. systolischer Blutdruck in mm Hg . . . . □□□□

Ergebnisse am 42. Tag

15. Gewicht in g . . . . □□□□
16. systolischer Blutdruck in mm Hg . . . . □□□□

Ergebnisse am 21. bzw. 42. Tag

17. Plasma-Na$^+$ in mmol/l . . . . □□□ , □□
18. Plasma-K$^+$ in mmol/l . . . . □ , □□
19. intrazelluläres Na$^+$ in mmol/l . . . . □ , □□
20. intrazelluläres K$^+$ in mmol/l . . . . □□□ , □□
21. intrazelluläre Natrium-Aktivität in mmol/l . . . . □ , □□
22. intrazelluläre Calcium-Aktivität in mmol/l . . . . □ , □□
23. Reninaktivität in ng/ml pro 3 Stunden . . . . □□ , □□
24. Aldosteronkonzentration in pg/ml . . . . □□□□

Abb. 13.2: Dateneingabebeleg 1

Akupunktur und konservative Therapien bei Schulterschmerzen

1. Nummer des Patienten ....☐☐☐☐
2. Therapie (1=konservativ, 2=Akupunktur) ....☐
3. Alter in Jahren ....☐☐
4. Geschlecht (1=weiblich, 2=männlich) ....☐
5. PHS-Diagnose (1=simplex, 2=acuta, 3=pseudoparalytica, 4=ancylosans) ....☐
6. Körperseite der Beschwerden (1=rechts, 2=links, 3=beidseitig) ...☐
7. Inspektion (1=oB., 2=Muskelatrophie, 3=Schulterhochstand, 4=Entzündungszeichen, 5=Schonhaltung) ....☐
8. Gefäßstatus (1=oB., 2=A. carot.int., 3=A. vert., 4=A. rad) ......☐
9. Reflexstatus (1=oB., 2=BSR, 3=TSR, 4=RPR) ....☐

Halswirbelsäule

10. Anzahl der schmerzhaften Druckpunkte vor Therapie ....☐☐
11. Anzahl der schmerzhaften Druckpunkte nach Therapie ....☐☐
12. Einschränkung der Beweglichkeit vor Therapie (1=keine, 2=leicht, 3=mittel, 4=stark) ....☐
13. Einschränkung der Beweglichkeit nach Therapie (1=keine, 2=leicht, 3=mittel, 4=stark) ....☐

Schulter

14. Anzahl der schmerzhaften Druckpunkte vor Therapie ....☐☐
15. Anzahl der schmerzhaften Druckpunkte nach Therapie ....☐☐
16. Einschränkung der Beweglichkeit vor Therapie (1=keine, 2=leicht, 3=mittel, 4=stark) ....☐
17. Einschränkung der Beweglichkeit nach Therapie (1=keine, 2=leicht, 3=mittel, 4=stark) ....☐
18. Anzahl der positiven Widerstandstests vor Therapie ....☐
19. Anzahl der positiven Widerstandstests nach Therapie ....☐

Subjektives Schmerzempfinden

20. Schmerzen vor Therapie (1=keine, 2=leicht, 3=mittel, 4=stark) ..☐
21. Schmerzen nach 8 Tagen (1=keine, 2=leicht, 3=mittel, 4=stark) ..☐
22. Schmerzen nach 14 Tagen (1=keine, 2=leicht, 3=mittel, 4=stark) .☐
23. Schmerzen nach Therapie (1=keine, 2=leicht, 3=mittel, 4=stark) .☐

Abb. 13.3: Dateneingabebeleg 2

Für jeden Versuch muß ein Datenerfassungsbeleg entwickelt und möglichst in Vorversuchen getestet werden, so daß er während des Versuchs möglichst nicht mehr geändert zu werden braucht. Bei allen Überlegungen zur Datenerfassung und zum Datenerfassungsbeleg muß man beachten:

- Der Datenerfassungsbeleg sollte so übersichtlich sein, daß falsche Einträge vermieden werden.
- Werden von mehreren Personen oder bei mehreren Anlässen Daten eingetragen, dann sollten entsprechend separate Abschnitte vorgesehen werden.
- Die Güte der Daten ist weitgehend abhängig von der Anleitung und der Zuverlässigkeit der eintragenden Personen.

Soll der Datenerfassungsbeleg in der Routine angewandt werden, dann sollten auch Möglichkeiten der Routineunterstützung untersucht werden.

Bei der Durchsicht von Krankenblättern fällt auf, daß häufig die für eine bestimmte Auswertung benötigten Daten fehlen. Dies kann man wahrscheinlich nie vermeiden. Vermeiden kann man aber, daß bei einem geplanten Versuch und bei bekannten Fragestellungen benötigte Daten nicht erfaßt bzw. nicht überprüft werden können. Dies gelingt, wenn man

- die Identifikationsgrößen so wählt, daß in Zweifelsfällen die eingetragenen Daten kontrolliert werden können,
- die Ausprägungen der aufgeführten Merkmale so festlegt, daß diese disjunkt und erschöpfend sind, insbesondere also die Ausprägungen *nicht vorhanden* und *nicht erfaßt* vorsieht, und
- Platz für Klartexte vorsieht.

13.6.2 Dokumentation der Daten mit EDV

Sollen die bei einem Versuch gewonnenen Daten mit Hilfe der EDV dokumentiert werden, dann sollte man dies schon bei der Entwicklung des Datenerfassungsbelegs berücksichtigen. Es kann sinnvoll sein, schon den Datenerfassungsbeleg so zu gestalten, daß die Dateneingabe direkt von diesem Beleg erfolgen kann. Wichtigstes Kriterium bei allen Überlegungen ist, durch möglichst einfache und übersichtliche Gestaltung des Erfassungsbelegs Fehler - auch Fehler bei der Datenübertragung - zu vermeiden.

Tabelle 13.2: Datenmatrix

Zeilen	Spalten 1	2	...	t
1	a_{11}	a_{12}	...	a_{1t}
2	a_{21}	a_{22}	...	a_{2t}
$\vdots$	$\vdots$	$\vdots$	...	$\vdots$
N	a_{N1}	a_{N2}	...	a_{Nt}

Für die Dokumentation von Daten verwendet man Datenbanksysteme. Mit solchen Systemen kann auch die Versuchsdurchführung unterstützt werden. Man kann zum Beispiel die Wiedereinbestellung der Patienten darüber planen. Je sorgfältiger der Einsatz der EDV vorbereitet wird, desto nützlicher ist sie bei der Durchführung.

Manche der großen statistischen Programmsysteme bieten einfache Möglichkeiten zur Erzeugung von Bildschirmmasken für die Dateneingabe. Wenn ein solches System zur Verfügung steht, kann sich der Gebrauch eines besonderen Datenbanksystems erübrigen. In Abbildung 13.2 und Abbildung 13.3 sind Dateneingabebelege aufgeführt, die sowohl eine formatierte Eingabe wie auch die Eingabe der Daten über Bildschirmmasken zulassen.

13.6.3 Versuchsauswertung

Ob ein Versuch „manuell", mit Hilfe eines Taschenrechners oder eines PC's ausgewertet werden soll, hängt von dem Datenumfang und der Komplexität der anzuwendenden statistischen Methoden ab.

Die Möglichkeiten der Dateneingabe und -transformation und das Methodenspektrum der verschiedenen Programmsysteme sind unterschiedlich:

- Der Einsatz eines Datenbanksystems genügt i. allg. für die statistische Auswertung, wenn lediglich einfache statistische Maßzahlen wie Häufigkeiten, Mittelwerte, etc. berechnet werden sollen. Andere statistische Methoden fehlen.

- Auch für den PC gibt es Programmsysteme, die ein breites Spektrum statistischer Methoden anbieten, die für die Anwendung jeder Methode - ähnlich der Programme bei Taschenrechnern - eine spezielle Eingabe der Daten erfordern.

Programmsysteme zur statistischen Datenanalyse sind häufig auf die Anwendung eines bestimmten Methodenspektrums spezialisiert. So gibt es Programmsysteme, die bevorzugt

- Methoden der deskriptiven Statistik,
- Methoden der analytischen Statistik oder
- graphische Darstellungen

unterstützen. Andere Methoden fehlen, oder es fehlen häufig wichtige Methoden aus anderen Bereichen. Auch wenn man bei „normalen" Anwendungen sicher sein kann, daß die größeren statistischen Programmsysteme wie etwa P-STAT, SAS oder SPSS ein ausreichendes Methodenspektrum anbieten, gilt dies für die Anwendung „spezieller" Methoden auch für diese Systeme.

Die meisten Programmsysteme erlauben die Definition einer (oder auch mehrerer) Datenmatrizen. Bei der Datenmatrix entspricht dann:

- jede Zeile den bei einer Beobachtungseinheit beobachteten Daten und
- jede Spalte den Daten, die zu einem Merkmal erhoben wurden.

Den Merkmalen und ihren Ausprägungen müssen vom Benutzer Namen zugeordnet werden. Die Auswertung erfolgt mit Hilfe einer Metasprache, die diese Namen benutzt. Die Speicherung von Daten und Namen ist bei verschiedenen Programmsystemen unterschiedlich. Der Benutzer muß jeweils absichern, ob ein anderes Programm, das er einsetzen will, auf die gespeicherten Informationen zugreifen kann.

Bei der Auswahl eines Programms zur Analyse der Daten ist insbesondere darauf zu achten,

- daß notwendige Datentransformationen durchgeführt werden können,
- welche Anforderungen an die Kodierung der Daten gestellt werden,
- daß beim Auftreten fehlender Daten eine Kodierung möglich ist, die bei Auswertungen berücksichtigt wird,
- daß das anzuwendende Programmsystem ausreichend für die Anzahl der Merkmale und Beobachtungseinheiten dimensioniert ist und
- die für die Auswertung benötigten statistischen Methoden enthält.

14 Anhang

14.1 Deklaration von Helsinki

Beschlossen auf der 18. Generalversammlung des Weltärztebundes in Helsinki im Juni 1964, revidiert von der 29. Generalversammlung in Tokio im Oktober 1975 und von der 35. Generalversammlung in Venedig im Oktober 1983

Empfehlung für Ärzte, die in der biomedizinischen Forschung am Menschen tätig sind

Vorwort
Aufgabe des Arztes ist die Erhaltung der Gesundheit des Menschen. Der Erfüllung dieser Aufgabe dient er mit seinem Wissen und Gewissen.
Die Genfer Deklaration des Weltärztebundes verpflichtet den Arzt mit den Worten: „Die Gesundheit meines Patienten soll mein vornehmstes Anliegen sein", und der internationale Codex für ärztliche Ethik legt fest: „Jegliche Handlung oder Beratung, die geeignet erscheinen, die physische und psychische Widerstandskraft eines Menschen zu schwächen, dürfen nur in seinem Interesse zur Anwendung gelangen."
Ziel der biomedizinischen Forschung am Menschen muß es sein, diagnostische, therapeutische und prophylaktische Verfahren sowie das Verständnis für die Ätiologie und Pathogenese der Krankheit zu verbessern.
In der medizinischen Praxis sind diagnostische, therapeutische oder prophylaktische Verfahren mit Risiken verbunden; dies gilt um so mehr für die biomedizinische Forschung am Menschen. Medizinischer Fortschritt beruht auf Forschung, die sich letztlich auch auf Versuche am Menschen stützen muß.
Bei der biomedizinischen Forschung am Menschen muß grundsätzlich unterschieden werden zwischen Versuchen, die im wesentlichen im In-

teresse des Patienten liegen, und solchen, die mit rein wissenschaft-
lichem Ziel ohne unmittelbaren diagnostischen oder therapeutischen
Wert für die Versuchsperson sind.

Besondere Vorsicht muß bei der Durchführung von Versuchen walten,
die die Umwelt in Mitleidenschaft ziehen könnten. Auf das Wohl der
Versuchstiere muß Rücksicht genommen werden.

Da es notwendig ist, die Ergebnisse von Laborversuchen auch auf den
Menschen anzuwenden, um die wissenschaftliche Kenntnis zu fördern
und der leidenden Menschheit zu helfen, hat der Weltärztebund die
folgende Empfehlung als eine Leitlinie für jeden Arzt erarbeitet, der
in der biomedizinischen Forschung am Menschen tätig ist. Sie sollte
in der Zukunft überprüft werden.

Es muß betont werden, daß diese Empfehlung nur als Leitlinie für die
Ärzte auf der ganzen Welt gedacht ist; kein Arzt ist von der straf–,
zivil– und berufsrechtlichen Verantwortlichkeit nach den Gesetzen sei-
nes Landes befreit.

I. Allgemeine Grundsätze

1. Biomedizinische Forschung am Menschen muß den allgemein an-
   erkannten wissenschaftlichen Grundsätzen entsprechen; sie sollte
   auf ausreichenden Laboratoriums- und Tierversuchen sowie einer
   umfassenden Kenntnis der wissenschaftlichen Literatur aufbauen.
2. Die Planung und Durchführung eines jeden Versuches am Menschen sollte eindeutig in einem Versuchsprotokoll niedergelegt werden; dieses sollte einem besonders berufenen unabhängigen Ausschuß zur Beratung, Stellungnahme und Orientierung zugeleitet
   werden.
3. Biomedizinische Forschung am Menschen sollte nur von wissenschaftlich qualifizierten Personen und unter Aufsicht eines klinisch
   erfahrenen Arztes durchgeführt werden. Die Verantwortung für die
   Versuchsperson trägt stets ein Arzt und nie die Versuchsperson
   selbst, auch dann nicht, wenn sie ihr Einverständnis gegeben hat.
4. Biomedizinische Forschung am Menschen ist nur zulässig, wenn
   die Bedeutung des Versuchsziels in einem angemessenen Verhältnis
   zum Risiko für die Versuchsperson steht.
5. Jedem biomedizinischen Forschungsvorhaben am Menschen sollte
   eine sorgfältige Abschätzung der voraussehbaren Risiken im Ver-

gleich zu dem voraussichtlichen Nutzen für die Versuchsperson
oder andere vorausgehen. Die Sorge um die Belange der Versuchsperson muß stets ausschlaggebend sein im Vergleich zu den Inter-
essen der Wissenschaft und der Gesellschaft.

6. Das Recht der Versuchsperson auf Wahrung ihrer Unversehrtheit
   muß stets geachtet werden. Es sollte alles getan werden, um die
   Privatsphäre der Versuchsperson zu wahren; die Wirkung auf die
   körperliche und geistige Unversehrtheit sowie die Persönlichkeit
   der Versuchsperson sollte so gering wie möglich gehalten werden.

7. Der Arzt sollte es unterlassen, bei Versuchen am Menschen tätig zu
   werden, wenn er nicht überzeugt ist, daß das mit dem Versuch verbundene Wagnis für vorhersagbar gehalten wird. Der Arzt sollte
   jeden Versuch abbrechen, sobald sich herausstellt, daß das Wagnis
   den möglichen Nutzen übersteigt.

8. Der Arzt ist bei der Veröffentlichung der Versuchsergebnisse verpflichtet, die Befunde genau wiederzugeben. Berichte über Versuche, die nicht in Übereinstimmung mit den in dieser Deklaration niedergelegten Grundsätzen durchgeführt wurden, sollten
   nicht zur Veröffentlichung angenommen werden.

9. Bei jedem Versuch am Menschen muß jede Versuchsperson ausreichend über Absicht, Durchführung, erwarteten Nutzen und Risiken des Versuches sowie über möglicherweise damit verbundene
   Störungen des Wohlbefindens unterrichtet werden. Die Versuchsperson sollte darauf hingewiesen werden, daß es ihr freisteht,
   die Teilnahme am Versuch zu verweigern, und daß sie jederzeit
   eine einmal gegebene Zustimmung widerrufen kann. Nach dieser
   Aufklärung sollte der Arzt die freiwillige Zustimmung der Versuchsperson einholen; die Erklärung sollte vorzugsweise schriftlich
   abgegeben werden.

10. Ist die Versuchsperson vom Arzt abhängig oder erfolgte die Zu-
    stimmung zu einem Versuch möglicherweise unter Druck, so soll
    der Arzt beim Einholen der Einwilligung nach Aufklärung beson-
    dere Vorsicht walten lassen. In einem solchen Fall sollte die Ein-
    willigung durch einen Arzt eingeholt werden, der mit dem Versuch
    nicht befaßt ist und der außerhalb eines etwaigen Abhängigkeits-
    verhältnisses steht.

11. Ist die Versuchsperson nicht voll geschäftsfähig, sollte die Einwil-
    ligung nach Aufklärung vom gesetzlichen Vertreter entsprechend

nationalem Recht eingeholt werden. Die Einwilligung des mit der Verantwortung betrauten Verwandten („Personensorgeberechtigter") ersetzt die der Versuchsperson, wenn diese infolge körperlicher oder geistiger Behinderung nicht wirksam zustimmen kann oder minderjährig ist.

Wenn das minderjährige Kind fähig ist, seine Zustimmung zu erteilen, so muß neben der Zustimmung des Personensorgeberechtigten auch die Zustimmung des Minderjährigen eingeholt werden.

12. Das Versuchsprotokoll sollte stets die ethischen Überlegungen im Zusammenhang mit der Durchführung des Versuchs darlegen und aufzeigen, daß die Grundsätze dieser Deklaration eingehalten sind.

II. Medizinische Forschung in Verbindung mit ärztlicher Versorgung (Klinische Versuche)

1. Bei der Behandlung eines Kranken muß der Arzt die Freiheit haben, neue diagnostische und therapeutische Maßnahmen anzuwenden, wenn sie nach seinem Urteil die Hoffnung bieten, das Leben des Patienten zu retten, seine Gesundheit wiederherzustellen oder seine Leiden zu lindern.

2. Die mit der Anwendung eines neuen Verfahrens verbundenen möglichen Vorteile, Risiken und Störungen des Befindens sollten gegen die Vorzüge der bisher bestehenden diagnostischen und therapeutischen Methoden abgewogen werden.

3. Bei jedem medizinischen Versuch sollten alle Patienten - einschließlich derer einer eventuell vorhandenen Kontrollgruppe - die beste erprobte diagnostische und therapeutische Behandlung erhalten.

4. Die Weigerung eines Patienten, an einem Versuch teilzunehmen, darf niemals die Beziehung zwischen Arzt und Patient beeinträchtigen.

5. Wenn der Arzt es für unentbehrlich hält, auf die Einwilligung nach Aufklärung zu verzichten, sollten die besonderen Gründe für dieses Vorgehen in dem für den unabhängigen Ausschuß bestimmten Versuchsprotokoll niedergelegt werden.

6. Der Arzt kann medizinische Forschung mit dem Ziel der Gewinnung neuer wissenschaftlicher Erkenntnisse mit der ärztlichen Betreuung nur soweit verbinden, als diese medizinische Forschung durch ihren möglichen diagnostischen oder therapeutischen Wert

für den Patienten gerechtfertigt ist.

III. Nicht-therapeutische biomedizinische Forschung am Menschen

1. In der rein wissenschaftlichen Anwendung der medizinischen Forschung am Menschen ist es die Pflicht des Arztes, das Leben und die Gesundheit der Person zu beschützen, an welcher biomedizinische Forschung durchgeführt wird.
2. Die Versuchspersonen sollten Freiwillige sein, entweder gesunde Personen oder Patienten, für die die Versuchsabsicht nicht mit ihrer Krankheit in Zusammenhang steht.
3. Der ärztliche Forscher oder das Forschungsteam sollten den Versuch abbrechen, wenn dies nach seinem oder ihrem Urteil im Falle der Fortführung dem Menschen schaden könnte.
4. Bei Versuchen am Menschen sollte das Interesse der Wissenschaft und der Gesellschaft niemals Vorrang vor den Erwägungen haben, die das Wohlbefinden der Versuchsperson betreffen.

14.2 Grundsätze für die ordnungsgemäße Durchführung der klinischen Prüfung von Arzneimitteln

1   Einleitung

1.1   Ziel dieser Grundsätze ist es, Regeln für die ordnungsgemäße Planung, Durchführung, Auswertung und Dokumentation klinischer Prüfungen von Arzneimitteln aufzustellen.

1.2   Klinische Prüfung im Sinne dieser Grundsätze ist die Anwendung eines Arzneimittels am Menschen zu dem Zweck, über den einzelnen Anwendungsfall hinaus Erkenntnisse über den therapeutischen oder diagnostischen Wert eines Arzneimittels, insbesondere über seine Wirksamkeit und Unbedenklichkeit, zu gewinnen; dies gilt unabhängig davon, ob die Prüfung in einer Klinik oder in der Praxis eines niedergelassenen Arztes durchgeführt wird.

1.3   Vor Aufnahme der klinischen Prüfung sind die ethischen und rechtlichen Voraussetzungen zu prüfen. Maßstab für die Beurteilung sind die Bestimmungen über die klinische Prüfung nach §§ 40 und 41 des Arzneimittelgesetzes und die revidierte Deklaration von Helsinki. Eine unabhängige und sachkundige Ethik-Kommission soll gehört werden.

1.4   Wer eine klinische Prüfung plant oder durchführt, muß sich bewußt sein, daß es zwischen der Fürsorgepflicht gegenüber dem einzelnen Patienten beziehungsweise Probanden und dem allgemeinen Verlangen nach therapeutischem Fortschritt abzuwägen gilt. Gemessen an der voraussichtlichen Bedeutung des Arzneimittels für die Heilkunde müssen die Risiken für die teilnehmenden Personen ärztlich vertretbar sein.

1.5   Bei der Planung, Durchführung und Auswertung der Ergebnisse der klinischen Prüfung von Arzneimitteln, die in der Zahnmedizin, in der Homöopathie, Phytotherapie und anthroposophischen Therapie eingesetzt werden sollen, sind deren Besonderheiten zu berücksichtigen.

1.6   Abweichungen von diesen Grundsätzen sind zulässig, soweit sie aufgrund spezieller medizinischer Fragestellungen notwendig sind; sie sind zu begründen.

1.7 Die Vorschriften des § 41 der Strahlenschutzverordnung vom 13. Oktober 1976 in der geltenden Fassung sowie die Bekanntmachung des Bundesministers für Arbeit und Sozialordnung über klinische Erprobung medizinisch-technischer Geräte bleiben unberührt.

2 Planung der klinischen Prüfung

2.1 Bei der Planung einer klinischen Prüfung müssen der Kenntnisstand über die zu behandelnde Krankheit (Ätiologie, Pathogenese, Spontanverlauf, Prognose und Therapiemöglichkeiten), die medizinische und biometrische Methodik sowie die bisherigen Erkenntnisse aus der Entwicklung dieses Arzneimittels, insbesondere der pharmakologisch-toxikologischen Prüfung, berücksichtigt werden. Sämtliche verfügbaren Informationen (auch historisches und biographisches Material, ggf. auch aus dem Ausland) sollen dabei herangezogen werden. Es ist sicherzustellen, daß eine dem Prüfziel entsprechende ärztliche Beurteilung und biometrische Auswertung der erhobenen Daten möglich sind.

2.2 Biometrische Überlegungen sind so früh wie möglich anzustellen. Grundsätzlich sollen klinische Prüfungen, wenn dies angemessen, d. h. dem therapeutischen Ziel nach sinnvoll und in der Durchführung auch möglich ist, kontrolliert durchgeführt werden. Dies schließt eine gleichzeitig beobachtete Kontrollgruppe und eine randomisierte Zuteilung der Patienten beziehungsweise Probanden zu den Behandlungsgruppen ein. Davon muß abgewichen werden, wenn wissenschaftliche oder ethische Gründe dafür vorliegen. Es ist Vorsorge zu treffen, daß die Ergebnisse durch subjektive Einflüsse und Fehleinschätzungen nicht verfälscht werden.

2.3 Bei der Planung einer klinischen Prüfung ist zu berücksichtigen, ob diese in einer einzigen Prüfstelle oder multizentrisch durchgeführt werden soll.

2.4 Der Leiter der klinischen Prüfung, der verantwortliche Biometriker und die durchführenden Ärzte müssen für die Durchführung der klinischen Prüfung qualifiziert sein.

2.5 Vor Beginn der Prüfung ist ein Prüfplan aufzustellen. Er soll Angaben zu folgenden Punkten enthalten:

2.5.1   Zielsetzung und Begründung der Prüfung: Festlegung des Hauptzielkriteriums und Begründung seiner Eignung für die Erreichung des Prüfziels,

2.5.2   Charakterisierung des zu prüfenden Arzneimittels; die Zusammensetzung und die pharmazeutische Qualität müssen über eine eindeutige Identifizierung (Chargenbezeichnung) zurückverfolgt werden können,

2.5.3   Beschreibung des Prüfdesigns und gegebenenfalls Definition der Beobachtungseinheit,

2.5.4   Definition der Zielpopulation durch Ein- und Ausschlußkriterien,

2.5.5   Methodik der Personenauswahl,

2.5.6   Handhabung des Randomisierungsverfahrens und Beschreibung der Dekodierung bei Doppelblindstudien,

2.5.7   begründete Angaben über die Zahl der Patienten beziehungsweise Probanden unter Berücksichtigung der geschätzten Ausfallrate,

2.5.8   bei multizentrischen Prüfungen: Anzahl der Zentren und Anzahl der Personen pro Zentrum,

2.5.9   Behandlung (Art, Dosis, Dauer, Art der Anwendung des Arzneimittels, ambulante/stationäre Durchführung) in den einzelnen Gruppen,

2.5.10   zulässige und unzulässige Begleittherapien,

2.5.11   Auflistung aller Ziel- und Begleitvariablen,

2.5.12   verwendete Meßverfahren und deren Validierung. Bei multizentrischen Prüfungen müssen die entscheidenden Meßmethoden standardisiert sein,

2.5.13   Ermittlung, Bewertung und Dokumentation unerwünschter Begleiterscheinungen,

2.5.14   ausführliche Beschreibung des Prüfungsablaufs einschließlich des Zeitplans für die Untersuchungstermine,

2.5.15   Überprüfung der Compliance,

2.5.16   vorgesehene Gesamtdauer der Prüfung,

2.5.17   biometrische Auswertungsmethoden mit Festlegung der Arbeitshypothesen und der Irrtumswahrscheinlichkeiten sowie Zeitpunkte und Umfang vorgesehener Zwischenauswertungen,

2.5.18   eventuell notwendige Vorsichtsmaßnahmen einschließlich

Handlungsanweisungen wie etwa Veränderungen der Dosierungen,

2.5.19 Kriterien für den Abbruch der klinischen Prüfung sowohl im Einzelfall als auch für die gesamte Prüfung,

2.5.20 Verfahren zur Kontrolle der Einhaltung des Prüfplans,

2.5.21 Anleitung zur Dokumentation der Befunde,

2.5.22 Quellenangaben der verwendeten Informationen, insbesondere der benutzten oder zu benutzenden historischen und bibliographischen Daten,

2.5.23 Ort (Orte) der Prüfung sowie die Art der Einrichtung, wo die Prüfung stattfindet,

2.5.24 Name, Qualifikation und Verantwortungsbereich des jeweiligen Arztes für die einzelnen Abschnitte der klinischen Prüfung.
Der Prüfplan muß vom Leiter der klinischen Prüfung unterzeichnet werden.

2.6 Zur Erfassung und Dokumentation der Befunde bei den einzelnen Personen ist ein Prüfbogen zu verwenden, der alle Angaben enthalten muß, die zur fundierten Beantwortung der im Prüfplan formulierten Fragestellungen notwendig sind. Hierzu gehören mindestens Angaben zu folgenden Punkten:

2.6.1 Identifizierung unter Berücksichtigung des Datenschutzrechtes,

2.6.2 Alter, Größe und Gewicht, Geschlecht, wichtige prognostische Faktoren (z. B. Raucher, Diät, bisherige Krankheitsdauer),

2.6.3 eine etwaige Schwangerschaft bei Frauen im gebärfähigen Alter,

2.6.4 Erfüllung der Einschlußkriterien und Nichtvorliegen von Ausschlußkriterien,

2.6.5 Diagnose und Begründung für die Anwendung des Arzneimittels, Zeitpunkt der Diagnosestellung, Kriterien für die Diagnosestellung, Begleitdiagnosen sowie Zeitpunkt der Stellung der Begleitdiagnosen,

2.6.6 Einzeldosis, Tagesdosis, Dosierungsschema und Art der Anwendung des Arzneimittels,

2.6.7 Beginn und Ende (Datumsangaben) der Behandlung und des Beobachtungszeitraums,

2.6.8 alle Begleittherapien und relevante Vortherapien,

2.6.9   Ergebnisse der Messung der Ziel- und Begleitvariablen mit
         Angaben der Meßzeitpunkte,
2.6.10   unerwünschte Begleiterscheinungen (Art, Zeitpunkt des Auf-
         tretens, Dauer, Intensität, Maßnahmen/Folgen, Zusammen-
         hang),
2.6.11   Compliance,
2.6.12   Gründe für einen Therapieabbruch,
2.6.13   Gesamtbeurteilung (Wirksamkeit und Verträglichkeit),
2.6.14   Name und Adresse des prüfenden Arztes.
         Ein Muster des Prüfbogens ist Bestandteil des Prüfplans.

3   Durchführung der Prüfung

3.1   Die Auswahl der für die Prüfung in Betracht kommenden Per-
         sonen muß sich an den Kriterien des Prüfplans ausrichten. Bei
         Prüfungen, die besondere Anforderungen an die Repräsen-
         tativität der Patientenauswahl stellen, sollen von allen Per-
         sonen, die den Ein- und Ausschlußkriterien des Prüfplans
         genügen, Basisdaten erhoben werden.

3.2   Eine klinische Prüfung darf während einer Schwangerschaft
         oder während einer Stillzeit nur durchgeführt werden, wenn:

3.2.1   das Arzneimittel dazu bestimmt ist, bei schwangeren oder
         stillenden Frauen oder bei ungeborenen Kindern Krankheiten
         zu verhüten, zu erkennen, zu heilen oder zu lindern,

3.2.2   die Anwendung des Arzneimittels nach den Erkenntnissen der
         medizinischen Wissenschaft angezeigt ist, um bei der schwan-
         geren oder stillenden Frau oder bei einem ungeborenen Kind
         Krankheiten oder deren Verlauf zu erkennen, Krankheiten zu
         heilen oder zu lindern oder die schwangere oder stillende Frau
         oder das ungeborene Kind vor Krankheiten zu schützen,

3.2.3   nach den Erkenntnissen der medizinischen Wissenschaft die
         Durchführung der klinischen Prüfung für das ungeborene
         Kind keine unvertretbaren Risiken erwarten läßt und

3.2.4   die klinische Prüfung nach den Erkenntnissen der medizini-
         schen Wissenschaft nur dann ausreichende Prüfergebnisse er-
         warten läßt, wenn sie an schwangeren oder stillenden Frauen
         durchgeführt wird.

3.3   Vor Aufnahme in die Prüfung müssen die Patienten bezie-
         hungsweise Probanden in die Teilnahme an der Prüfung ein-

gewilligt haben, nachdem sie über deren Wesen, Bedeutung und Tragweite in verständlicher Form aufgeklärt worden sind. Die Aufklärung muß mindestens folgende Punkte betreffen:

3.3.1 Zielsetzung und Ablauf der Prüfung,

3.3.2 Art der Behandlung und der Zuordnung der Patienten zu den einzelnen Behandlungsgruppen (z. B. Randomisierung),

3.3.3 mögliche Belastungen und Risiken bei einer Schwangerschaft auch für das ungeborene Kind,

3.3.4 zu erwartende Wirkungen,

3.3.5 andere therapeutische Möglichkeiten,

3.3.6 Angebot einer weitergehenden Unterrichtung,

3.3.7 Hinweis auf das Recht, die Einwilligung zur Teilnahme an der Prüfung jederzeit zurückziehen zu können.

Der Inhalt der Aufklärung ist dem Prüfplan beizufügen.

3.4 Der Prüfplan muß grundsätzlich eingehalten werden. Ergeben sich zwingende Gründe für eine Änderung des Prüfplans und ist der Abbruch der Prüfung deshalb nicht notwendig, so ist der Prüfplan unter Angabe der Gründe zu ergänzen. Jede Änderung des Prüfplans ist vom Leiter der klinischen Prüfung zu unterzeichnen.

3.5 Eine Verlaufskontrolle der klinischen Prüfung ist durch den Leiter der klinischen Prüfung sicherzustellen. Hierzu dienen Kontrollen der ordnungsgemäßen Durchführung der klinischen Prüfung von Arzneimitteln auf der Grundlage des Prüfplans sowie eine Überprüfung des ordnungsgemäßen kontinuierlichen Ausfüllens der Prüfbögen.

3.6 Der Leiter der klinischen Prüfung hat sich fortlaufend über das in der Prüfung befindliche Arzneimittel, insbesondere über auftretende Risiken, gegebenenfalls weltweit zu informieren, um fortlaufend die ärztliche Vertretbarkeit der klinischen Prüfung beurteilen zu können.

3.7 Dem Leiter der klinischen Prüfung sind unverzüglich alle Umstände mitzuteilen, die eine rasche Entscheidung über den Abbruch oder die Unterbrechung der klinischen Prüfung erforderlich machen könnten. Hierunter sind insbesondere alle schwerwiegenden Nebenwirkungen zu verstehen. Schwerwiegende Nebenwirkungen im Sinne des Satzes 2 sind solche Wirkungen, bei denen Gewißheit oder der begründete Verdacht besteht, daß durch sie das Leben bedroht oder die Gesundheit schwer oder dauernd geschädigt wird. Dies trifft insbesondere für Nebenwirkungen zu, bei denen die Möglichkeit besteht, daß sie den Tod zur Folge haben, lebensbedrohlich sind, eine maligne Erkrankung verursachen, angeborene Mißbildungen hervorrufen, bleibende Schäden verursachen oder einer ärztlichen Behandlung, vorwiegend stationärer Art, bedürfen. Ferner ist das Auftreten unerwartet starker erwünschter Wirkung bei Gabe der in Prüfung befindlichen Dosis zu melden.

3.8   Nach Abschluß der Prüfung sind mit den Prüfungsunterlagen auch die nicht verbrauchten Prüfpräparate und gegebenenfalls die Dekodierungsumschläge an den Leiter der klinischen Prüfung zurückzugeben.

4   Auswertung und Darstellung der Ergebnisse

4.1   Nach Abschluß der Prüfung ist ein Bericht zu erstellen, der eine biometrische Auswertung und eine Bewertung der Ergebnisse aus medizinischer Sicht enthält. Dies gilt auch für eine Prüfung, die vorzeitig beendet wurde.

4.2   Die biometrische Stellungnahme muß mindestens beinhalten:

4.2.1   eine statistische Auswertung anhand der im Prüfplan festgelegten Zielvariablen,

4.2.2   eine Dokumentation und Bewertung der bei der Durchführung der Prüfung aufgetretenen Abweichungen vom Prüfplan; dabei ist jeder Ausschluß einer in die Prüfung aufgenommenen Person von der Auswertung zu begründen und kasuistisch zu beschreiben,

4.2.3   Angaben zu allen verwendeten statistischen Verfahren, so daß ihre Anwendung nachvollzogen werden kann,

4.2.4   eine adäquate Darstellung der Zentrumseinflüsse bei multizentrischen Prüfungen,

4.2.5   eine Beurteilung der Aussagefähigkeit der Prüfung aus biometrischer Sicht.

4.3   Die medizinische Stellungnahme muß - unter Berücksichtigung der biometrischen Aspekte - beinhalten:

4.3.1   eine kritische Bewertung, in welcher Weise und in welchem Ausmaß die Zielvariablen, die zum Beleg der Wirksamkeit geprüft wurden, mit dem zu behandelnden Zustand im Zusammenhang stehen,

4.3.2   eine Bewertung der aufgetretenen unerwünschten Begleiterscheinungen und eine Beurteilung ihres Zusammenhanges mit der Gabe des Arzneimittels,

4.3.3   eine Nutzen-Risiko-Abwägung der günstigen Wirkungen gegen die aufgetretenen unerwünschten Begleiterscheinungen,

4.3.4   einen Vergleich von Wirksamkeit und Verträglichkeit des angewandten Arzneimittels mit den untersuchten therapeutischen Alternativen.

5   Dokumentation

5.1   Alle bei der klinischen Prüfung anfallenden Unterlagen sind zu dokumentieren und mindestens zehn Jahre nach Abschluß der Prüfung aufzubewahren.

5.2   Die Aufzeichnungen können auch als Wiedergabe auf einem Bildträger oder auf anderen Datenträgern aufbewahrt werden. Bei der Aufbewahrung der Aufzeichnungen auf Datenträgern muß insbesondere sichergestellt sein, daß die Daten während der Dauer der Aufbewahrungsfrist verfügbar sind und innerhalb einer angemessenen Frist lesbar gemacht werden können.

15 Tabellen

Tabelle 15.1: Verteilungsfunktion $\Phi(u)$ der Standardnormalverteilung für $-3.09 \leq u \leq 0.00$

u	-.09	-.08	-.07	-.06	-.05	-.04	-.03	-.02	-.01	.00
-3.0	.0010	.0010	.0011	.0011	.0011	.0012	.0012	.0013	.0013	.0013
-2.9	.0014	.0014	.0015	.0015	.0016	.0016	.0017	.0018	.0018	.0019
-2.8	.0019	.0020	.0021	.0021	.0022	.0023	.0023	.0024	.0025	.0026
-2.7	.0026	.0027	.0028	.0029	.0030	.0031	.0032	.0033	.0034	.0035
-2.6	.0036	.0037	.0038	.0039	.0040	.0041	.0043	.0044	.0045	.0047
-2.5	.0048	.0049	.0051	.0052	.0054	.0055	.0057	.0059	.0060	.0062
-2.4	.0064	.0066	.0068	.0069	.0071	.0073	.0075	.0078	.0080	.0082
-2.3	.0084	.0087	.0089	.0091	.0094	.0096	.0099	.0102	.0104	.0107
-2.2	.0110	.0113	.0116	.0119	.0122	.0125	.0129	.0132	.0136	.0139
-2.1	.0143	.0146	.0150	.0154	.0158	.0162	.0166	.0170	.0174	.0179
-2.0	.0183	.0188	.0192	.0197	.0202	.0207	.0212	.0217	.0222	.0228
-1.9	.0233	.0239	.0244	.0250	.0256	.0262	.0268	.0274	.0281	.0287
-1.8	.0294	.0301	.0307	.0314	.0322	.0329	.0336	.0344	.0351	.0359
-1.7	.0367	.0375	.0384	.0392	.0401	.0409	.0418	.0427	.0436	.0446
-1.6	.0455	.0465	.0475	.0485	.0495	.0505	.0516	.0526	.0537	.0548
-1.5	.0559	.0571	.0582	.0594	.0606	.0618	.0630	.0643	.0655	.0668
-1.4	.0681	.0694	.0708	.0721	.0735	.0749	.0764	.0778	.0793	.0808
-1.3	.0823	.0838	.0853	.0869	.0885	.0901	.0918	.0934	.0951	.0968
-1.2	.0985	.1003	.1020	.1038	.1056	.1075	.1093	.1112	.1131	.1151
-1.1	.1170	.1190	.1210	.1230	.1251	.1271	.1292	.1314	.1335	.1357
-1.0	.1379	.1401	.1423	.1446	.1469	.1492	.1515	.1539	.1562	.1587
-0.9	.1611	.1635	.1660	.1685	.1711	.1736	.1762	.1788	.1814	.1841
-0.8	.1867	.1894	.1922	.1949	.1977	.2005	.2033	.2061	.2090	.2119
-0.7	.2148	.2177	.2206	.2236	.2266	.2296	.2327	.2358	.2389	.2420
-0.6	.2451	.2483	.2514	.2546	.2578	.2611	.2643	.2676	.2709	.2743
-0.5	.2776	.2810	.2843	.2877	.2912	.2946	.2981	.3015	.3050	.3085
-0.4	.3121	.3156	.3192	.3228	.3264	.3300	.3336	.3372	.3409	.3446
-0.3	.3483	.3520	.3557	.3594	.3632	.3669	.3707	.3745	.3783	.3821
-0.2	.3859	.3897	.3936	.3974	.4013	.4052	.4090	.4129	.4168	.4207
-0.1	.4247	.4286	.4325	.4364	.4404	.4443	.4483	.4522	.4562	.4602
0.0	.4641	.4681	.4721	.4761	.4801	.4840	.4880	.4920	.4960	.5000

Beispiel: $u = -1.95 = -1.9 - 0.05$
$$\Phi(-1.95) = 0.0256$$

Tabelle 15.2: Quantile u_p der Standardnormalverteilung für $p < 0.5$

p	0.0010	0.0025	0.0050	0.0100	0.0250	0.0500	0.1000	0.2000	0.2500
u_p	-3.0902	-2.8070	-2.5758	-2.3263	-1.9600	-1.6449	-1.2816	-0.8416	-0.6745

Tabelle 15.3: Verteilungsfunktion $\Phi(u)$ der Standardnormalverteilung für $0 \le u \le 3.09$

u	.00	.01	.02	.03	.04	.05	.06	.07	.08	.09
0.0	.5000	.5040	.5080	.5120	.5160	.5199	.5239	.5279	.5319	.5359
0.1	.5398	.5438	.5478	.5517	.5557	.5596	.5636	.5675	.5714	.5753
0.2	.5793	.5832	.5871	.5910	.5948	.5987	.6026	.6064	.6103	.6141
0.3	.6179	.6217	.6255	.6293	.6331	.6368	.6406	.6443	.6480	.6517
0.4	.6554	.6591	.6628	.6664	.6700	.6736	.6772	.6808	.6844	.6879
0.5	.6915	.6950	.6985	.7019	.7054	.7088	.7123	.7157	.7190	.7224
0.6	.7257	.7291	.7324	.7357	.7389	.7422	.7454	.7486	.7517	.7549
0.7	.7580	.7611	.7642	.7673	.7704	.7734	.7764	.7794	.7823	.7852
0.8	.7881	.7910	.7939	.7967	.7995	.8023	.8051	.8078	.8106	.8133
0.9	.8159	.8186	.8212	.8238	.8264	.8289	.8315	.8340	.8365	.8389
1.0	.8413	.8438	.8461	.8485	.8508	.8531	.8554	.8577	.8599	.8621
1.1	.8643	.8665	.8686	.8708	.8729	.8749	.8770	.8790	.8810	.8830
1.2	.8849	.8869	.8888	.8907	.8925	.8944	.8962	.8980	.8997	.9015
1.3	.9032	.9049	.9066	.9082	.9099	.9115	.9131	.9147	.9162	.9177
1.4	.9192	.9207	.9222	.9236	.9251	.9265	.9279	.9292	.9306	.9319
1.5	.9332	.9345	.9357	.9370	.9382	.9394	.9406	.9418	.9429	.9441
1.6	.9452	.9463	.9474	.9484	.9495	.9505	.9515	.9525	.9535	.9545
1.7	.9554	.9564	.9573	.9582	.9591	.9599	.9608	.9616	.9625	.9633
1.8	.9641	.9649	.9656	.9664	.9671	.9678	.9686	.9693	.9699	.9706
1.9	.9713	.9719	.9726	.9732	.9738	.9744	.9750	.9756	.9761	.9767
2.0	.9772	.9778	.9783	.9788	.9793	.9798	.9803	.9808	.9812	.9817
2.1	.9821	.9826	.9830	.9834	.9838	.9842	.9846	.9850	.9854	.9857
2.2	.9861	.9864	.9868	.9871	.9875	.9878	.9881	.9884	.9887	.9890
2.3	.9893	.9896	.9898	.9901	.9904	.9906	.9909	.9911	.9913	.9916
2.4	.9918	.9920	.9922	.9925	.9927	.9929	.9931	.9932	.9934	.9936
2.5	.9938	.9940	.9941	.9943	.9945	.9946	.9948	.9949	.9951	.9952
2.6	.9953	.9955	.9956	.9957	.9959	.9960	.9961	.9962	.9963	.9964
2.7	.9965	.9966	.9967	.9968	.9969	.9970	.9971	.9972	.9973	.9974
2.8	.9974	.9975	.9976	.9977	.9977	.9978	.9979	.9979	.9980	.9981
2.9	.9981	.9982	.9982	.9983	.9984	.9984	.9985	.9985	.9986	.9986
3.0	.9987	.9987	.9987	.9988	.9988	.9989	.9989	.9989	.9990	.9990

Beispiel: $u = 1.95 = 1.9 + 0.05$
$\Phi(1.95) = 0.9744$

Tabelle 15.4: Quantile u_p der Standardnormalverteilung für $p \ge 0.5$

p	0.5000	0.7500	0.8000	0.9000	0.9500	0.9750	0.9900	0.9950	0.9975	0.9990
u_p	0.0000	0.6745	0.8416	1.2816	1.6449	1.9600	2.3263	2.5758	2.8070	3.0902

Tabelle 15.5: Quantile $t_{f,1-\alpha}$ der t-Verteilung mit f Freiheitsgraden

f \ $1-\alpha$	.900	.950	.975	.990	.995	.999
1	3.078	6.314	12.706	31.821	63.657	318.309
2	1.886	2.920	4.303	6.965	9.925	22.327
3	1.638	2.353	3.182	4.541	5.841	10.215
4	1.533	2.132	2.776	3.747	4.604	7.173
5	1.476	2.015	2.571	3.365	4.032	5.893
6	1.440	1.943	2.447	3.143	3.707	5.208
7	1.415	1.895	2.365	2.998	3.499	4.785
8	1.397	1.860	2.306	2.896	3.355	4.501
9	1.383	1.833	2.262	2.821	3.250	4.297
10	1.372	1.812	2.228	2.764	3.169	4.144
11	1.363	1.796	2.201	2.718	3.106	4.025
12	1.356	1.782	2.179	2.681	3.055	3.930
13	1.350	1.771	2.160	2.650	3.012	3.852
14	1.345	1.761	2.145	2.624	2.977	3.787
15	1.341	1.753	2.131	2.602	2.947	3.733
16	1.337	1.746	2.120	2.583	2.921	3.686
17	1.333	1.740	2.110	2.567	2.898	3.646
18	1.330	1.734	2.101	2.552	2.878	3.611
19	1.328	1.729	2.093	2.539	2.861	3.579
20	1.325	1.725	2.086	2.528	2.845	3.552
21	1.323	1.721	2.080	2.518	2.831	3.527
22	1.321	1.717	2.074	2.508	2.819	3.505
23	1.319	1.714	2.069	2.500	2.807	3.485
24	1.318	1.711	2.064	2.492	2.797	3.467
25	1.316	1.708	2.060	2.485	2.787	3.450
26	1.315	1.706	2.056	2.479	2.779	3.435
27	1.314	1.703	2.052	2.473	2.771	3.421
28	1.313	1.701	2.048	2.467	2.763	3.408
29	1.311	1.699	2.045	2.462	2.756	3.396
30	1.310	1.697	2.042	2.457	2.750	3.385
40	1.303	1.684	2.021	2.423	2.704	3.307
50	1.299	1.676	2.009	2.403	2.678	3.261
60	1.296	1.671	2.000	2.390	2.660	3.232
70	1.294	1.667	1.994	2.381	2.648	3.211
80	1.292	1.664	1.990	2.374	2.639	3.195
90	1.291	1.662	1.987	2.368	2.632	3.183
100	1.290	1.660	1.984	2.364	2.626	3.174
200	1.286	1.653	1.972	2.345	2.601	3.131
300	1.284	1.650	1.968	2.339	2.592	3.118
400	1.284	1.649	1.966	2.336	2.588	3.111
500	1.283	1.648	1.965	2.334	2.586	3.107
∞	1.282	1.645	1.960	2.326	2.576	3.090

$t_{f;\alpha} = -t_{f;1-\alpha}$ Beispiel: $t_{19;0.025} = -t_{19;0.975} = -2.093$

Tabelle 15.6: Quantile $\chi^2_{f,1-\alpha}$ der χ^2–Verteilung mit f Freiheitsgraden

f \ $^{1-\alpha}$	.900	.950	.975	.990	.995	.999
1	2.71	3.84	5.02	6.63	7.88	10.83
2	4.61	5.99	7.38	9.21	10.60	13.82
3	6.25	7.81	9.35	11.34	12.84	16.27
4	7.78	9.49	11.14	13.28	14.86	18.47
5	9.24	11.07	12.83	15.09	16.75	20.52
6	10.64	12.59	14.45	16.81	18.55	22.46
7	12.02	14.07	16.01	18.48	20.28	24.32
8	13.36	15.51	17.53	20.09	21.95	26.12
9	14.68	16.92	19.02	21.67	23.59	27.88
10	15.99	18.31	20.48	23.21	25.19	29.59
11	17.28	19.68	21.92	24.72	26.76	31.26
12	18.55	21.03	23.34	26.22	28.30	32.91
13	19.81	22.36	24.74	27.69	29.82	34.53
14	21.06	23.68	26.12	29.14	31.32	36.12
15	22.31	25.00	27.49	30.58	32.80	37.70
16	23.54	26.30	28.85	32.00	34.27	39.25
17	24.77	27.59	30.19	33.41	35.72	40.79
18	25.99	28.87	31.53	34.81	37.16	42.31
19	27.20	30.14	32.85	36.19	38.58	43.82
20	28.41	31.41	34.17	37.57	40.00	45.31
21	29.62	32.67	35.48	38.93	41.40	46.80
22	30.81	33.92	36.78	40.29	42.80	48.27
23	32.01	35.17	38.08	41.64	44.18	49.73
24	33.20	36.42	39.36	42.98	45.56	51.18
25	34.38	37.65	40.65	44.31	46.93	52.62
26	35.56	38.89	41.92	45.64	48.29	54.05
27	36.74	40.11	43.19	46.96	49.64	55.48
28	37.92	41.34	44.46	48.28	50.99	56.89
29	39.09	42.56	45.72	49.59	52.34	58.30
30	40.26	43.77	46.98	50.89	53.67	59.70
40	51.81	55.76	59.34	63.69	66.77	73.40
50	63.17	67.50	71.42	76.15	79.49	86.66
60	74.40	79.08	83.30	88.38	91.95	99.61
70	85.53	90.53	95.02	100.43	104.21	112.32
80	96.58	101.88	106.63	112.33	116.32	124.84
90	107.57	113.15	118.14	124.12	128.30	137.21
100	118.50	124.34	129.56	135.81	140.17	149.45
200	226.02	233.99	241.06	249.45	255.26	267.54
300	331.79	341.40	349.87	359.91	366.84	381.43
400	436.65	447.63	457.31	468.72	476.61	493.13
500	540.93	553.13	563.85	576.49	585.21	603.45

Tabelle 15.7: Quantile der F-Verteilung $F_{m_1,m_2,0.95}$ $(1 \leq m_2 \leq 12)$

$m_1 \backslash m_2$	1	2	3	4	5	6	7	8	9	10	11	12
1	161.5	18.513	10.13	7.709	6.608	5.987	5.591	5.318	5.117	4.965	4.844	4.747
2	199.5	19.000	9.552	6.944	5.786	5.143	4.737	4.459	4.256	4.103	3.982	3.885
3	215.7	19.164	9.277	6.591	5.409	4.757	4.347	4.066	3.863	3.708	3.587	3.490
4	224.6	19.247	9.117	6.388	5.192	4.534	4.120	3.838	3.633	3.478	3.357	3.259
5	230.2	19.296	9.013	6.256	5.050	4.387	3.972	3.687	3.482	3.326	3.204	3.106
6	234.0	19.330	8.941	6.163	4.950	4.284	3.866	3.581	3.374	3.217	3.095	2.996
7	236.8	19.353	8.887	6.094	4.876	4.207	3.787	3.500	3.293	3.135	3.012	2.913
8	238.9	19.371	8.845	6.041	4.818	4.147	3.726	3.438	3.230	3.072	2.948	2.849
9	240.5	19.385	8.812	5.999	4.772	4.099	3.677	3.388	3.179	3.020	2.896	2.796
10	241.9	19.396	8.786	5.964	4.735	4.060	3.637	3.347	3.137	2.978	2.854	2.753
11	243.0	19.405	8.763	5.936	4.704	4.027	3.603	3.313	3.102	2.943	2.818	2.717
12	243.9	19.413	8.745	5.912	4.678	4.000	3.575	3.284	3.073	2.913	2.788	2.687
13	244.7	19.419	8.729	5.891	4.655	3.976	3.550	3.259	3.048	2.887	2.761	2.660
14	245.4	19.424	8.715	5.873	4.636	3.956	3.529	3.237	3.025	2.865	2.739	2.637
15	246.0	19.429	8.703	5.858	4.619	3.938	3.511	3.218	3.006	2.845	2.719	2.617
16	246.5	19.433	8.692	5.844	4.604	3.922	3.494	3.202	2.989	2.828	2.701	2.599
17	246.9	19.437	8.683	5.832	4.590	3.908	3.480	3.187	2.974	2.812	2.685	2.583
18	247.3	19.440	8.675	5.821	4.579	3.896	3.467	3.173	2.960	2.798	2.671	2.568
19	247.7	19.443	8.667	5.811	4.568	3.884	3.455	3.161	2.948	2.785	2.658	2.555
20	248.0	19.446	8.660	5.803	4.558	3.874	3.445	3.150	2.936	2.774	2.646	2.544
21	248.3	19.448	8.654	5.795	4.549	3.865	3.435	3.140	2.926	2.764	2.636	2.533
22	248.6	19.450	8.648	5.787	4.541	3.856	3.426	3.131	2.917	2.754	2.626	2.523
23	248.8	19.452	8.643	5.781	4.534	3.849	3.418	3.123	2.908	2.745	2.617	2.514
24	249.1	19.454	8.639	5.774	4.527	3.841	3.410	3.115	2.900	2.737	2.609	2.505
25	249.3	19.456	8.634	5.769	4.521	3.835	3.404	3.108	2.893	2.730	2.601	2.498
26	249.5	19.457	8.630	5.763	4.515	3.829	3.397	3.102	2.886	2.723	2.594	2.491
27	249.6	19.459	8.626	5.759	4.510	3.823	3.391	3.095	2.880	2.716	2.588	2.484
28	249.8	19.460	8.623	5.754	4.505	3.818	3.386	3.090	2.874	2.710	2.582	2.478
29	250.0	19.461	8.620	5.750	4.500	3.813	3.381	3.084	2.869	2.705	2.576	2.472
30	250.1	19.462	8.617	5.746	4.496	3.808	3.376	3.079	2.864	2.700	2.570	2.466
35	250.7	19.467	8.604	5.729	4.478	3.789	3.356	3.059	2.842	2.678	2.548	2.443
40	251.1	19.471	8.594	5.717	4.464	3.774	3.340	3.043	2.826	2.661	2.531	2.426
45	251.5	19.474	8.587	5.707	4.453	3.763	3.328	3.030	2.813	2.648	2.517	2.412
50	251.8	19.476	8.581	5.699	4.444	3.754	3.319	3.020	2.803	2.637	2.507	2.401
60	252.2	19.479	8.572	5.688	4.431	3.740	3.304	3.005	2.787	2.621	2.490	2.384
70	252.5	19.481	8.566	5.679	4.422	3.730	3.294	2.994	2.776	2.610	2.478	2.372
80	252.7	19.483	8.561	5.673	4.415	3.722	3.286	2.986	2.768	2.601	2.469	2.363
90	252.9	19.485	8.557	5.668	4.409	3.716	3.280	2.980	2.761	2.594	2.462	2.356
100	253.0	19.486	8.554	5.664	4.405	3.712	3.275	2.975	2.756	2.588	2.457	2.350
150	253.5	19.489	8.545	5.652	4.392	3.698	3.260	2.959	2.739	2.572	2.439	2.332
200	253.7	19.491	8.540	5.646	4.385	3.690	3.252	2.951	2.731	2.563	2.431	2.323

Tabelle **15.8**: Quantile der F-Verteilung $F_{m_1,m_2,0\,95}$ $(m_2 \geq 13)$

$m_1 \backslash m_2$	13	14	15	20	30	40	50	100	200	300	400	500
1	4.667	4.600	4.543	4.351	4.171	4.085	4.034	3.936	3.888	3.873	3.865	3.860
2	3.806	3.739	3.682	3.493	3.316	3.232	3.183	3.087	3.041	3.026	3.018	3.014
3	3.411	3.344	3.287	3.098	2.922	2.839	2.790	2.696	2.650	2.635	2.627	2.623
4	3.179	3.112	3.056	2.866	2.690	2.606	2.557	2.463	2.417	2.402	2.394	2.390
5	3.025	2.958	2.901	2.711	2.534	2.449	2.400	2.305	2.259	2.244	2.237	2.232
6	2.915	2.848	2.790	2.599	2.421	2.336	2.286	2.191	2.144	2.129	2.121	2.117
7	2.832	2.764	2.707	2.514	2.334	2.249	2.199	2.103	2.056	2.040	2.032	2.028
8	2.767	2.699	2.641	2.447	2.266	2.180	2.130	2.032	1.985	1.969	1.962	1.957
9	2.714	2.646	2.588	2.393	2.211	2.124	2.073	1.975	1.927	1.911	1.903	1.899
10	2.671	2.602	2.544	2.348	2.165	2.077	2.026	1.927	1.878	1.862	1.854	1.850
11	2.635	2.565	2.507	2.310	2.126	2.038	1.986	1.886	1.837	1.821	1.813	1.808
12	2.604	2.534	2.475	2.278	2.092	2.003	1.952	1.850	1.801	1.785	1.776	1.772
13	2.577	2.507	2.448	2.250	2.063	1.974	1.921	1.819	1.769	1.753	1.745	1.740
14	2.554	2.484	2.424	2.225	2.037	1.948	1.895	1.792	1.742	1.725	1.717	1.712
15	2.533	2.463	2.403	2.203	2.015	1.924	1.871	1.768	1.717	1.700	1.691	1.686
16	2.515	2.445	2.385	2.184	1.995	1.904	1.850	1.746	1.694	1.677	1.669	1.664
17	2.499	2.428	2.368	2.167	1.976	1.885	1.831	1.726	1.674	1.657	1.648	1.643
18	2.484	2.413	2.353	2.151	1.960	1.868	1.814	1.708	1.656	1.638	1.630	1.625
19	2.471	2.400	2.340	2.137	1.945	1.853	1.798	1.691	1.639	1.621	1.613	1.607
20	2.459	2.388	2.328	2.124	1.932	1.839	1.784	1.676	1.623	1.606	1.597	1.592
21	2.448	2.377	2.316	2.112	1.919	1.826	1.771	1.663	1.609	1.591	1.582	1.577
22	2.438	2.367	2.306	2.102	1.908	1.814	1.759	1.650	1.596	1.578	1.569	1.563
23	2.429	2.357	2.297	2.092	1.897	1.803	1.748	1.638	1.583	1.565	1.556	1.551
24	2.420	2.349	2.288	2.082	1.887	1.793	1.737	1.627	1.572	1.554	1.545	1.539
25	2.412	2.341	2.280	2.074	1.878	1.783	1.727	1.616	1.561	1.543	1.534	1.528
26	2.405	2.333	2.272	2.066	1.870	1.775	1.718	1.607	1.551	1.533	1.523	1.518
27	2.398	2.326	2.265	2.059	1.862	1.766	1.710	1.598	1.542	1.523	1.514	1.508
28	2.392	2.320	2.259	2.052	1.854	1.759	1.702	1.589	1.533	1.514	1.505	1.499
29	2.386	2.314	2.253	2.045	1.847	1.751	1.694	1.581	1.524	1.505	1.496	1.490
30	2.380	2.308	2.247	2.039	1.841	1.744	1.687	1.573	1.516	1.497	1.488	1.482
35	2.357	2.284	2.223	2.013	1.813	1.715	1.657	1.541	1.482	1.463	1.453	1.447
40	2.339	2.266	2.204	1.994	1.792	1.693	1.634	1.515	1.455	1.435	1.425	1.419
45	2.325	2.252	2.190	1.978	1.775	1.675	1.615	1.494	1.433	1.412	1.402	1.396
50	2.314	2.241	2.178	1.966	1.761	1.660	1.599	1.477	1.415	1.393	1.383	1.376
60	2.297	2.223	2.160	1.946	1.740	1.637	1.576	1.450	1.386	1.363	1.352	1.345
70	2.284	2.210	2.147	1.932	1.724	1.621	1.558	1.430	1.364	1.341	1.329	1.322
80	2.275	2.201	2.137	1.922	1.712	1.608	1.544	1.415	1.346	1.323	1.311	1.303
90	2.267	2.193	2.130	1.913	1.703	1.597	1.534	1.402	1.332	1.308	1.296	1.288
100	2.261	2.187	2.123	1.907	1.695	1.589	1.525	1.392	1.321	1.296	1.283	1.275
150	2.243	2.169	2.105	1.886	1.672	1.564	1.498	1.359	1.283	1.256	1.242	1.233
200	2.234	2.159	2.095	1.875	1.660	1.551	1.484	1.342	1.263	1.234	1.219	1.210

Tabelle 15.9: Quantile der F-Verteilung $F_{m_1,m_2,0.975}$ $(1 \leq m_2 \leq 12)$

$m_1 \backslash m_2$	1	2	3	4	5	6	7	8	9	10	11	12
1	647.8	38.506	17.443	12.22	10.01	8.813	8.073	7.571	7.209	6.937	6.724	6.554
2	799.5	39.000	16.044	10.65	8.434	7.260	6.542	6.059	5.715	5.456	5.256	5.096
3	864.2	39.165	15.439	9.979	7.764	6.599	5.890	5.416	5.078	4.826	4.630	4.474
4	899.6	39.248	15.101	9.605	7.388	6.227	5.523	5.053	4.718	4.468	4.275	4.121
5	921.8	39.298	14.885	9.364	7.146	5.988	5.285	4.817	4.484	4.236	4.044	3.891
6	937.1	39.331	14.735	9.197	6.978	5.820	5.119	4.652	4.320	4.072	3.881	3.728
7	948.2	39.355	14.624	9.074	6.853	5.695	4.995	4.529	4.197	3.950	3.759	3.607
8	956.7	39.373	14.540	8.980	6.757	5.600	4.899	4.433	4.102	3.855	3.664	3.512
9	963.3	39.387	14.473	8.905	6.681	5.523	4.823	4.357	4.026	3.779	3.588	3.436
10	968.6	39.398	14.419	8.844	6.619	5.461	4.761	4.295	3.964	3.717	3.526	3.374
11	973.0	39.407	14.374	8.794	6.568	5.410	4.709	4.243	3.912	3.665	3.474	3.321
12	976.7	39.415	14.337	8.751	6.525	5.366	4.666	4.200	3.868	3.621	3.430	3.277
13	979.8	39.421	14.304	8.715	6.488	5.329	4.628	4.162	3.831	3.583	3.392	3.239
14	982.5	39.427	14.277	8.684	6.456	5.297	4.596	4.130	3.798	3.550	3.359	3.206
15	984.9	39.431	14.253	8.657	6.428	5.269	4.568	4.101	3.769	3.522	3.330	3.177
16	986.9	39.435	14.232	8.633	6.403	5.244	4.543	4.076	3.744	3.496	3.304	3.152
17	988.7	39.439	14.213	8.611	6.381	5.222	4.521	4.054	3.722	3.474	3.282	3.129
18	990.3	39.442	14.196	8.592	6.362	5.202	4.501	4.034	3.701	3.453	3.261	3.108
19	991.8	39.445	14.181	8.575	6.344	5.184	4.483	4.016	3.683	3.435	3.243	3.090
20	993.1	39.448	14.167	8.560	6.329	5.168	4.467	3.999	3.667	3.419	3.226	3.073
21	994.3	39.450	14.155	8.546	6.314	5.154	4.452	3.985	3.652	3.403	3.211	3.057
22	995.4	39.452	14.144	8.533	6.301	5.141	4.439	3.971	3.638	3.390	3.197	3.043
23	996.3	39.454	14.134	8.522	6.289	5.128	4.426	3.959	3.626	3.377	3.184	3.031
24	997.2	39.456	14.124	8.511	6.278	5.117	4.415	3.947	3.614	3.365	3.173	3.019
25	998.1	39.458	14.115	8.501	6.268	5.107	4.405	3.937	3.604	3.355	3.162	3.008
26	998.8	39.459	14.107	8.492	6.258	5.097	4.395	3.927	3.594	3.345	3.152	2.998
27	999.6	39.461	14.100	8.483	6.250	5.088	4.386	3.918	3.584	3.335	3.142	2.988
28	1000.2	39.462	14.093	8.476	6.242	5.080	4.378	3.909	3.576	3.327	3.133	2.979
29	1000.8	39.463	14.087	8.468	6.234	5.072	4.370	3.901	3.568	3.319	3.125	2.971
30	1001.4	39.465	14.081	8.461	6.227	5.065	4.362	3.894	3.560	3.311	3.118	2.963
35	1003.8	39.469	14.055	8.433	6.197	5.035	4.332	3.863	3.529	3.279	3.086	2.931
40	1005.6	39.473	14.037	8.411	6.175	5.012	4.309	3.840	3.505	3.255	3.061	2.906
45	1007.0	39.476	14.022	8.394	6.158	4.995	4.291	3.821	3.487	3.237	3.042	2.887
50	1008.1	39.478	14.010	8.381	6.144	4.980	4.276	3.807	3.472	3.221	3.027	2.871
60	1009.8	39.481	13.992	8.360	6.123	4.959	4.254	3.784	3.449	3.198	3.004	2.848
70	1011.0	39.484	13.979	8.346	6.107	4.943	4.239	3.768	3.433	3.182	2.987	2.831
80	1011.9	39.485	13.970	8.335	6.096	4.932	4.227	3.756	3.421	3.169	2.974	2.818
90	1012.6	39.487	13.962	8.326	6.087	4.923	4.218	3.747	3.411	3.160	2.964	2.808
100	1013.2	39.488	13.956	8.319	6.080	4.915	4.210	3.739	3.403	3.152	2.956	2.800
150	1014.9	39.491	13.938	8.299	6.059	4.893	4.188	3.716	3.380	3.128	2.932	2.775
200	1015.7	39.493	13.929	8.289	6.048	4.882	4.176	3.705	3.368	3.116	2.920	2.763

Tabelle 15.10: Quantile der F-Verteilung $F_{m_1,m_2,0.975}$ $(m_2 \geq 13)$

$m_1 \backslash m_2$	13	14	15	20	30	40	50	100	200	300	400	500
1	6.414	6.298	6.200	5.871	5.568	5.424	5.340	5.179	5.100	5.075	5.062	5.054
2	4.965	4.857	4.765	4.461	4.182	4.051	3.975	3.828	3.758	3.735	3.723	3.716
3	4.347	4.242	4.153	3.859	3.589	3.463	3.390	3.250	3.182	3.160	3.149	3.142
4	3.996	3.892	3.804	3.515	3.250	3.126	3.054	2.917	2.850	2.829	2.818	2.811
5	3.767	3.663	3.576	3.289	3.026	2.904	2.833	2.696	2.630	2.609	2.598	2.592
6	3.604	3.501	3.415	3.128	2.867	2.744	2.674	2.537	2.472	2.451	2.440	2.434
7	3.483	3.380	3.293	3.007	2.746	2.624	2.553	2.417	2.351	2.330	2.319	2.313
8	3.388	3.285	3.199	2.913	2.651	2.529	2.458	2.321	2.256	2.234	2.224	2.217
9	3.312	3.209	3.123	2.837	2.575	2.452	2.381	2.244	2.178	2.156	2.146	2.139
10	3.250	3.147	3.060	2.774	2.511	2.388	2.317	2.179	2.113	2.091	2.080	2.074
11	3.197	3.095	3.008	2.721	2.458	2.334	2.263	2.124	2.058	2.036	2.025	2.019
12	3.153	3.050	2.963	2.676	2.412	2.288	2.216	2.077	2.010	1.988	1.977	1.971
13	3.115	3.012	2.925	2.637	2.372	2.248	2.176	2.036	1.969	1.947	1.936	1.929
14	3.082	2.979	2.891	2.603	2.338	2.213	2.140	2.000	1.932	1.910	1.899	1.892
15	3.053	2.949	2.862	2.573	2.307	2.182	2.109	1.968	1.900	1.877	1.866	1.859
16	3.027	2.923	2.836	2.547	2.280	2.154	2.081	1.939	1.870	1.848	1.836	1.830
17	3.004	2.900	2.813	2.523	2.255	2.129	2.056	1.913	1.844	1.821	1.810	1.803
18	2.983	2.879	2.792	2.501	2.233	2.107	2.033	1.890	1.820	1.797	1.786	1.779
19	2.965	2.861	2.773	2.482	2.213	2.086	2.012	1.868	1.798	1.775	1.763	1.757
20	2.948	2.844	2.756	2.464	2.195	2.068	1.993	1.849	1.778	1.755	1.743	1.736
21	2.932	2.828	2.740	2.448	2.178	2.051	1.976	1.830	1.759	1.736	1.724	1.717
22	2.918	2.814	2.726	2.434	2.163	2.035	1.960	1.814	1.742	1.719	1.707	1.700
23	2.905	2.801	2.713	2.420	2.149	2.020	1.945	1.798	1.726	1.703	1.691	1.684
24	2.893	2.789	2.701	2.408	2.136	2.007	1.931	1.784	1.712	1.688	1.676	1.669
25	2.882	2.778	2.689	2.396	2.124	1.994	1.919	1.770	1.698	1.674	1.662	1.655
26	2.872	2.767	2.679	2.385	2.112	1.983	1.907	1.758	1.685	1.661	1.649	1.641
27	2.862	2.758	2.669	2.375	2.102	1.972	1.895	1.746	1.673	1.648	1.636	1.629
28	2.853	2.749	2.660	2.366	2.092	1.962	1.885	1.735	1.661	1.637	1.625	1.617
29	2.845	2.740	2.652	2.357	2.083	1.952	1.875	1.725	1.650	1.626	1.614	1.606
30	2.837	2.732	2.644	2.349	2.074	1.943	1.866	1.715	1.640	1.616	1.603	1.596
35	2.805	2.699	2.610	2.314	2.037	1.905	1.827	1.673	1.597	1.571	1.558	1.551
40	2.780	2.674	2.585	2.287	2.009	1.875	1.796	1.640	1.562	1.536	1.523	1.515
45	2.760	2.654	2.565	2.266	1.986	1.852	1.772	1.614	1.534	1.507	1.494	1.486
50	2.744	2.638	2.549	2.249	1.968	1.832	1.752	1.592	1.511	1.484	1.470	1.462
60	2.720	2.614	2.524	2.223	1.940	1.803	1.721	1.558	1.474	1.446	1.432	1.423
70	2.703	2.597	2.506	2.205	1.920	1.781	1.698	1.532	1.447	1.417	1.403	1.394
80	2.690	2.583	2.493	2.190	1.904	1.764	1.681	1.512	1.425	1.395	1.380	1.370
90	2.680	2.573	2.482	2.179	1.892	1.751	1.667	1.496	1.407	1.377	1.361	1.351
100	2.671	2.565	2.474	2.170	1.882	1.741	1.656	1.483	1.393	1.361	1.345	1.336
150	2.647	2.539	2.448	2.142	1.851	1.708	1.621	1.442	1.346	1.312	1.294	1.284
200	2.634	2.526	2.435	2.128	1.835	1.691	1.603	1.420	1.320	1.285	1.266	1.254

Tabelle 15.11:

Quantile $w_{n_1;n_2;0.95}$ für den Mann–Whitney–Wilcoxon–Test

$n_2\backslash n_1$	4	5	6	7	8	9	10	11	12	13	14	15	16	17	18	19	20
4	24																
5	27	35															
6	30	39	49														
7	33	43	54	65													
8	36	46	58	70	84												
9	39	50	62	75	89	104											
10	42	53	66	80	95	110	127										
11	45	57	70	85	101	116	133	152									
12	48	61	75	90	105	122	140	159	179								
13	51	64	79	94	111	128	147	166	186	208							
14	54	68	83	99	116	134	153	173	194	216	239						
15	57	71	87	104	122	140	160	180	202	224	248	273					
16	59	75	91	109	127	146	166	187	209	233	257	282	308				
17	62	79	96	113	132	152	173	195	217	241	266	292	318	346			
18	65	82	100	118	138	158	179	202	225	250	275	301	328	356	385		
19	68	86	104	123	143	164	186	209	233	258	284	310	338	367	397	427	
20	71	89	108	128	148	170	192	216	241	266	293	320	348	377	408	439	471
21	74	93	112	133	154	176	199	223	248	274	301	329	358	388	419	451	484
22	77	96	116	137	159	182	206	231	256	283	310	339	368	399	430	462	496
23	80	100	121	142	165	188	212	238	264	291	319	348	378	409	441	474	508
24	83	104	125	147	170	194	219	245	272	299	328	357	388	420	452	486	520
25	86	107	129	152	175	200	226	252	279	307	337	367	398	430	463	497	533
26	89	111	133	156	181	206	232	259	287	316	346	376	408	441	474	510	545
27	92	114	137	161	186	212	239	266	295	324	354	386	418	451	485	521	557
28	95	118	142	166	192	218	245	273	302	332	363	395	428	462	497	532	569
29	98	121	146	171	197	224	252	280	310	340	372	404	438	472	508	544	581
30	101	125	150	176	202	230	258	287	318	349	381	414	448	483	519	556	594

$n_2\backslash n_1$	21	22	23	24	25
21	517				
22	530	566			
23	543	579	616		
24	556	592	630	668	
25	569	606	644	683	723
26	581	619	658	697	738
27	594	632	672	712	753
28	607	646	685	726	768
29	620	659	699	741	783
30	632	672	713	755	798

$$w_{n_1;n_2;0.05} = n_1 * (n_1 + n_2 + 1) - w_{n_1;n_2;0.95}$$

Tabelle 15.12:
Quantile $w_{n_1;n_2;0\,975}$ für den Mann-Whitney-Wilcoxon-Test

$n_2\backslash n_1$	4	5	6	7	8	9	10	11	12	13	14	15	16	17	18	19	20
4	25																
5	28	37															
6	31	41	51														
7	34	44	56	68													
8	37	48	60	73	86												
9	41	52	64	78	92	108											
10	44	56	69	83	98	114	131										
11	47	60	73	88	104	120	138	156									
12	50	63	78	93	109	126	145	164	184								
13	53	67	82	98	115	133	151	171	192	214							
14	56	71	87	103	121	139	158	179	200	222	245						
15	59	75	91	108	126	145	165	186	208	231	255	280					
16	62	79	95	113	132	151	172	194	216	239	264	289	316				
17	66	82	100	118	137	158	179	201	224	248	273	299	326	354			
18	69	86	104	123	143	164	186	208	232	256	282	309	336	365	394		
19	72	90	109	128	149	170	192	216	240	265	291	319	347	376	406	437	
20	75	94	113	133	154	176	199	223	248	274	301	328	357	387	418	449	482
21	78	97	117	138	160	183	206	231	256	282	310	338	367	398	429	461	495
22	81	101	122	143	166	189	213	238	264	291	319	348	378	409	441	473	507
23	84	105	126	148	171	195	220	245	272	300	328	358	388	420	452	486	520
24	88	109	131	153	177	201	226	253	280	308	337	367	398	431	464	498	533
25	91	112	135	158	182	207	233	260	288	317	346	377	409	441	475	510	545
26	94	116	139	163	188	214	240	267	296	325	356	387	419	452	487	522	558
27	97	120	144	168	194	220	247	275	304	334	365	397	430	463	498	534	571
28	100	124	148	173	199	226	254	282	312	342	374	406	440	474	510	546	583
29	103	127	152	178	205	232	260	290	320	351	383	416	450	485	521	558	596
30	106	131	157	183	210	238	267	297	328	360	392	426	460	496	533	570	608

$n_2\backslash n_1$	21	22	23	24	25
21	529				
22	542	578			
23	555	592	629		
24	569	606	644	683	
25	582	619	658	697	738
26	595	633	672	712	754
27	608	647	687	727	769
28	622	661	701	742	785
29	635	675	715	757	800
30	648	688	730	772	815

$$w_{n_1;n_2;0.025} = n_1 * (n_1 + n_2 + 1) - w_{n_1;n_2;0.975}$$

Tabelle 15.13:
Quantile $w_{n,\alpha}$
für den Wilcoxon-Test

$n \backslash \alpha$	0.050	0.950	0.025	0.975
5	1	14	—	—
6	3	18	1	20
7	4	24	3	25
8	6	30	4	32
9	9	36	6	39
10	11	44	9	46
11	14	52	11	55
12	18	60	14	64
13	22	69	18	73
14	26	79	22	83
15	31	89	26	94
16	36	100	30	106
17	42	111	35	118
18	48	123	41	130
19	54	136	47	143
20	61	149	53	157
21	68	163	59	172
22	76	177	67	186
23	84	192	74	202
24	92	208	82	218
25	101	224	90	235

Tabelle 15.14:
Quantile der Teststatistik
für den Friedman-Test
für $k = 3$, $k = 4$,
$n \leq 15$ und $\alpha = 0.05$

$n \backslash k$	3	4
2	–	5.40
3	4.67	7.00
4	6.00	7.50
5	5.20	7.32
6	6.33	7.40
7	6.00	7.62
8	5.25	7.49
9	6.00	*
10	5.60	*
15	5.73	*

* In diesen Fällen wird die
Approximation durch die
χ_3^2-Verteilung benutzt.

Tabelle 15.15:
Quantile $y_{n,0\,950}$ und $y_{n,0\,975}$
für den Vorzeichen-Test

n	$y_{n,0\,950}$	n	$y_{n,0\,975}$
1	1	1	1
2	2	2	2
3	3	3	3
4	4	4	4
5	4	5	5
6	5	6	5
7	6	7	6
8	6	8	7
9	7	9	7
10	8	10	8
11	8	11	9
12	9	12	9
13	9	13	10
14	10	14	11
15	11	15	11
16	11	16	12
17	12	17	12
18	12	18	13
19	13	19	14
20	14	20	14
21	14	21	15
22	15	22	16
23	15	23	16
24	16	24	17
25	17	25	17
26	17	26	18
27	18	27	19
28	18	28	19
29	19	29	20
30	19	30	20
31	20	31	21
32	21	32	22
33	21	33	22
34	22	34	23
35	22	35	23
36	23	36	24
37	23	37	24
38	24	38	25
39	25	39	26
40	25	40	26

$y_{n,\alpha} = n - y_{n,1-\alpha}$
Beispiel: $y_{9,0\,025} = 9 - 7 = 2$

Tabelle 15.16:
Quantile der Teststatistik
für den Kruskal–Wallis–Test
für $N \leq 15$, $k = 3$, $\alpha = 0.05$

N	n_1	n_2	n_3	Quantile
≤ 6	beliebig			–
7	1	3	3	4.57
	2	2	3	4.50
8	1	2	5	4.45
	1	3	4	5.00
	2	2	4	5.13
	2	3	3	5.14
9	1	3	5	4.87
	1	4	4	4.87
	2	2	5	5.04
	2	3	4	5.40
	3	3	3	5.42
10	1	4	5	4.86
	2	3	5	5.11
	2	4	4	5.24
	3	3	4	5.57
11	1	5	5	4.91
	2	4	5	5.27
	3	3	5	5.52
	3	4	4	5.58
12	2	5	5	5.25
	3	4	5	5.62
	4	4	4	5.65
13	3	5	5	5.63
	4	4	5	5.57
14	4	5	5	5.62
15	5	5	5	5.66

Tabelle 15.17:
Koeffizienten $k = k(n, p, \gamma)$
zur Bestimmung zweiseitiger
Toleranzinter-
valle für den Anteil p und die
Wahrscheinlichkeit $\gamma = 0.95$
bei Normalverteilungen

$n \backslash p$	0.900	0.950	0.990
5	4.275	5.079	6.634
10	2.839	3.379	4.433
15	2.480	2.954	3.878
20	2.310	2.752	3.615
25	2.208	2.631	3.457
30	2.140	2.549	3.350
35	2.090	2.490	3.272
40	2.052	2.445	3.213
45	2.021	2.408	3.165
50	1.996	2.379	3.126
100	1.874	2.233	2.934
200	1.798	2.143	2.816
300	1.767	2.106	2.767
400	1.749	2.084	2.739
500	1.737	2.070	2.721

Tabelle 15.18: Studentisierte Variationsbreiten $q_{k,f,0.95}$

$f \backslash k$	2	3	4	5	6	7	8	9	10	15	20
1	17.969	26.98	32.82	37.08	40.41	43.12	45.40	47.36	49.07	55.36	59.56
2	6.085	8.33	9.80	10.88	11.74	12.44	13.03	13.54	13.99	15.65	16.77
3	4.501	5.91	6.82	7.50	8.04	8.48	8.85	9.18	9.46	10.52	11.24
4	3.926	5.04	5.76	6.29	6.71	7.05	7.35	7.60	7.83	8.66	9.23
5	3.635	4.60	5.22	5.67	6.03	6.33	6.58	6.80	6.99	7.72	8.21
6	3.460	4.34	4.90	5.30	5.63	5.90	6.12	6.32	6.49	7.14	7.59
7	3.344	4.16	4.68	5.06	5.36	5.61	5.82	6.00	6.16	6.76	7.17
8	3.261	4.04	4.53	4.89	5.17	5.40	5.60	5.77	5.92	6.48	6.87
9	3.199	3.95	4.41	4.76	5.02	5.24	5.43	5.59	5.74	6.28	6.64
10	3.151	3.88	4.33	4.65	4.91	5.12	5.30	5.46	5.60	6.11	6.47
11	3.113	3.82	4.26	4.57	4.82	5.03	5.20	5.35	5.49	5.98	6.33
12	3.081	3.77	4.20	4.51	4.75	4.95	5.12	5.27	5.39	5.88	6.21
13	3.055	3.73	4.15	4.45	4.69	4.88	5.05	5.19	5.32	5.79	6.11
14	3.033	3.70	4.11	4.41	4.64	4.83	4.99	5.13	5.25	5.71	6.03
15	3.014	3.67	4.08	4.37	4.59	4.78	4.94	5.08	5.20	5.65	5.96
16	2.998	3.65	4.05	4.33	4.56	4.74	4.90	5.03	5.15	5.59	5.90
17	2.984	3.63	4.02	4.30	4.52	4.70	4.86	4.99	5.11	5.54	5.84
18	2.971	3.61	4.00	4.28	4.49	4.67	4.82	4.96	5.07	5.50	5.79
19	2.960	3.59	3.98	4.25	4.47	4.65	4.79	4.92	5.04	5.46	5.75
20	2.950	3.58	3.96	4.23	4.45	4.62	4.77	4.90	5.01	5.43	5.71
21	2.941	3.56	3.94	4.21	4.43	4.60	4.74	4.87	4.98	5.40	5.67
22	2.933	3.55	3.93	4.20	4.41	4.58	4.72	4.85	4.96	5.37	5.64
23	2.926	3.54	3.91	4.18	4.39	4.56	4.70	4.83	4.94	5.34	5.62
24	2.919	3.53	3.90	4.17	4.37	4.54	4.68	4.81	4.92	5.32	5.59
25	2.913	3.52	3.89	4.16	4.36	4.52	4.66	4.79	4.90	5.30	5.57
26	2.907	3.51	3.88	4.14	4.34	4.51	4.65	4.78	4.89	5.28	5.55
27	2.902	3.51	3.87	4.13	4.33	4.50	4.63	4.76	4.87	5.26	5.53
28	2.897	3.50	3.86	4.12	4.32	4.48	4.62	4.75	4.86	5.24	5.51
29	2.892	3.49	3.85	4.11	4.31	4.47	4.61	4.73	4.84	5.23	5.49
30	2.888	3.49	3.85	4.10	4.30	4.46	4.60	4.72	4.82	5.21	5.47
40	2.858	3.44	3.79	4.04	4.23	4.39	4.52	4.63	4.73	5.11	5.36
50	2.841	3.41	3.76	4.00	4.19	4.34	4.47	4.58	4.69	5.05	5.29
60	2.829	3.40	3.74	3.98	4.16	4.31	4.44	4.55	4.65	5.00	5.24
∞	2.772	3.31	3.63	3.86	4.03	4.17	4.29	4.39	4.47	4.80	5.01

Tabelle 15.19: Gleichverteilte Zufallszahlen

8121	7896	8225	9926	8186	9701	4089	0086	2919	2322
5117	1092	9282	8564	5940	1659	3379	8289	5325	7725
1189	8915	1396	0978	5471	4368	8693	2683	4073	7835
6451	6695	5257	4112	5569	1950	9528	1534	3210	7692
1913	8159	7774	9881	4755	4713	0411	9441	4310	5366
8668	6863	8668	7942	0216	5486	5855	8587	2103	8607
6059	7989	9394	0167	4352	4530	4065	0276	3054	9237
5949	0050	9146	4545	0787	5492	7484	4460	4538	8097
4511	8701	0203	6026	6094	1002	1341	2757	7637	8224
6392	8624	7787	4724	3457	7440	5862	3574	5143	0112
3041	8876	6791	8921	0848	0188	5423	5941	8354	6991
4421	2673	5765	1033	7489	7931	9508	3388	9135	6913
3889	8015	7673	9266	4818	0906	6468	0601	0836	8322
0761	9565	6365	4696	5566	2368	9022	0981	2785	2372
1503	8601	6735	4010	2762	3130	6635	2997	8849	2889
8347	5003	7861	5689	6804	0250	1480	3663	6620	4249
1102	1122	0554	4692	7424	5905	5447	8450	7512	8930
3302	5993	9623	6368	8871	3831	2822	6608	5474	8900
7849	8727	7566	1469	9482	8972	9510	2572	9934	0226
3860	8503	4741	1388	7319	8619	0109	4200	2800	4039
1560	6010	3702	8224	6633	6634	5777	5709	6235	4848
8304	4967	4919	3692	3682	1105	3430	1127	7026	3720
0728	4779	6848	2648	4084	9540	7248	2957	0134	2260
3368	2161	1418	0266	5438	1560	4748	9489	4259	1289
2669	3046	6353	1058	4757	2932	3466	0994	9206	6631
1875	0358	9979	2998	4063	1015	0894	9447	9313	0576
4767	0573	1148	7060	8194	7645	7396	2097	0032	8524
9901	5150	8605	1918	3641	9246	0804	4205	2351	3833
0584	2330	5035	3842	6649	0468	7226	2570	9000	8554
1656	6425	2485	2185	1765	5482	2301	7933	2812	4646

Literaturverzeichnis

[1] P. Armitage. Controversies and Achievements in Clinical Trials. J. Controlled Clinical Trials, Vol. 5 (1984), 67-72.

[2] J. Bortz, G. A. Lienert, K. Boehnke. Verteilungsfreie Methoden in der Biostatistik. Springer-Verlag, Berlin, Heidelberg, New York, 1990.

[3] Th. Büchner, D. Urbanitz, W. Hiddemann et al. Intensified Induction and Consolidation With or Without Chemotherapy for Acute Myeloid Leukemia (AML): Two Multicenter Studies of the German AML Cooperative Group. J. Clinical Oncology, Vol. 3 (1985), 1583-1589.

[4] V. Harms. Biomathematik, Statistik und Dokumentation. 5. Auflage, Harms Verlag, Kiel, 1988.

[5] H. Immich. Paradigma Epidemiologie. St. Peter–Ording, 1990.

[6] E. L. Kaplan, P. Meier. Nonparametric Estimation from Incomplete Observations. J. American Statistical Association, Vol. 53 (1958), 457-481.

[7] W. Köpcke. Zwischenauswertungen und vorzeitiger Abbruch von Therapiestudien. Springer-Verlag, Berlin, Heidelberg, New York, 1984.

[8] W. Lehmacher. Verlaufskurven und Crossover. Springer-Verlag, Berlin, Heidelberg, New York, 1987.

[9] R. J. Lorenz. Grundbegriffe der Biometrie. Gustav Fischer Verlag, Stuttgart, New York, 1984.

[10] J. Michaelis. Medizinische Statistik und Informationsverarbeitung. Georg Thieme Verlag, Stuttgart, New York, 1980.

[11] H. Nowak, P. Roebruck. Biometrie I, Medizinische Statistik. F. K. Schattauer Verlag, Stuttgart, New York, 1982.

[12] R. Peto, M. C. Pike, P. Armitage et al. Design and Analysis of Randomized Clinical Trials Requiring Prolonged Observation of Each Patient I, II. British Journal of Cancer Vol. 34 (1976), 585-612 and Vol. 35 (1977), 1-39.

[13] L. Sachs. Angewandte Statistik. 7. Auflage, Springer-Verlag, Berlin, Heidelberg, New York, 1992.

[14] P. Skrabanek, J. McCormick. Torheiten + Trugschlüsse in der Medizin. Verlag Kirchheim, Mainz, 1991.

[15] J. Werner. Medizinische Statistik. Urban & Schwarzenberg, München, Wien, Baltimore, 1984.

[16] P. U. Witte, J. Schenk, J. A. Schwarz, C. Kori-Lindner (Hrsg.). Ordnungsgemäße Klinische Prüfung. 3. Auflage, E. Habrich Verlag, Fürth, 1990.

Sachregister

Distributivgesetz, 5
Dokument, 14
Doppelblindversuch, 229
Durchschnittsmenge, 4, 7

EDV, 247
Einflußgröße, 11, 13–15, 226, 228, 232, 243
einseitige Alternative, 157, 158
einseitiges Konfidenzintervall, 141, 143
Einstichprobenproblem, 161
Einstichprobentest, 160, 161, 170
Element, 2–4, 6–8, 13, 64
Elementarereignis, 65, 68
empirische Kovarianz, 53
empirische Maßzahl, 30
empirische relative Häufigkeit, 80
empirische Standardabweichung, 33
empirische Varianz, 31–33, 53, 55
empirische Verteilung, 85
empirische Verteilungsfunktion, 26–30, 34, 91, 136
empirischer Korrelationskoeffizient, 57, 58
empirischer Median, 35, 36, 136
empirischer Regressionskoeffizient, 53, 58
empirischer Variationskoeffizient, 34
empirisches Quantil, 34, 35
Ereignis, 65–67, 70
Erfassungsmethode, 12
Erhebung, 14

Erwartungstreue, 133, 134, 137
erwartungstreue Schätzung, 136
Erwartungswert, 86, 90, 94, 95, 100, 104, 114, 132, 136, 137, 161
Experiment, 14, 15
Exponentialverteilung, 122, 124

F–Verteilung, 129, 130
Faktor, 11, 15, 51, 225, 227, 229, 232
Faktorbildung, 231, 232
Faktorstufe, 15
Fall-Kontrollstudie, 242
Fehler 1. Art, 154, 156
Fehler 2. Art, 154, 156
Feldstudie, 243
Fishers exakter Test, 212, 214, 215
Flächendiagramm, 21, 22
Friedmantest, 195, 196

Gaußverteilung, 114
Gegenhypothese, 152, 154, 155, 160
geometrische Verteilung, 107
Gesetz der großen Zahl, 80, 81
Gleichverteilung, 153
Grundgesamtheit, 10, 12–15, 29, 30, 32, 44, 76, 78, 80, 81, 91, 93, 145, 161, 225, 232
Grundmenge, 2, 4–6, 8, 64–66, 69, 82

Häufigkeit, 12, 13, 17, 20–23